T0296613

Texten für die Technik

Andreas Baumert • Annette Verhein-Jarren

Texten für die Technik

Leitfaden für Praxis und Studium

2., aktualisierte und erweiterte Auflage

Andreas Baumert
Hochschule Hannover
Hannover, Deutschland

Annette Verhein-Jarren
HSR Hochschule für Technik
Rapperswil, Schweiz

ISBN 978-3-662-47409-9 ISBN 978-3-662-47410-5 (eBook)
DOI 10.1007/978-3-662-47410-5

Die Deutsche Nationalbibliothek verzeichnet diese Publikation in der Deutschen Nationalbibliografie; detaillierte bibliografische Daten sind im Internet über http://dnb.d-nb.de abrufbar.

Springer Vieweg

Gedruckt auf säurefreiem und chlorfrei gebleichtem Papier

Springer Berlin Heidelberg ist Teil der Fachverlagsgruppe Springer Science+Business Media
(www.springer.com)

Vorwort

Ingenieur

Ingenieure entwickeln Produkte, testen Verfahren, Prototypen und Versionen. Die Ergebnisse dokumentieren sie, oft mit dem Ziel, dass die Geschäftsleitung eine Entscheidung treffen kann. Häufig sind die Leser ihrer Texte selbst fachfremd, manche sind Betriebswirte, Marketingexperten oder Juristen. Dennoch müssen sie das Geschriebene des Ingenieurs verstehen können.

Berichte und Dokumente von Ingenieuren sind die Grundlage jeder Industrieproduktion. Manchmal verlangen auch Kunden, die Produktentwicklung nachprüfen zu können, und hin und wieder wird eine Entwicklung Gegenstand juristischer Auseinandersetzungen.

Schwerpunkte der Ingenieurstätigkeit bleiben aber das Gerät, die Anlage, das Verfahren oder die Software. Den „Papierkram" sehen zumindest viele Ingenieurstudenten als eine lästige Begleiterscheinung ihres Berufes.

Technischer Redakteur

Technische Redakteure sind oft Ingenieure. Gemäß einer Studie ihres Berufsverbandes, der Tekom, sind etwa 70 % Seiteneinsteiger, viele mit einem Diplom in Maschinenbau oder Elektrotechnik. Das Dokumentieren, die Beschreibung technischer Produkte, die Anleitung für den erfolgreichen Umgang damit, das ist ihre Hauptaufgabe. Ihre Texte müssen für den Anwender eines Produktes verständlich sein. Ihm müssen sie helfen, den Produktnutzen ohne Umwege zu erreichen und jedem vermeidbaren Schaden für den Nutzer auszuweichen.

Was dem einen lästiges Beiwerk, ist dem anderen Beruf. Beide schreiben über Technik. Ihre Herangehensweise ist unterschiedlich, doch die Erwartung ihrer Leser, der Kunden, Auftraggeber und Projektpartner ist sehr ähnlich: Professionell produzierte Texte, die auf einem hohen Niveau erreichen, wofür der Autor bezahlt wird.

Ingenieur und Technischer Redakteur

Dieses Buch unterstützt beide, indem es zusammenfasst, was in der Lehre und Forschung heute als solides Wissen über das Verfassen technischer Texte bekannt ist. Es ermutigt Ingenieure und Technische Redakteure, ab und zu über den Zaun zu schauen und zu sehen, was der andere macht, wie er an das Problem herangeht. Blätternd und lesend werden beide alte Bekannte treffen und neuen Gesichtern begegnen. Schließlich werden sie ihr Ziel erreichen: Texte produzieren, die in Qualität und Wirtschaftlichkeit zu den technischen Produkten passen, mit denen die Unternehmen aus deutschsprachigen Ländern heute und morgen auf den internationalen Märkten bestehen können.

Struktur

Titel auf dem Markt

Jedes Produkt muss sich im Markt einordnen, so auch dieses. Gab und gibt es nicht schon längst Bücher zum Thema? Ja, selbstverständlich. Besonders im englischsprachigen Raum ist einiges erschienen, wir haben davon profitiert und geben unsere Erfahrungen mit diesen Titeln an unsere Leser weiter. Im deutschen Sprachraum sieht es etwas enger aus. Neben wissenschaftlichen Werken, den Titeln von Rothkegel und Göpferich, ist nur wenig erschienen, das sich auf den Text für die Technik konzentriert. Die genannten Bücher richten sich eher an ein Fachpublikum mit linguistischem Hintergrund. Ein Werk wie das Buch von Hering und Hering ist eine allgemeine Einführung, die besonders Ingenieuren gute Dienste beim Abfassen technischer Berichte leisten wird.

Eher textlastige Bücher wie jenes von Werner Lanze, das sicher über Jahrzehnte Ingenieuren geholfen hat, erweisen sich als wertvolle Ratgeber, die gutem Stil verpflichtet sind. Gleiches gilt für das verdienstvolle Buch Rechenbergers. Zu erwähnen sind noch das Buch Weissgerbers und das von Ebel, Bliefert und Greulich. Beide Titel setzen andere Akzente als wir.

Ausbildung von Ingenieuren und Technischen Redakteuren

Unser Ansatz vereint den sprachwissenschaftlichen Hintergrund mit praktischen Erfahrungen in der Redaktionsarbeit und der Ausbildung von Technischen Redakteuren und Ingenieuren. Sehr unterschiedliche Gegebenheiten an Universitäten und Fachhochschulen wie in der Industrie bestimmen Struktur, Inhalt und Stil dieses Buchs. Annette Verhein-Jarren lehrt und forscht in der Schweiz, Andreas Baumert in Deutschland.

Wie Texte entstehen

Kapitel 1: Technische Texte entstehen in Projekten, bei der Entwicklung einer Maschine oder der Planung eines neuen Produktes. Einerseits gehören sie in diesen größeren Zusammenhang, andererseits sind sie oft ein eigenes Projekt, das nach Verfahren gemanagt wird, die für diese Aufgabe typisch sind.

Projektmanagement

Das erste Kapitel enthält Grundregeln, zeigt, wie eine Dokumentation entsteht, was Redakteure über das Kosten- und Projektmanagement wissen müssen, und wie Ingenieure an die Planung eines Textes herangehen. Da die Zeit der einsamen Helden vorbei ist, muss man auch wissen, wie Verfasser im Team arbeiten.

Typische Informationslücken

Kapitel 2: Manchmal reicht ein Telefonanruf oder ein kurzer Blick in die Notizen. Andere Projekte verlangen eine waschechte Recherche, Befragungen oder die Lektüre umfangreicher Dokumente. Ohne Recherche kann man nichts Vernünftiges schreiben.

Recherche

Naturgemäß wird die Recherche für einen Text eher den Redakteur als den Ingenieur oder Techniker beschäftigen. Diese kennen ihre Produkte in- und auswendig und müssen nur noch schreiben, alle Unterlagen stehen ihnen zur Verfügung. Technische Redakteure sehen das oft anders: Schreiben ist ihr Beruf, das schaffen sie ohne Probleme. Manchmal ist es deswegen wichtiger, die richtigen Fragen zu stellen, bevor die Arbeit losgeht.

Texte, die Lesern nutzen

Kapitel 3: Kein Werber wird eine Kampagne starten, ohne genau zu untersuchen, wen diese Werbung ansprechen soll. Würde man ihn bitten, eine Anzeige zu entwickeln, ohne ihm die Zielgruppe zu nennen, wäre er ratlos.

Das sollte bei technischen Texten nicht anders sein. Damit der Text „ankommt", muss man wissen, wer ihn liest. Das gilt für Technische Redakteure wie für Ingenieure. Man muss seinen Leser kennen, sonst kann es passieren, dass man an ihm vorbei schreibt.

Funktionen von Texten

Kapitel 4: Texte haben eine Funktion, sie sollen etwas erreichen. Wenn ein Text den Leser überzeugen soll, dann sieht er anders aus als eine Warnung.

Man kann grob sieben Funktionen von Texten unterscheiden, für deren Formulierung das vierte Kapitel Ratschläge gibt: Anleiten, Beschreiben, Erklären, Argumentieren, Warnen, Definieren und Zeigen. Dahinter verbergen sich so komplexe Probleme wie die Formulierung eines Sicherheitshinweises, der sein Ziel erreicht.

Wörter richtig verwenden

Kapitel 5: Technische Texte verlangen ihren Autoren einiges Wissen über den korrekten Wortgebrauch ab, das in anderen Textarten kaum eine Rolle spielt.

Von der Zeit des Verbs bis zu verbotenen Wörtern zeigt das fünfte Kapitel eine Herangehensweise an den Text, die manchmal der einer Grammatik ähnlich ist, meist aber einen anderen Schwerpunkt setzen muss.

Wortgruppen und Sätze

Kapitel 6: Technik ist Präzisionsarbeit und Präzisionsarbeit ist auch gefordert, wenn Wörter zu Wortgruppen und zu Sätzen verbunden werden. Autoren entscheiden damit über die Ordnung, die sie ihren Informationen geben.

Ordnung herzustellen ist beim Schreiben sehr viel schwieriger als beim Sprechen. Es fehlt die unmittelbare Reaktion eines Gegenübers. Der Satz erreicht sein Ziel, wenn alles für den Leser übersichtlich bleibt und unmissverständlich formuliert wird.

Die technischen Texte gründen auf der fachlichen Arbeit, darum ist der Umgang mit der Fachsprache herausfordernd für die Autoren. Wie viel fachsprachliche Formulierungsmuster verlangt und/oder verträgt der Text? Wie sehen Formulierungsmuster aus, wenn es um die Kommunikation zwischen Fachleuten verschiedener Fachgebiete oder um die Kommunikation zwischen Fachleuten und Laien geht?

Texte und Dokumente

Kapitel 7: Um Ordnung auf der Textebene geht es in Kapitel 7. Technische Texte werden nicht als Selbstzweck geschrieben, sondern sie stehen in einem Verwendungszusammenhang. Die Perspektive ändert sich: Aus dem einzelnen Text wird ein Dokument und die Vielzahl von Dokumenten im Unternehmen lassen sich zu verschiedenen Dokumenttypen gruppieren. Jeder dieser Dokumenttypen hat eine eigene Makrostruktur. Sie muss im Text sichtbar werden, damit der Autor die richtigen Informationen in die richtige Reihenfolge bringt.

Wenn Unternehmen Dokumente typisieren, müssen diese auf die immer wieder gleiche Weise produziert werden, Gestaltung und Sprachgebrauch müssen konsistent sein. Redaktionsleitfaden oder Gestaltungsrichtlinie helfen dabei, die allgemeinen Regeln auf die Zwecke des Unternehmens anzupassen und das Regelwerk im Unternehmen zu etablieren.

Feinschliff

Kapitel 8: Die fachliche Arbeit gerät in Gefahr, wenn die Autoren technischer Texte zu früh aufgeben. Sachliche oder sprachliche Fehler machen angreifbar, darum muss jeder Text sorgfältig Korrektur gelesen werden. Elektronische Dokumente sind leicht an einen viel größeren Kreis verteilt als ursprünglich gedacht.

Texten für internationale Märkte

Kapitel 9: Viele Unternehmen haben Standorte in verschiedenen Ländern oder Kunden im Ausland, vielleicht beziehen sie Komponenten von ausländischen Zulieferern.

Die Dokumente, die das Unternehmen produziert, werden daher in verschiedenen Sprachen benötigt. Damit kommt die Übersetzung von Texten ins Spiel. Deren Qualität muss stimmen und die Kosten dürfen nicht aus dem Ruder laufen. Dazu muss der Gebrauch von Fachwörtern und Schlüsselwörtern systematisiert werden; die unternehmensspezifische Terminologiearbeit leistet wertvolle Dienste.

Aus dem gleichen Grund werden Terminologien manchmal um Regeln für den Satzbau erweitert. Damit es sprachlich auch für die Benutzer der Dokumente in verschiedenen Ländern stimmt, müssen die Begriffe der Terminologie auch an die örtlichen Besonderheiten angepasst werden: sie werden lokalisiert.

Die Navigation unterstützen

Kapitel 10: Der Inhalt eines technischen Textes soll für den Leser so komfortabel wie möglich erschließbar sein. Dafür gibt es eine Fülle von Navigationshilfen, die die Orientierung erleichtern. Das geht vom Inhaltsverzeichnis über Index und Marginalien bis hin zu Kurzfassungen. Besonders wichtig sind Orientierungshilfen für elektronische Dokumente.

Literatur

Literaturverzeichnis: Die vollständige Liste der von uns genutzten Titel wird die meisten Leser nicht interessieren. Um das Verzeichnis dennoch für sie nutzbar zu machen, haben wir Titel auch nach Interessengruppen markiert: **i** für Ingenieure und Techniker, **r** für Technische Redakteure und **a** für alle Leser. Die restlichen Einträge werden von uns zitiert oder sie haben unsere Argumentation entscheidend geprägt.

Das Ende dieses Verzeichnisses gibt die Beispieltexte an, denen wir Material entnommen haben. Dabei beschränken wir uns auf Beispiele, die wir zustimmend zitieren. Beispiele, die wir kritisieren, erwähnen wir nicht namentlich, weil es uns nicht darum gehen darf, Autoren oder Unternehmen aus dem Zusammenhang gerissen niederzumachen.

Glossar: „Während ich ein Buch lese, will ich nicht ständig im Internet nachsuchen, was die Fachwörter bedeuten.", kritisiert ein Student seine Fachbücher. Dem wollen wir entgegenkommen, wenn es auch manchmal nicht einfach ist, denn die Leser dieses Buches sind fachlich sehr unterschiedlich vorgebildet. Wir versuchen, dem durch Erklärungen im Text, das Glossar und den Index zu entsprechen.

Glossar

Das wird natürlich nicht immer gelingen. Wenn etwas schwer zu verstehen sein sollte, freuen wir uns über eine E-Mail, damit wir Erklärungen für den Server des Verlages und für kommende Auflagen vorbereiten können.

Index: Das Stichwortverzeichnis ist eine wichtige Navigationshilfe für den Leser, wir beschreiben es im zehnten Kapitel. Je unterschiedlicher aber die Leser und ihre Interessen sind, desto schwieriger wird es, von jedem die Fragestellung vorauszuahnen. Nichts anderes muss ein Index erledigen. Hier gilt Gleiches, wie für das Glossar gesagt.

Index

Lesers Leitung

Jedes Kapitel beginnt mit einer kurzen Einführung. Wir nutzen ein Rot zur Hervorhebung und zwei Arten von Textkästen zur besonderen Betonung:

In diesem Kasten stehen Informationen, deren Missachtung zu fatalen Missverständnissen des Lesers eines technischen Textes führen könnte.

Kasten 1. Ordnung

Ein offener Kasten mit abgerundeten Ecken fasst wesentliche Informationen zusammen, er ist für das erste, schnelle Durchblättern geeignet.

Kasten 2. Ordnung

Darüber hinaus arbeitet der Text mit Marginalien, Querverweisen und lebenden Kolumnentiteln.[1]

Verständnis

Wir verwenden die nach der Grammatik männliche Form in einem neutralen Sinne. Unser Buch spricht immer Frauen und Männer an, auch wenn die Eigenheiten unserer Sprache dazu wenig Möglichkeiten bieten. Auf »-Innen« oder »/-innen« verzichten wir, um den Text leichter lesbar zu halten. Die Leserinnen bitten wir um Verständnis für diese Vereinfachung im Text.

Die Autoren (nicht AutorInnen oder dergleichen) dieses Buches sind eine Frau und ein Mann.

1 Siehe „10 Die Navigation unterstützen" auf Seite 183.

Wortwahl und Rechtschreibung

Wir nutzen die Benennungen der traditionellen Grammatik, wo eine grammatische Interpretation unerlässlich ist. Erklärungen finden sich vor Ort, im Glossar oder über den Index.

Die Rechtschreibung ist der in Deutschland geltenden reformierten Reform angepasst. Wenn dennoch die eine oder andere Variante der Schweizer Rechtschreibung (ohne ß) unbemerkt geblieben sein sollte, bitten wir um Nachsicht.

Dank

Viele haben uns geholfen. Einige haben Texte korrigiert, andere haben uns Materialien zur Verfügung gestellt, ihr Studium mit einer Abschlussarbeit zu einem Thema dieses Buches erfolgreich beendet oder uns sonst auf die eine oder andere Weise geholfen. Namentlich genannt seien Anke Beyer, Gisela Bürki, Rodrigo Caballero, Wandra Elvers, Tobias Gärtner, Astrid Nissen, Marianne Ulmi, Alexander Seelig. Nicht namentlich erwähnen können wir die Seminarteilnehmer, die fachlichen Kontakte in der Tekom und in Ausbildungseinrichtungen, wie auch unsere Kollegen, bei denen oft ein Anruf genügt, um Sachverhalte zu klären.

Wir danken auch der Hochschule für Technik Rapperswil. Sie hat die Autorin Annette Verhein-Jarren durch Projektmittel gefördert und damit dieses Buchprojekt unterstützt.

Besonders wollen wir dann der Arbeitsgruppe *Technisches Deutsch* der Tekom danken, an deren Beginn wir mitgewirkt haben. Ihr Ergebnis, die Tekom-Leitlinie *Regelbasiertes Schreiben*, halten wir für einen wertvollen Beitrag, den Sprachgebrauch in Technikredaktionen auf ein solides Fundament zu setzen.

Fehler, die trotz der Initiative vieler in diesem Buch verblieben sind, haben wir selbst beigesteuert.
September 2011

Vorwort zur zweiten Auflage

Leser haben unsere Aufmerksamkeit auf einige Fehler gelenkt, die wir beseitigt haben; besonders danken wir Heike Brasch, Wolfram Pichler und Cornelia Weiss für ihre Hinweise. Einiges musste darüber hinaus aktualisiert und präzisiert werden.
November 2015

Andreas Baumert	*Annette Verhein-Jarren*
Hannover	Zürich

Inhalt

1 Wie Texte entstehen 1
1.1 Die Dokumente sind Teil des Produkts 1
1.2 Plan und Protokoll 2
1.3 Schreiben im Team 5
1.4 Schreibstrategien und Schreibtypen 7
1.5 Dokumentationsprojekte 11
1.6 Pannen vorbeugen 15

2 Typische Informationslücken 21
2.1 Recherche in der Technischen Redaktion 21
2.2 Dokumentrecherche in der Entwicklungsarbeit 25

3 Texte, die Lesern nutzen 27
3.1 Fakten zu Lesern 28
3.2 Personifizierung typischer Leser 30
3.3 Aufgaben lösen 33
3.4 Erfolg beim Leser sicherstellen 34

4 Funktionen von Texten 35
4.1 Anleiten 38
4.2 Beschreiben 40
4.3 Erklären 45
4.4 Argumentieren 48
4.5 Warnen 53
4.6 Definieren 56
4.7 Zeigen 57

5 Wörter richtig verwenden 63
5.1 Wortarten 63
5.2 Das Verb – Tempus 64
5.3 Das Verb – Person 65
5.4 Das Verb – Passiv 67
5.5 Das Verb – Imperativ 70
5.6 Das Verb – Konjunktiv 72
5.7 Das Verb – Modalverben 73
5.8 Das Verb – Aktionsart 75
5.9 Das Substantiv – Kasus 78
5.10 Das Substantiv – Komposita 80
5.11 Das Adjektiv – Graduierung 81
5.12 Die Präposition 83
5.13 Abstrakte Wörter oder konkrete? 85
5.14 Abkürzungen 86

5.15 Fremdwörter 88
5.16 Füll- und Blähwörter 89
5.17 Verbotene Wörter 91

6 Wortgruppen und Sätze 93
6.1 Schreiben statt sprechen 94
6.2 Übersicht schaffen 95
6.3 Achtung Fachsprache 104
6.4 Unmissverständlich formulieren 117

7 Texte und Dokumente 133
7.1 Verwendungskette 133
7.2 Dokumenttyp 136
7.3 Bekannt und neu 145
7.4 Regeln für den Sprachgebrauch 149
7.5 Bewährte Methoden 161

8 Feinschliff 163
8.1 Korrekturen 163
8.2 Nachsichtige und weniger nachsichtige Leser 165
8.3 Verfremdungseffekte 166
8.4 Softwarelösungen 167

9 Texten für internationale Märkte 169
9.1 Terminologie 170
9.2 Übersetzungsgerecht texten 174
9.3 Lokalisierung 177

10 Die Navigation unterstützen 183
10.1 Das Inhaltsverzeichnis 183
10.2 Der Index 184
10.3 Die Überschrift 187
10.4 Das Glossar 190
10.5 Die Marginalie 191
10.6 Kolumnentitel 192
10.7 Kurzfassungen 193
10.8 Elektronische Dokumente 197

11 Literatur 203

12 Glossar 215

13 Index 219

1 Wie Texte entstehen

Damit der technische Text gut gelingt, muss man auch den Entstehungsprozess im beruflichen Umfeld von Ingenieuren und technischen Redakteuren beachten. Beide schreiben ihre Texte, während Geräte, Software und Anlagen entstehen oder kurz danach. Auf ihrem Schreibtisch entwickeln sie, was den gesamten Produktlebenszyklus begleitet. Die typische Arbeitsform ist die Projektarbeit.

Das sind Themen dieses Kapitels: Die Dokumente der Redakteure und Ingenieure werden zu Teilen des Produktes. Ähnlich anderen Projekten brauchen auch Dokumente einen Plan und ihre Entstehung muss – schon aus juristischen Gründen – wenigstens grob protokolliert werden.

Häufig schreibt, zeichnet, layoutet ein Team, manchmal über Ländergrenzen hinweg; eine echte Management-Aufgabe. Das lässt überlegen, welche Schreibstrategie Autoren wählen können oder wählen sollten, um zum Ziel zu kommen.

Dokumentationsprojekte sind tatsächlich eine Sonderform von Projekten im Produktlebenszyklus. Sie benötigen eine eigene Form des Projektmanagements.

1.1 Die Dokumente sind Teil des Produkts

Wenn Musiker eine Band gründen und Stücke einstudieren, ist ihre Gruppe noch lange kein Produkt. Es gehört mehr dazu. Sie müssen auf sich aufmerksam machen, ein Publikum finden. Man geht dann in ihre Konzerte und trifft dort Leute, die irgendwie zu einem passen. Die Band steht nicht nur für ihre Musik, zu ihr gehört ein Lebensgefühl, ein Ambiente und vieles mehr, das diesen kleinen Ausschnitt der Musikwelt kennzeichnet. Wer Geld für sie ausgibt, kauft auch das Drumherum.

Produkt: mehr als ein Gerät, eine Maschine

Das ist der Kerngedanke des amerikanischen Marketingexperten William H. Davidow: Man kauft immer mehr als die Musik, die Software oder das Gerät.

Die Musiker, Programmierer oder Ingenieure wollen das oft nicht wahrhaben. Manche glauben, dass schon alles in Ordnung sei, wenn sie nur ihr Bestes gäben. Doch das reicht nicht, marktfähige Produkte sind immer mehr als die bloße Maschine, das Computerprogramm oder der Kunstgegenstand.

Produkt und Dokumente

> Ein Produkt ist die Gesamtheit dessen, was der Kunde kauft. Es ist das physische Gerät oder die Dienstleistung, aus der ein Kunde direkten Nutzen zieht, und eine Reihe anderer Faktoren, Dienstleistungen oder Bewusstseinselemente, die das Produkt nützlich, wünschenswert und

> bequem machen. Wenn ein Gerät richtig ausgebaut wird, so dass der Kunde es mühelos kaufen und benutzen kann, wird es zum Produkt.[1]

Der Service, die freundliche Stimme am Telefon, eine Website, auf der Kunden finden, was sie suchen – all das gehört zum Produkt und unterscheidet selbst Maschinen, die sich im Preis-Leistungsverhältnis sonst sehr ähnlich sind.

> Sämtliche Dokumente, die zu einer Anlage, einer Maschine oder Software gehören, sind Teil des Produktes. Kunden und Projektpartner bewerten dessen Qualität auch an der Sorgfalt und Professionalität, die sie in diesen Dokumenten erkennen können.

Dokumente planen

Solche Dokumente müssen sauber geplant werden; damit man später belegen kann, dass die Verfasser sorgfältig gearbeitet haben, protokolliert man sein Tun.

Die Planung selbst gehört in das Projektmanagement, Pflichtenhefte oder Produktbeschreibungen sind Teil eines Projektes.

1.2 Plan und Protokoll

Manches geht schnell, ist als Datei der Entwickler, oder im Redaktionssystem vorhanden. Anderes, zum Beispiel eine Risikobeurteilung, ein Pflichtenheft oder eine Online-Hilfe, verlangt gründliche Arbeit und eine solide Vorbereitung. Damit ist nicht nur die Erarbeitung des fachlichen Wissens gemeint, sondern gerade auch dessen Verarbeitung zu einem Dokument. Das Dokument muss nämlich sowohl im Projekt als auch im gesamten Produktlebenszyklus für alle weiteren Nutzer die richtigen Informationen und Entscheidungsgrundlagen liefern.

Für die Vorbereitung etwas in der Zukunft Auszuführenden stehen mehrere Wörter zur Verfügung: *Entwurf, Konzept, Plan, Vorhaben.* In der Literatur geraten diese Benennungen oft durcheinander, sie sind manchmal ohne erkennbaren Grund für ihre Auswahl benutzt.

Dieses Buch verwendet ausschließlich das Wort Plan, das man auch im Projektmanagement nutzt. Abweichender Wortgebrauch ist ausdrücklich begründet und erklärt.

Zwar entstehen viele Berichte und Technische Dokumentationen noch ohne soliden Plan, die Verantwortlichen gehen dafür aber erhebliche Risiken ein:

Rechtsstreit

- Sie können in juristischen Auseinandersetzungen nicht belegen, dass sie ihre Sorgfaltspflicht erfüllt haben.

Integrieren

- Sie haben keine Chance, die Erfahrungen aus der Dokumententste-

1 Davidow, *High-tech-Marketing,* S. 54 f.

hung in ein allgemeines Informationsmanagement zu integrieren; alles ist mehr oder weniger zufällig, vieles wird mehrfach gemacht.

- Dieses System lernt deswegen nur schwerfällig oder gar nicht. Fehler und Irrtümer kann man nicht systematisch zurückverfolgen.

Aus Fehlern lernen

- Die Kosten einer solchen Schreibarbeit sind kaum abzuschätzen. Über den Beitrag zur Wertschöpfung kann man bestenfalls spekulieren.

Kosten erfassen

Natürlich geraten solche Unternehmen gegenüber ihren Mitbewerbern leicht ins Hintertreffen. Wenigstens müssen sie damit rechnen, dass sie weit unter ihren Möglichkeiten produzieren und sich am Markt positionieren.

> Wer hingegen solide plant, kann Dokumente als Bestandteil des betrieblichen Informationsmanagements entwickeln. Die zusätzliche Voraussetzung ist allerdings, dass die Erfahrung auch protokolliert und ausgewertet wird.

Protokolle für den Soll-Ist-Vergleich

Wer hat was wann gemacht? Wie lange hat er dafür gebraucht? Was haben wir richtig eingeschätzt, wo sind uns Fehler unterlaufen? Nur wenn die konkreten Aktionen protokolliert wurden, lassen sich Soll und Ist miteinander vergleichen.

> Wie ein solches Protokoll aussieht, ergibt sich aus den Produktionsbedingungen. Vom klassischen Laufzettel, ergänzt durch Dateien, bis zu Datenbankeinträgen in einem modernen Redaktions- oder Content-Management-System ist vieles denkbar und wird in der Praxis genutzt.
>
> Nutzen Sie als Protokollfunktion wenigstens die Möglichkeiten Ihrer Software. Textverarbeitungsprogramme und Datenbanken können so eingerichtet werden, dass sie Veränderungen, Autoren und das Datum automatisch protokollieren.

Protokolle für mehr Qualität

Besonders in der Technischen Dokumentation sind Protokolle und ihre Auswertung das Futter einer lernenden Organisation:

Schaden und Haftungsfälle lange nach dem Inverkehrbringen

- Haftungsfälle können sogar Jahre nach der letzten Auslieferung eines Produktes entstehen. Unfälle passieren eben nicht nur an neuen Maschinen. Wohl dem, der vor einem Richter belegen kann, wie ein Dokument entstanden ist, welche Recherchen und Qualitätsprüfungen ihm zugrunde liegen.

Informations-Management

- Technische Dokumentation beteiligt sich oft federführend an einem Informationspool, den auch andere nutzen: Entwicklung, Marketing, Vertrieb, Schulung und selbstverständlich die Unternehmensleitung.

Jeder Fehler nur einmal

- Das Protokoll hilft, die Ursachen eines Fehlers nachvollziehbar aufzuzeigen und sie für künftige Projekte abzustellen.

Kosten kontrollieren

- Jeder Dienstleister für Technische Dokumentation kann die Kosten für ein Dokument genau aufschlüsseln. Er kann – und muss – belegen, wie sich eine Rechnung zusammensetzt. Nichts anderes erwartet man heute von einer Redaktion, die einem produzierenden Betrieb angehört.

Ingenieure hingegen wollen oft nicht jeden Text, den sie schreiben, ausdrücklich protokollieren, das wäre ein zu hoher Aufwand.

Protokolle für die Identifikation

Ein Minimalprotokoll, das Auskunft gibt über Autor, Version und Status eines Dokuments ist aber auch für sie relevant. Die Dokumente werden häufig im Team erstellt oder von Abteilungen weiter verwendet.

Daher ist eine Tabelle mit Angaben zu Autor, Änderungen, Datum der Änderung, Version und Status oft sogar formeller Bestandteil einer Dokumentvorlage. Nur auf diese Weise lässt sich nachvollziehen, wer wann ein Dokument geändert hat, welches die aktuelle Version des Dokuments ist und wofür die Informationen verwendet werden können.

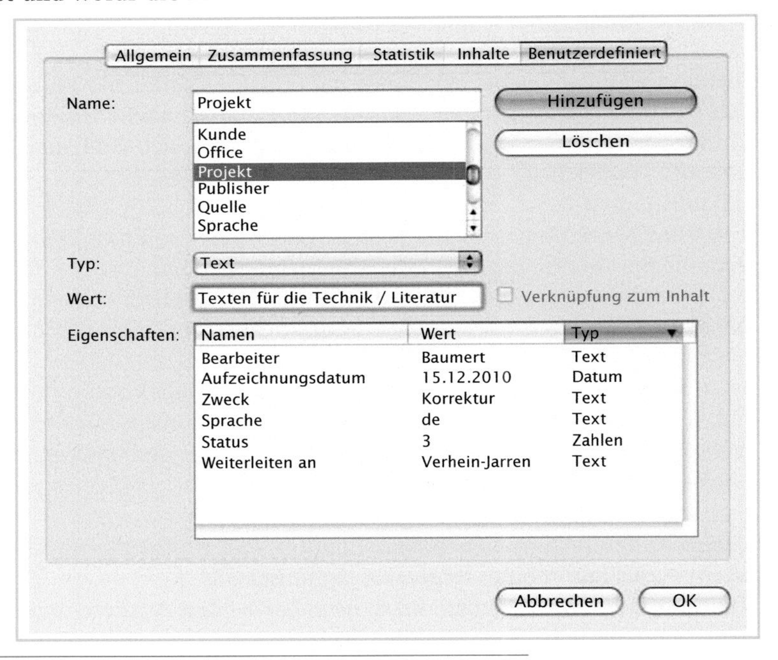

Eigenschaften-Fenster Microsoft® Word 2008 für Mac

Viele Programme lassen den Benutzer solche Eigenschaften oder Metadaten eintragen wie in der Abbildung oben. Abhängig von der Konfiguration können ausgewählte Daten auch von einem Server heruntergeladen und eingebunden werden. Alternativ oder ergänzend dazu kann man solche Informationen sichtbar in das Dokument aufnehmen, wie das folgende Beispiel zeigt.

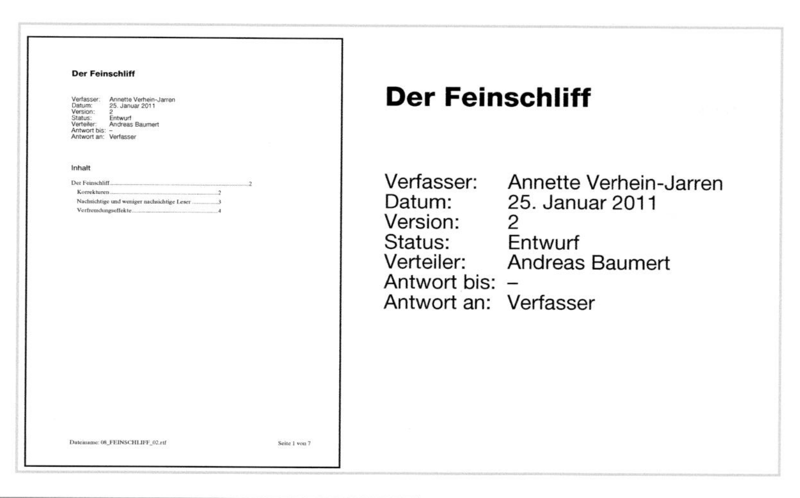

Der Feinschliff

Verfasser: Annette Verhein-Jarren
Datum: 25. Januar 2011
Version: 2
Status: Entwurf
Verteiler: Andreas Baumert
Antwort bis: –
Antwort an: Verfasser

Inhalt

Der Feinschliff 2
Korrekturen 2
Nachsichtige und weniger nachsichtige Leser 3
Verfremdungseffekte 4

Dateiname: 08_FEINSCHLIFF_02.rtf
Seite 1 von 7

Der Feinschliff

Verfasser: Annette Verhein-Jarren
Datum: 25. Januar 2011
Version: 2
Status: Entwurf
Verteiler: Andreas Baumert
Antwort bis: –
Antwort an: Verfasser

Deckblatt eines Dokuments mit Metadaten

Einige Programme stellen Variablen zur Verfügung, die es dem Autor abnehmen, das aktuelle Druckdatum, den Verfassernamen und viele andere Details von Hand einzugeben. Hat man das Gerüst einmal angelegt – als Dokumentvorlage –, füllt sich jedes neue Dokument automatisch mit den richtigen Informationen; nur wenig bleibt zu ergänzen.

In einigen Umgebungen sind solche Metadaten Pflicht, zum Beispiel in Firmen, die Software entwickeln oder im Umfeld der Rüstungsproduktion.[2]

1.3 Schreiben im Team

Gründe

Technische Texte entstehen oft in der Zusammenarbeit mehrerer Autoren. Dafür gibt es im Wesentlichen vier Gründe:

Kooperation zwischen Experten

1. Das Wissen mehrerer Experten muss zusammengeführt werden. Manchmal entwickelt sich über die Jahre fast automatisch eine Vorgehensweise, die dann nicht mehr geändert wird.

Zeitdruck

2. Der Zeitdruck lässt nicht zu, dass es einer allein schafft.

Über Grenzen

3. In internationalen Unternehmen sind die Beiträge nationaler Organisationseinheiten in ein Gesamtwerk zu integrieren.

Wichtige Dokumente

4. Dem Dokument wird eine überragende Bedeutung beigemessen, weil es eine besondere vertragliche Rolle spielt, an wichtige Investoren geht oder sonst irgendwie ungewöhnlich ist.[3]

2 Rice, *How to prepare,* Kapitel 3, *Front matter.*
3 Die Gründe 1, 2 und 4 sind entnommen:
Kennedy, Montgomery, *Technical and Professional Writing,* S. 123 f.

In manchem Dokument steckt von jedem ein bisschen. Wenn diese Prozesse nicht gut organisiert werden, entstehen hohe Reibungsverluste, die den Mitwirkenden über kurz oder lang auf die Nerven gehen. Auf den Leser wirkt der Text wie ein Flickenteppich, in jedem Fragment erkennt er einen anderen Schreiber.

Strategien

Man darf die Lösung solcher Aufgaben folglich nicht dem Zufall überlassen; nötig ist eine Strategie für die Beteiligung mehrerer Autoren, die man als „Schreiben im Team" oder als „kollaboratives Schreiben" bezeichnet. Sechs Strategien sind sinnvoll, jede hat Vor- und Nachteile:

1. Die Schreibaufgabe wird im Team geplant und eine grobe Gliederung erstellt. Jeder bereitet seinen Teil vor, alles wird zusammengeworfen. Jedes Teammitglied ist an der Überarbeitung beteiligt.
2. Wie 1, aber nur ein Teammitglied überarbeitet.
3. Das Team plant gemeinsam und erstellt eine Gliederung gemeinsam. Ein Teammitglied schreibt den Entwurf. Überarbeitung und Korrektur wird im Team gemacht.
4. Ein Teammitglied plant und schreibt den Entwurf. An der Überarbeitung des Entwurfs sind alle Teammitglieder beteiligt.
5. Das Dokument wird von einer oder mehreren Personen geplant und der Entwurf geschrieben. Überarbeitet wird von einer anderen Person, ohne den Original-Autor zu beteiligen.
6. Ein Teammitglied diktiert, ein weiteres Mitglied verschriftlicht und korrigiert.[4]

Eine Variante, die man aber nicht Strategie nennen kann, ist gewiss nicht selten: Jemand aus dem Management erteilt Aufträge für Texte, Berichte und Dokumente. Er lässt diese dann in einem oder mehreren Ordnern sammeln.

Das einzig Verbindende zwischen den Fragmenten ist die metallene Mechanik des Ordners. Solche Sammlungen sind eine Zumutung für Leser, die das Blättern darin mit einem stillen „Die können es nicht!" begleiten – nicht gerade eine Empfehlung für den Hersteller.

Vereinbarungen notwendig

Wirkliche Strategien verlangen eine andere Herangehensweise. Vieles, was bei einem Einzelschreiber implizit bleiben kann, muss ausdrücklich verabredet werden, man muss Regeln oder Techniken finden und vereinbaren; nötig sind

- Absprachen, Vereinbarungen über Inhalte und Grafiken, *(Absprachen)*
- Redaktionsleitfäden, Gestaltungsrichtlinien und ähnliche Regelwerke, *(Regelwerke)*
- Software-Systeme, die das Schreiben im Team unterstützen, sogenannte Redaktionssysteme, Content-Management-Systeme oder dergleichen, *(Software)*
- Definitionen der Prozesse, die Beiträgen unterschiedlicher Autoren *(Prozesse bestimmen)*

4 Kennedy, Montgomery, *Technical and Professional Writing*, S. 125 f.

– womöglich aus mehreren Abteilungen – zugrunde liegen, Bestimmungen über Schnittstellen und Formate, in denen Texte und Grafiken ausgetauscht werden und
- Führungsinstrumente, mit denen ein Team gebildet werden kann, in dem geschrieben wird. Kollaboration heißt Zusammenarbeit, sie ist keine Selbstverständlichkeit, wie der Alltag lehrt.

Führung

Wie es geht, weiß man also. Eigentlich dürfte es kein Problem sein, könnte man meinen. Doch die Wirklichkeit sieht anders aus:

> Wenn es nur so einfach wäre! Im Detail kann das Schreiben im Team ein komplexer und herausfordernder Prozess sein, den alles, das schiefgeht, komplizierter gestaltet – von der plötzlichen Krankheit eines Mitglieds bis zu nervtötenden Auseinandersetzungen, wer was zu erledigen hat.[5]

Sollten Sie ein Dokument vorlegen, das die Leser nicht überzeugt, wird es niemanden interessieren, welche gruppendynamischen Exzesse den Text ruiniert haben. Wenn es möglich ist, Führungsstrukturen zu etablieren und die Instrumente des Projektmanagements zu nutzen, machen Sie Gebrauch davon! Ist das nicht möglich, weil beispielsweise alle Autoren auf der gleichen Hierarchiestufe angesiedelt sind und die Eitelkeit nicht gestatten darf, einem den Vortritt zu lassen, planen Sie zusätzliche Zeit für die Schlussredaktion ein.

1.4 Schreibstrategien und Schreibtypen

Wie vernünftige Texte entstehen, wussten schon Griechen und Römer vor über 2000 Jahren:
- Man sammelt die Informationen,
- gliedert sie so, dass man sie vernünftig präsentieren kann und
- schreibt dann den Text.[6]

Also müssten auch Verhein-Jarren und Baumert wissen, welche Schreibstrategien es gibt, und wie Autoren vorgehen. Zusammen sind sie über ein halbes Jahrhundert im Geschäft, unterrichten das Schreiben und sind Autoren dieses Buches. Doch ganz so einfach ist es nicht. Lassen wir Hanspeter Ortner zu Wort kommen:

> Ich habe ca. 6000 Aussagen von Schreibenden und über Schreibende gesammelt und ausgewertet, meist Interviewfragen des Typs: Wie haben Sie das gemacht, Herr X, Frau Y?[7]

---

5 Finkelstein, *Pocket book,* S. 367, Übersetzung A. B.
6 Baumert, *Professionell texten,* S. 72 f.
7 Ortner, *Schreiben und Wissen,* S. 64.

Der Leser ahnt, dass Ortner keine leicht zu verarbeitende Folge – erstens, zweitens, drittens – entdeckt hat, die sich sozusagen als Gebrauchsanleitung für Texte ergäbe, wissenschaftlich fundiert und einfach zu lernen. Es ist komplizierter.

> Da soll sich einer auskennen! Offenbar ist jeder Schreiber ein eigener Schreiber*typ* und der einzige Vertreter seines Repertoires von Schreibstrategien. Schreiben ist nicht gleich Schreiben. Und schon gar nicht ist Schreiben immer Niederschreiben. Auch wenn einem vage Erinnerungen an das schulische Schreiben dies suggerieren möchten.[8]

Wir können derzeit recht gut sagen, wie ein ausgewählter Autor mit dem ihm eigenen Hintergrund in einem bestimmten Kontext wahrscheinlich eine Schreibaufgabe auf die für ihn typische Weise lösen wird. Allgemein bleibt aber festzuhalten,

> dass wir insgesamt noch weit davon entfernt sind, über brauchbare Modellierungen des Schreibprozesses zu verfügen, die sowohl entwicklungs- wie auch kontextsensitiv sind.[9]

Dieses unbefriedigende Szenario verlangt nach einer Auflösung. Wir unterscheiden zwei Ansätze,

- den wissenschaftlichen und
- den an der technischen Praxis orientierten.

Wissenschaftlich

In der Diskussion über Schreibstrategie und Schreibtyp nimmt die Bewertung Ortners eine zentrale Rolle ein. Er hatte in seiner 2000 erschienenen Untersuchung vier Vorgehensweisen und darin zehn Strategien beim Abfassen langer Texte unterschieden:[10]

Vorgehen 1

1. Schreiben aus dem Bauch heraus, schreiben, wie und während man denkt.

Vorgehen 2

Strategie der (wenigen) großen Schritte

2. Einen Text zu einer Idee
3. Mehrere Textversionen zu einer Idee
4. Von der Vorfassung zur nächsten, zur nächsten [...]
5. Geplantes Schreiben
6. Vor dem Schreiben gedanklich fertigstellen

Vorgehen 3

Strategie der (vielen) kleinen Schritte

7. Schrittweise: Kapitel 1, dann 2, dann 3
8. Schrittweise: Erster Teil von Kapitel 1, dann erster Teil von 2, dann erster Teil von 3, dann zweiter Teil von 1 [...]

8 Ortner, *Schreiben und Wissen*, S. 64.
9 Sieber, *Modelle des Schreibprozesses*, S. 214 f.
10 Ortner, (2000): *Schreiben und Denken*, S. 346-564. Ortners Modell ist auf Langtexte beschränkt.

Vorgehen 4

Produktzerlegendes Schreiben
9. Moderat produktzerlegend
10. Extrem produktzerlegend
Wie kompliziert dieser Ortnersche Entwurf ist, mag man daran erkennen, dass ein geplantes Schreiben (Strategie 5) nicht etwa leicht verständlich das Befolgen eines Plans meint. Nein, Ortner unterscheidet zunächst über zehn Verwendungsweisen des Wortes *Plan*. Diese Unterschiede haben es zum Teil in sich!

Versucht man den Ortnerschen Entwurf auf die Entstehung von Sachtexten anzuwenden, wird es noch etwas verworrener. Erfahrene Autoren von Sachtexten können unterschiedliche Strategien anwenden, abhängig vom Vorwissen, vom Ziel und auch von der Publikationsform des Dokuments. Man geht an einen Artikel über ein noch unbekanntes Thema anders heran als an ein Buch zu einem Thema, in dem man sich längst auskennt.

So wertvoll Ortners Arbeit für die Wissenschaft ist, so wenig können wir sie in unserem Zusammenhang einsetzen. Wir erkennen, dass uns die Wissenschaft gegenwärtig nicht weiterhilft und nutzen deswegen den eher vorwissenschaftlichen Erkenntnisstand, der sich in der reichhaltigen Ratgeberliteratur ausdrückt.

Technische Praxis

Produktbegleitende technische Texte werden in der Regel zeitnah zum Arbeitsprozess geschrieben. Sie dokumentieren vor allem den Arbeitsprozess und dabei übersehen die Autoren, dass der Text verständlich sein muss auch für Leser, die beim Arbeitsprozess nicht dabei waren. Die Konsequenz: Der Text bleibt im Entwurfsstadium stecken, denn er kann seine Leser nicht erreichen.

Entwurfsstadium überwinden

Damit aus einem Entwurf ein funktionierender Text entsteht, muss überprüft werden:
- Ist der Text inhaltlich konsistent und
- Ist er leserorientiert und prägnant formuliert?

Wie viel Zeit kostet nun das Schreiben? Es hängt auch davon ab, wie geübt ein Autor ist. Systematisch gemessen hat das noch niemand. Will man es für sich selber einigermaßen zuverlässig herausfinden, hilft ein Protokoll.[11]

Den griechisch-römischen Dreischritt von Seite 7 wollen wir pragmatisch aktualisieren:
1. Material zusammentragen, recherchieren,
2. schreiben und
3. überarbeiten, korrigieren.

11 Siehe Seite 2.

Schreibprozess

Wie diese drei Schritte zusammenhängen, das wird in der Wissenschaft als Schreibstrategie untersucht. Die Strategie „Schreiben aus dem Bauch heraus, schreiben, wie und während man denkt." lässt dem Recherchieren und Überarbeiten keine Zeit. Alles muss auf Anhieb passen – ein Irrtum!

> Wer als Techniker oder Ingenieur einen Text schreibt, geht meistens mit einer Strategie ans Werk, die für ihn typisch ist.
> Versuchen Sie, Ihre Strategie zu erkennen. Wie schreibe ich? Was sind meine Stärken und Schwächen? Was sollte ich ändern?

Die eigene Methode erkennen

Was bin ich für ein Schreiber-Typ, wie gehe ich normalerweise vor? Worauf muss ich künftig achten? In Seminaren hat sich herausgestellt, dass die Modelle von Doris Märtin recht hilfreich sind. Märtin unterscheidet:[12]

Tarzan-Methode

Von Liane zu Liane immer voran

Der Tarzan-Schreiber arbeitet und schreibt aus einem Bauchgefühl; kreativ und aus dem Moment heraus. Im Idealfall entstehen organisch gewachsene Texte, wie aus einem Guss. Es gibt keine stilistisch-gedanklichen Brüche. Geht es um ein komplexes Problem, an dessen Lösung viele Personen beteiligt sind, so wird diese Strategie einige Überarbeitungsschritte nach sich ziehen.

Innehalten Plan fassen

Dem Tarzan-Schreiber fehlen der Plan und die leserorientierte Überarbeitung. Ist man sich dessen bewusst, kann man es in Angriff nehmen.

Montage-Methode

Hier ein bisschen Dort ein bisschen

Bei der Montage-Methode wird zunächst ein Textgerüst erstellt, das nach und nach mit Informationen angereichert wird. Sie ermöglicht, Logik (Textgerüst) und Intuition beim Schreiben zu verbinden. Der Montage-Schreiber ist eigentlich ein Topic-Schreiber, ideal für Hypertexte. Er entwickelt den Text wie einen Flickenteppich. So liest ihn der Leser aber nicht. Überarbeiten heißt für ihn: Alles in größere Rahmen packen, den Lesefluss des Lesers berücksichtigen.

Das Ganze sehen Lesefluss berücksichtigen

110-Prozent-Methode

Übergenau ist ungesund

Der Autor ringt von Anfang an gewissenhaft um Perfektion, das ist das Kennzeichen dieser Methode. Im Idealfall entsteht ein sehr guter Entwurf, der nur noch wenig Überarbeitung benötigt. Bis es jedoch so weit ist, dauert es und dauert und dauert, [...] Die Gefahr ist, dass am Ende doch zu viel Zeit eingesetzt werden muss. Wenn der Zwang störend wird: Fünf auch mal gerade sein lassen. Es muss nicht alles gleich passen.

Manchmal darf 5 : 2 eine ganze Zahl sein

12 Märtin, *Erfolgreich texten,* S. 20-21.

Recycling-Methode

In Zeiten elektronischer Datenverarbeitung liegt die praktische Recycling-Strategie nahe. Der Recycling-Schreiber greift auf frühere Texte zurück und passt sie oberflächlich an den neuen Kontext an. Damit spart er Zeit, die Texte können schneller fertiggestellt werden.

Copy
Paste

Die Gefahr liegt darin, dass die früheren Texte für den neuen Verwendungszusammenhang nicht gut genug durchdacht sind. Das Ziel, das mit dem Text erreicht werden soll, gerät in Gefahr. Also: Genau nachlesen, ob jedes Element des Textes auf diese Anforderung zutrifft. Ab und an einen völlig neuen Text schreiben, die Methode durchbrechen.

Unaufmerksamkeit droht – Gegensteuern, neue Texte schreiben

> Jede Methode hat ihre Vor- und Nachteile. Ausgesprochene Tarzan-Schreiber werden es bei längeren Texten und beim Schreiben im Team eher schwer haben. 110-Prozent-Schreiber sind gute Überarbeiter. Je länger Texte sind und je mehr Autoren beteiligt sind, umso hilfreicher ist die Montage-Methode.

1.5 Dokumentationsprojekte

Im Idealfall sind Technische Redakteure von Beginn an in die Projektplanung – Entwicklung eines neuen Produktes – integriert. Das heißt nicht, dass sie mit dem Beginn des Entwicklungsprojekts auch zu schreiben anfangen. Es bedeutet aber, dass beispielsweise der Leiter einer technischen Redaktion schon an der ersten Sitzung des Entwicklungsprojektes beteiligt ist, damit er die Ressourcen planen und auch die Erfahrungen der Redaktion in die gesamte Projektplanung einbringen kann.

Mehr planen – weniger improvisieren

Für viele Unternehmen ist dieses Vorgehen heute selbstverständlich. Nicht wenige kleine und mittlere Betriebe im Maschinenbau managen ihre Dokumentationsprojekte aber noch immer fahrlässig. Erst nach einem Unfall beim Kunden, wenn Berufsgenossenschaft oder Staatsanwaltschaft um Unterlagen bitten, ändert man die Strategie. In manchen Software-Firmen werden Technische Redakteure oft vor die Aufgabe gestellt, Dokumentation für Produkte, die kurz vor der Auslieferung stehen, zu erstellen. Oft sind die Programme sogar schon beim Kunden, der grimmig auf seine Handbücher wartet. In solchen Unternehmen sind gute technische Redakteure Meister darin, Planung und Improvisation in Übereinstimmung zu bringen. Da die Freigabetermine festgelegt sind, die Projektplanung aber durch ständige Improvisation zunichte gemacht wird, sind gerade in diesen Unternehmen Überstunden die Regel.

Nicht warten, bis der Staatsanwalt klingelt.

Häufig muss ein Mitarbeiter von einer Aufgabe abgezogen werden, weil an anderer Stelle etwas „angebrannt" ist. Die entstehenden Lücken können nur durch Mehrarbeit gefüllt werden. Dieses Defizitmanagement hat mit ordentlichen Projekten nichts zu tun.

Projektmanagement auch für Dokumentationsprojekte

Wirkliches Projektmanagement ist längst zu einem Arbeitsgebiet für Spezialisten geworden; sie nutzen eigene Verfahren, wenden Normen an (DIN 69 900 oder 69 901 ff.) und arbeiten mit eigens für ihre Anforderungen entwickelten Softwareprodukten. Anders könnte man keine Transrapidtrasse, Kreuzfahrtschiffe oder Verkehrsflugzeuge bauen, viele andere Branchen wären nicht konkurrenzfähig.

In der Technischen Redaktion sind Projekte – verglichen mit diesen Großvorhaben – etwas „abgespeckt". Dennoch sind es richtige Projekte, einige Dienstleister betrachten ihre Redakteure als Projektmanager.

Zehn Elemente

Start und Ende

1. Start- und Enddatum müssen vor Beginn des Projektes feststehen.

Stärkende und störende Faktoren

2. Zu Beginn eines Projektes hilft die Projektumfeld-Analyse stärkende und störende Faktoren zu ermitteln.

Meilensteine

3. Meilensteine sind Termine, an denen vorher bestimmte Projektbeteiligte festgelegte Ergebnisse vorlegen müssen. Man bestimmt, was wann zu erbringen ist, nicht, wie der Verantwortliche zu diesen Ergebnissen kommen soll.

Rückwärts planen
Mit der Auslieferung beginnen

4. Die Technische Redaktion plant rückwärts, sie beginnt mit dem Auslieferungsdatum und entwickelt den Plan von dort ab Schritt für Schritt bis zum Projektstart, Beispiel: Auslieferung an den Kunden, Druck und buchbinderische Verarbeitung, Freigabe, Korrekturen, Schreiben, Recherche.

Lastenheft

5. Im Lastenheft bestimmt der Auftraggeber, welche Leistungen die Technische Redaktion zu erbringen hat.[13] Das Lastenheft sagt, was der Auftraggeber will. Es gehört zu den Unterlagen, die Dienstleister benötigen, um ein Angebot zu schreiben.

Pflichtenheft

6. Im Pflichtenheft notiert der Auftragnehmer, wie er die Anforderungen des Lastenheftes umsetzen wird. Es sagt, wie das Projekt die im Lastenheft beschriebenen Ziele erreichen will. Auf ihm und dem Angebot baut der Vertrag zwischen Dienstleister und Kunde.

Kommunikation

7. An Projekten arbeiten Gruppen, die sich eigens zum Gelingen dieses Auftrages zusammenfinden. Von den Interviewpartnern bis zur Druckerei. Nach Abschluss des Projektes werden die Karten neu gemischt. Damit es gelingt, sind viele Gespräche zu führen – je mehr Reibereien entstehen, je unterschiedlicher die Arbeitswelten der Beteiligten sind, desto wichtiger ist die Kommunikation.

Protokollieren

8. Eine Kultur des Protokolls: Nur die gewissenhafte Protokollierung und eine anschließende Archivierung können im Zweifelsfall den Richter davon überzeugen, dass dieses Unternehmen, diese Verantwortlichen ihre Projekte immer ordentlich abwickeln.

13 Vgl. VDI 2519 und DIN 69901 in Bechler, Lange, *DIN Normen im Projektmanagement.*

9. Ständiger Vergleich von Soll und Ist hilft bei der Projektsteuerung. Ein Instrument ist die Meilenstein-Trendanalyse.
10. Kein Projektende ohne eine abschließende Auswertung des Projektverlaufs, ohne eine Projekt-Ende-Besprechung. Zur Auswertung gehören eine Nachkalkulation und ein Abschlussbericht.

Soll und Ist vergleichen

Auswertung

Protokollierte Planung

Für jedes Projekt notiert man den Plan der Redaktion, mit dem sie die Forderungen des Kunden erfüllen will. Notiert werden die Verbindlichkeiten – was ist wann fertig, wer kontrolliert es [...] – und bietet eine Möglichkeit, nach Abschluss des Projekts Soll und Ist zu vergleichen. In einigen Redaktionen gehört dieser Plan oder Teile daraus auch in das Pflichtenheft. Anderes dient nur der internen Projektsteuerung und wird dem Auftraggeber nicht präsentiert.

Grundgerüst

Wie ein solches projektbegleitendes Dokument aussieht, welche Inhalte es enthält, ist unterschiedlich. Gute Erfahrungen wurden mit diesem „Formular" gemacht, das elektronisch oder auf Papier genutzt werden kann:

Identifikation

- Dokumentkennung
  Zu Beginn des Projektes wird die Kennung angelegt. Entweder automatisch durch das Redaktionssystem oder von Hand.

Verantwortlich

- Projektmanager
  Der verantwortliche Redakteur. Bei Dienstleistern ist er der Ansprechpartner für alle Beteiligten, führt die Verhandlungen mit dem Kunden und muss gelegentlich auch mal „nein" sagen können oder einen neuen Preis aushandeln, wenn Kundenwünsche nachgereicht werden.

Wer zahlt?

- Auftraggeber
  Er ist bei Konflikten der wichtigste Ansprechpartner.

Datum

- Datensatz angelegt am

Worüber schreiben?

- Produkt (Name/Version oder Release/Code)

Titel

- Dokumentationstitel
  Der Dokumentationstitel „Wartungshandbuch xyz" wird in manchen Redaktionen noch anstelle der Dokumentkennung benutzt. Da die Produkte und Anleitungen sich vom Titel oft nicht ausreichend unterscheiden, findet nach einigen Jahren fleißigen Schreibens niemand mehr irgendetwas, sollte der Chefredakteur in den Ruhestand verabschiedet worden sein. Für Redaktionen auf dem neuesten Stand der Technik hat der Dokumentationstitel weniger Bedeutung. Er steht nur auf dem Deckblatt.

Start und Ende

- Projektstart
- Projektende
- Dokumenttyp

Art des Dokuments

Die Bezeichnung ist etwas irreführend. Früher hätte man nur unterschieden zwischen Referenzhandbuch, Betriebsanleitung und vergleichbaren Typen. Heute produzieren Redaktionen medienübergreifend, elektronisch und auf Papier. Dazu kommt vieles, das über das klassische Aufgabengebiet hinausgeht, Plakate, Filme, Computerprogramme, Audiodateien und sogar Beschilderungen.

Land

- Das Zielland
  Dieser Eintrag setzt rechtliche und andere Rahmenbedingungen.

Sprache

- Die Sprache oder die Sprachen
  Sie ergibt (ergeben) sich nicht automatisch aus dem Land (Schweiz, Belgien).

International

- Übersetzungen, Lokalisierungen
  Bis wann werden welche Übersetzungen von wem erledigt, wer prüft die Richtigkeit, wer nimmt den Auftrag ab, wenn er nach außen vergeben wird.

Papier oder elektronisch: die Details

- Formatinformationen
  Datei, Papier, Druckweiterverarbeitung oder Betriebssysteme und andere technische Voraussetzungen.

Das Team

- Projektmitarbeiter
  Wer trägt die Verantwortung für welche Aufgaben, zu welchen Zeiten ist er für dieses Dokumentationsprojekt abkommandiert.

Die Ausrüstung

- Maschinen, Software, Technik, Materialien
  Was muss wann bereitgestellt werden. Einträge in dieser Rubrik dienen dazu, die Belegung besonderer Arbeitsmittel, von Spezialsoftware oder einem Usability Labor zu planen.

Hilfe von außerhalb

- Auftragsvergabe an Dienstleister
  Müssen Unterprojekte an Externe vergeben werden, Fotografen, Zeichner, Übersetzer, dann gehören die Planungsdaten hier hinein: Kennung (Bestellnummer oder Auftragsnummer), Auftragnehmer, Definition, Auftragskontrolle – zuständiger Projektmitarbeiter, Meilensteine, Verantwortung für Qualitätskontrolle und Endkontrolle.

Informationen beschaffen

- Recherche
  Wer beschafft bis wann welche Informationen, wer führt Interviews, wer sind die Informanten, welche Quellen müssen angezapft werden.

Wer textet, zeichnet, layoutet?

- Schreiben / Grafik / Gestalten
  Wer tut was bis wann.

Das Lektorat

- Korrekturen
  Größere Redaktionen unterscheiden oft zwischen einem internen Lektorat und den externen Korrekturen auf sachliche Richtigkeit. Ob mit oder ohne Lektorat, jemand, meist in der Redaktion, ist für die Korrektur von Rechtschreibung, Interpunktion, Grammatik und Stil zuständig.

Entwickler korrigieren

Extern sind Ingenieure oder Programmierer aus der Entwicklung angesprochen. Gerade mit ihnen ist die Planung unverzichtbar: Wer hat bis wann was zu korrigieren. Wichtig für den Nachweis, dass die Sorgfaltspflicht erfüllt wurde.

- Tests
  Noch nutzen wenige Unternehmen die Möglichkeit, die Qualität ihrer Dokumentation durch Anwendertests – Usability tests – zu überprüfen.

Usability test

- Endgültige Qualitätskontrolle
  Jemand bestätigt, dass alle Stufen ordnungsgemäß absolviert sind.

Qualitätskontrolle

- Freigabe
  Die Bestätigung des Managements, dass dieses Dokument an Kunden versandt werden darf.

Freigabe

- Archivierung
  Wer hat alle Dateien und das zugehörige Material wann in das Archiv eingefügt und von allem eine Sicherungskopie gemäß den Unternehmensregeln angelegt? Wird oft automatisch in der Netzwerkinstallation erledigt.

Dauerhaft lagern

- Druck, Druckweiterverarbeitung, CD-Herstellung, Auslieferung
  Oft Aufträge, die zum Schluss des Projektes „nach draußen" vergeben werden müssen. Dazu müssen dann auch Spezifikationen festgehalten werden, beispielsweise *Weitergabe als PDF/X-1a*.

Endversion

Diese Liste ist das Grundgerüst, das die Mehrheit der Aufträge für eine Technische Redaktion abdeckt, sie ist keinesfalls vollständig. Einige Dokumenttypen verlangen Weiterungen, Drehbuchautoren oder Verfasser eines Storyboards, Kamera, Beleuchtung, Ton, Beschriftung von Bildschirmen, Texte zum Vorlesen oder auch Programmieraufträge.
Erfahrene Redaktionen nutzen ähnliche Listen, die auf ihre Erfordernisse angepasst sind und in allen denkbaren Varianten vorkommen, von Dateien, Datenbanken bis zu bedruckten Ordnern und Umschlägen, die ein Projekt begleiten.

Jede Redaktion hat ein vergleichbares – aber immer etwas anderes – „Formular".

1.6 Pannen vorbeugen

„Erstens kommt es anders, – zweitens als man denkt." Projekte halten sich nur selten an die Planung. Würden keine Schwierigkeiten auftauchen, kann irgendetwas nicht stimmen. Man muss also vorbeugen.

Zu viel steht auf dem Spiel: Die Kosten dürfen nicht aus dem Ruder laufen, die Kunden müssen zufrieden gestellt sein, Verträge sind zu erfüllen, und das Ansehen der Redakteure duldet keine Einbrüche in Qualität und Termintreue. Im Projektmanagement versuchen Technische Redakteure deswegen, möglichen Entgleisungen vorzubeugen. Hilfreich sind dabei

- die Projektumfeld-Analyse,
- die Meilenstein-Trendanalyse und
- eine Tendenzrechnung.

Die Projektumfeld-Analyse im Dokumentationsprojekt

Eine Ursache für Fehlentwicklungen liegt darin, dass Menschen, Abteilungen, Firmen und Institutionen im Dokumentationsprojekt zusammenwirken, die das sonst nicht tun. Jeder hat eigene Interessen, die dem Projekt oder anderen Beteiligten nicht unbedingt entsprechen.

Welche Interessen werden das Projekt beeinflussen? Konflikte verhindern

Wer die Verantwortung in einem Projekt übernimmt, prüft besser rechtzeitig, welche Interessen einander widersprechen könnten, wie man vorbeugend Konflikte verhindern kann – mit einer Projektumfeld-Analyse.

Wer kann Einfluss nehmen?

Für jeden möglichen Mitwirkenden – Personen wie Gruppen –, der die Arbeit torpedieren oder besonders unterstützen kann, legt man eine Tabelle an. Sie listet

- seine Interessen,
- die von ihm möglicherweise zu erwartenden besten und schlimmsten Verhaltensformen sowie
- Maßnahmen, mit denen positive Tendenzen gestärkt und negative abgeschwächt oder sogar rechtzeitig verhindert werden können.

Strategie entwickeln, um Schäden abzuwehren und positive Quellen zu nutzen.

Man weiß besser vorher, was die Marketingleute, die Entwickler, vielleicht auch Kunden und Händler auf dieses Projekt bezogen bewegt. Jeder, der eine Rolle spielen kann, ist wichtig. Darauf stellt man sich ein und entwickelt eine Verhaltensstrategie: Worauf müssen wir uns vorbereiten, was müssen wir tun, einmalig oder öfter, um ein Hindernis gar nicht erst entstehen zu lassen.

Meilenstein-Trendanalyse

Die Planung sagt, was bis wann erledigt sein muss. Manchmal ist man früher fertig, anderes schafft man nicht rechtzeitig, dann wieder stimmen Planung und Wirklichkeit überein. Einige Fehleinschätzungen sind systematisch, andere sind Ausrutscher, manche mit ernsten Folgen für den Erfolg des Dokumentationsprojekts.

Redaktionsleiter und/oder Projektleiter wollen diese Entwicklungen in den Griff kriegen. Sie tragen deswegen Planung und vorhersehbare Wirklichkeit auf Zeitachsen gegeneinander ab. Je näher ein Meilenstein rückt, desto besser kann man erkennen, wie gut man das Ziel erreicht. Daraus ergeben sich Verläufe, die Auskunft über die Gültigkeit von Einschätzungen geben und die Leitung rechtzeitig warnen, wenn ein Trend sich gegen die Planung wendet.

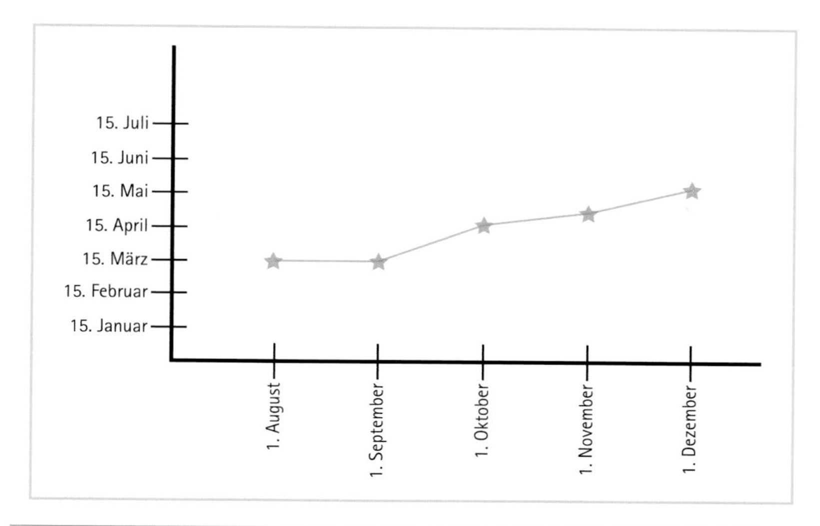

Ab Oktober fürchtet man, dass der März-Termin nicht zu halten ist.
Jede Verschiebung auf später hat Auswirkungen auf die folgenden Meilensteine.

Linke Achse = ursprüngliche Planung, untere Achse = Vorausschau am [...]

Im Beispiel ist zu erkennen, dass man ursprünglich die Grafiken – Fotos, Übersetzungen [...] – bis zum März fertigstellen wollte. Schon im Oktober deutet sich aber an, dass dieser Termin nicht zu halten sein wird. Diese Vorhersage gibt nun die Möglichkeit, die Planung notfalls zu modifizieren, denn von dem März-Termin hängen weitere Meilensteine ab; sie müssen nun nach hinten verschoben werden, oder man ordnet dem Team zusätzliche Ressourcen zu. Nach Abschluss des Projekts kann der Blick auf Trendanalysen helfen, systematische Fehler in künftigen Planungen zu vermeiden.

Man verschätzt sich oft!

Die Meilenstein-Trendanalyse ergibt nicht nur Zeitverzögerungen; mancher Analyse kann man auch entnehmen, dass zu pessimistisch geplant wurde. Seltener sind übrigens Volltreffer.

Besonders bei neuen Mitarbeitern in Redaktionen oder auch in der Zusammenarbeit mit noch unbekannten Subunternehmen, Grafikern, Übersetzern, hilft diese Methode den Leitern eines Dokumentationsprojekts.

Die Doku-Tendenzrechnung

Die Idee stammt von JoAnn Hackos. Sie sieht ein Dokumentationsprojekt abhängig von zehn Faktoren, die sich zu seinem Vor- oder Nachteil auswirken.[14] Fünf wirken von außerhalb der Redaktion, fünf von innen.

Außerhalb der Redaktion

1. Stabilität der Produktentwicklung: Häufige Veränderungen fordern ständige Anpassungen der Texte und Abbildungen.

14 Hackos, *Information,* S. 350 ff. und 381 ff.

2. Zugang zur Information: Unterlagen müssen wie vereinbart zur Verfügung stehen.
3. Zugang zu Prototypen.
4. Experten für Interviews müssen erreichbar sein und sich kooperativ verhalten.
5. Korrekturen müssen vom Umfang und Zeitaufwand den Erwartungen entsprechen.

Innerhalb der Redaktion

6. Technikkompetenz der Autoren.
7. Schreib- und Gestaltungskompetenz.
8. Qualität der Analyse von Zielgruppen und deren Erwartungen.
9. Erfahrung als Team.
10. Erfahrung mit den eingesetzten Werkzeugen.

Jede Veränderung dieser Einflüsse wirkt sich entweder auf die Qualität der Dokumentation aus, oder sie verkürzt/verlängert die Entwicklungszeit. In der Planungsphase ist die Leitung eines Dokumentationsprojektes deswegen gut beraten, vorab einzuschätzen, wie sich Risiken auf das Projekt auswirken können. Eine mögliche Lösung besteht darin, dass sie den geschätzten Zeitaufwand pro Seite/Topic mit einem Risikofaktor multipliziert.

Beispiel: 3 Stunden pro Seite

Neue Software im Einsatz: Etwa 20 Minuten mehr

Wenn beispielsweise damit zu rechnen ist, dass der Redakteur pro Seite drei Stunden benötigt, dann ist zu erwarten, dass sich dieser Wert negativ verändert, wenn eine neue Dokumentations-Software eingesetzt wird. Je nach Länge des Projekts und damit auch der wachsenden Erfahrung der Autoren mit diesem Werkzeug wird der Wert 3 mit einem Faktor zu multiplizieren sein, beispielsweise mit 1,1. Der Redakteur braucht also etwa 20 Minuten länger für eine Seite. Vergleichsweise lassen sich die anderen neun Faktoren berücksichtigen.

Mit etwas Übung lässt sich so ein jeder Arbeitsumgebung angepasstes Instrument schaffen, das Zeiten und Kosten besser einzuschätzen hilft.

Exkursion: Dokumentkennung

Jedes Dokument erhält eine eindeutige Identifizierung. Unterschiedliche Benennungen sind dafür in Gebrauch: Dokumentkennung, Dokument-Code, Projekt-Code, Dokument-ID, Code-ID [...] Dieses Buch verwendet den Ausdruck Dokumentkennung.

Name des Dokuments

Sie versieht das Dokument mit einem betriebsinternen Namen. Dieser kann mit der Identifikation des Dokumentationsprojektes übereinstimmen, zwingend nötig ist das aber nicht. Eine Technische Redaktion sollte jedes Dokument solcherart kennzeichnen, Betriebsanleitung, Videofilm, Online-Hilfe, Plakat und Präsentation. Ob Einseiter oder mehrbändiges Handbuch, elektronisch oder auf Papier:
Alles braucht einen Namen, unter dem man es verwalten kann.

Eindeutige Identifikation

Die Dokumentkennung identifiziert das Dokument; sie wird, wenn das möglich ist, deswegen aufgedruckt – beispielsweise auf der Rückseite oder in der Titelei –, oder sie ist in elektronischen Dokumenten an einer leicht zu findenden Position enthalten. Sie ist der ISBN (International Standard Book Number) vergleichbar.

Wenn ein Dokument freigegeben ist und an Kunden verschickt werden kann, darf es unter seiner Dokumentkennung nicht mehr verändert werden.

Nach der Freigabe verlangt jede Änderung eine neue Dokumentkennung. Zwei Dokumente mit unterschiedlichen Inhalten – unabhängig vom Umfang der Abweichungen – dürfen niemals die gleiche Dokumentkennung tragen.

Zwei Methoden stehen zur Verfügung, um eine solche Identifikation zu bilden:

Indizierung mit Zeigern

Pointer einer Datenbank

Das erste Verfahren ist die Indizierung mit einem von der EDV gegebenen Zeiger, englisch Pointer. So nennt man den Verweis auf den Primärschlüssel eines Datensatzes in einer relationalen Datenbank. Jeder Primärschlüssel ist ein Unikat und bildet die Referenz auf einen Datensatz.

Redaktionssysteme oder Dokumenten- oder Content-Management-Systeme und jede andere Lösung, die Dokumente mit einer Datenbank verwalten, bieten diese Möglichkeit.

Semantische Indizierung

Index mit erkennbarer Bedeutung

Die Alternative ist ein von Hand vergebener Index, der dem Betrachter sofort Auskunft über das Dokument gibt, ohne dass er in der Datenbank nachschauen muss, eine bedeutungstragende oder semantische Indizierung. Beispielsweise würde ein Code, der die Elemente *CH* und *it* enthält, jedem erfahrenen Mitarbeiter in einem Dokumentenlager sofort mitteilen, dass dieses Dokument in italienischer Sprache für Schweizer Kunden geschrieben ist. it ist der Sprachencode nach ISO 639 und CH ist der Ländercode aus ISO 3166.

Eine Codierung dieser Art könnte sein:
12 0704 03 2 CH it 03 42

12	Das Produkt
0704	Versionsnummer
03	Handbuch,
2	Band 2
CH	Für die Schweiz
it	In italienischer Sprache
03	Für Banken
42	Bank xy – ein Dokument, das auf die Filialen dieser Bank angepasste Informationen enthält.

Welches der beiden Verfahren günstiger ist, Indizierung mit Zeigern oder semantisch, kann nicht allgemein entschieden werden, beide haben Vor- und Nachteile.

2 Typische Informationslücken

Wer schreibt, braucht Materialien, die in den Text einfließen – manchmal eine riesige Menge an Informationen. Einiges scheint offensichtlich, anderes müssen Autoren mühsam recherchieren.

Welche Hintergrundmaterialien sind unverzichtbar, was darf man auf keinen Fall übersehen? Was ist nützlich und wird die Arbeit der Kunden oder die eigene erleichtern? Worauf verzichtet man besser, weil zuviel des Guten schlecht ist, die Leser überlastet?

Autoren wissen immer mehr über ein Thema, als im Text steht, das ist selbstverständlich. Was aber muss man zusätzlich bereitstellen, bevor die Arbeit beginnen kann, worum muss man sich ausdrücklich kümmern, damit der Text ein Erfolg wird?

2.1 Recherche in der Technischen Redaktion

Redakteure unterscheiden zwischen einer Grundlagenrecherche und der Detailrecherche.

Grundlagen

Um vernünftig fragen zu können, muss man etwas wissen: in den Grundlagen eines Fachgebietes, einer Maschine oder Software.

Kundige Redakteure befragen Fachleute, ohne ihnen auf die Nerven zu gehen. Sie stellen keine Fragen, die sie mit etwas Fleiß und Lektüre selber beantworten können. Sie wissen, auf welche Quellen es ankommt, und wie man sich Zugang zu ihnen verschafft.

Wie umfangreich die Beschäftigung mit den Grundlagen wird, hängt davon ab, welche Erfahrungen Redakteure mit einem Thema haben.

Wer sich erstmals mit einer Technik – Schiffsgetriebe, medizinisches Gerät, [...] – oder einem Umfeld – Banksoftware, Gefahrstoffe, ... – beschäftigt, muss anders kalkulieren als die alten Hasen. Recherche in Bibliotheken, intensive Lektüre und vielleicht auch Schulungen sind manchmal nötig, bevor die Redakteure mit der Dokumentation beginnen können.

Diese Probleme haben andere nicht. Sie arbeiten extern oder intern für einen Hersteller und kennen die Produkte, haben Normen und betriebliche Informationen griffbereit und können fast sofort loslegen. In die Grundlagenrecherche müssen sie nur wenig Zeit investieren.

Details

Auch die Detailrecherche kann mancher fix erledigen. Wenn nur eine neue Produktversion vorbereitet wird, ist wenig zu klären, bevor die Texte entstehen. In anderen Fällen steht auch der am Anfang, der die Grundlagen längst beherrscht.

Obgleich die Ausgangsbedingungen also immer unterschiedlich sind, sind die Informationslücken im Detail überschaubar. Man kann sie mit folgenden Fragen schließen.

Fragen in Dokumentationsprojekten

Eine Bedienungsanleitung verrät dem Laien selten, wie viele Informationen die Autoren beschaffen mussten, um dieses Dokument zu erstellen. Die Recherche frisst oft mehr Zeit als das Texten. Hinter jeder Dokumentation stehen Antworten, die ihre Verfasser sich erarbeiten mussten. Manches ist trivial, anderes äußerst aufwendig.

Anwendung

- Wozu wird das Produkt genutzt?
- Wie wird es benutzt?
- Welcher Gebrauch ist bestimmungsgemäß? Ergibt die Produktbeobachtung Hinweise auf missbräuchliche Verwendung?
- Welche Bedingungen müssen für eine erfolgreiche Nutzung erfüllt sein?

Bestimmungsgemäßer Gebrauch

Besonderen Wert legen Redakteure auf den bestimmungsgemäßen Gebrauch eines Produktes, der meist zu Beginn einer Anleitung explizit genannt wird.

Produktbeobachtung

Die Produktbeobachtung ist eine Forderung des Gesetzgebers an die Hersteller. Dabei erkennen sie nicht nur Produktfehler, die sich vielleicht erst nach längerem Gebrauch einstellen; sie erfahren zugleich, welche missbräuchlichen Verwendungen vorkommen. Auf diesen nichtbestimmungsgemäßen Gebrauch reagieren sie dann mit konstruktiven Nachbesserungen oder – wenn das unmöglich ist – mit Sicherheits- und Warnhinweisen. Aus der Produktbeobachtung resultiert eine Erweiterung des Begriffs der vernünftigerweise vorhersehbaren Fehlanwendung (EU-Maschinenrichtlinie).

Arbeitsbedingungen

Zu den Bedingungen gehören die Umgebungstemperatur, die Stromversorgung, Luftfeuchtigkeit, manchmal aber auch kompliziertere Anforderungen, beispielsweise die Tragfähigkeit eines Fundaments, auf dem die Maschine installiert werden muss.

Beschaffenheit

- Wie ist das Produkt beschaffen – technische Daten?
- Wie funktioniert es?
- Welche Funktionen haben einzelne Baugruppen?
- Welche zusätzlichen Informationen sind zu berücksichtigen – Ersatzteilbeschaffung, Garantie, Anschriften, Updates?
- Welches Zubehör ist nötig?
- Welche Materialien werden von dem Produkt verbraucht?
- Wie ist der Produktlebenszyklus?

Produktlebenszyklus

Aus der Frage nach dem Produktlebenszyklus entwickeln Redakteure Anforderungen an Kapitel, Topics oder unterschiedliche Dokumente über die typischen Lebensphasen der Maschine:

- Transport
- Lagerung
- Montage
- Inbetriebnahme
- Bedienung
- Wartung
- Demontage
- Entsorgung

Zu vielen Systemen, besonders in der Software-Industrie, gehört ein Repertoire an Störungen. Sollen die Kunden jede Fehlfunktion selber finden? Manches ist der Entwicklungsabteilung, der Qualitätssicherung oder dem Service bekannt. Kunden wissen es zu schätzen, wenn sie rechtzeitig auf mögliche Störungen aufmerksam gemacht werden.

Störungen

- Welche Fehlfunktionen sind bekannt oder möglich?
- Wie erkennt man Störungen?
- Was muss bei Störungen getan werden?

Andere Störungen gehören sozusagen zum Produkt: Papier verkantet in einer Druckmaschine, Schüttgut verstopft einen Auslass, [...] Ärgerliche Produktionsstopper und andere Pannen sind nicht immer zu vermeiden. Der Anwender muss dann wissen, wie er sie erkennt und behebt. Dazu muss er dann aber auch qualifiziert sein.

Fehlerbeseitigung

- Was wissen wir über die Anwender?
- Müssen Anwender besondere Kenntnisse oder Qualifikationen haben?
- Welche technischen Daten muss der Anwender kennen?
- Welche Daten darf der Anwender kennen?

Benutzer

Das A und O in Technischer Dokumentation: Der Text muss sich am Leser orientieren.[1] Fachleute kennen die Hintergründe und benutzen andere Wörter als Laien; wer das Lesen gewohnt ist, versteht andere Satzkonstruktionen als einer, der sich von Satz zu Satz quält.

Leseranalyse

Die Auswahl der Informationen ist oft heikel. Technischen Redakteuren stehen unter Umständen alle Daten der Entwicklung zur Verfügung. Dann wird nicht die Recherche zum Problem, sondern man muss das für den Leser Wichtige vom Unwichtigen trennen.

Was ist für den Leser wichtig?

Oft darf man auch nicht jedem Benutzer alle Informationen zur Verfügung stellen. An einigen Komponenten der Maschine oder Software dürfen nur Fachleute Veränderungen vornehmen. Welche Personengruppen sind das, welche muss man davon abhalten, ihre Kompetenz zu überschreiten, wenn dies konstruktiv nicht vorgegeben werden kann?

Sicherheit
Anwender klassifizieren

1 Leseranalyse, Seite 27.

Risikobeurteilung
Schutzausrüstung

- Was ergibt die Risikobeurteilung?
- Welche Schutzausrüstungen brauchen Benutzer?

Das Konzept der Risikobeurteilung wurde mit der EU-Maschinenrichtlinie eingeführt. Es ersetzt das der Gefahrenanalyse. Aus der Risikobeurteilung ergibt sich, vor welchen Restrisiken der Hersteller einer Maschine warnen muss.

Restrisiko

Ein Restrisiko ist ein Risiko, das konstruktiv nicht beseitigt werden kann. Die Verfasser einer Bedienungsanleitung müssen diese Risiken kennen, um Sicherheitshinweise formulieren zu können.

Quellen
Dokumente
Personen
Normen und Gesetze

- Welche Dokumente liegen vor? Gibt es Zuliefererdokumentationen?
- Wer ist der ideale Informant für die Recherche?
- Welche Normen und Gesetze gelten für dieses Produkt und die Dokumentation?

Zulieferer- und Vorgänger-Dokumentationen

Für den Umgang mit eigenen – manchmal: alten – Dokumenten und Zuliefererdokumentationen nutzen die meisten Redaktionen eingefahrene Wege.

Wer mit einem Redaktionssystem arbeitet, muss nur über Dokumente nachdenken, die außerhalb dieses Systems entstanden sind. Den eigenen Bestand verwaltet das System.

Informanten
Wer am meisten weiß, hat am wenigsten Zeit.

Die Frage nach den Informanten ist nicht trivial. Sie ist bei Dienstleistern oft schon für das Schreiben eines Angebots wichtig. Die Crux: Diejenigen, die am meisten wissen, deren Arbeitskraft für ein Unternehmen also besonders wertvoll ist, werden gerade deswegen oft durch Fragen von der Arbeit abgehalten.

Jede Redaktion hat einen Grundbestand an Normen und Richtlinien. Was darüber hinaus gilt, wird üblicherweise von der Entwicklung oder der Projektleitung zur Verfügung gestellt. In einigen wenigen Fällen müssen Redakteure aber auch Normen recherchieren.

Schulungen
Markt
Mitbewerber

- Welche Schulungen sind für die beteiligten Redakteure zu empfehlen?
- Welche Märkte außerhalb Deutschlands sind jetzt oder künftig für dieses Produkt zu berücksichtigen?
- Was liefern Mitbewerber?

Übersetzungen
Lokalisierungen
Kulturelle Besonderheiten

Sind für alle Zielmärkte Übersetzungs- und Lokalisierungpartnerschaften erprobt? Müssen eventuell neue Wege gegangen werden, weil traditionelle Verfahren nicht ausreichen werden?

Sind beispielsweise farbliche oder andere Gestaltungsmerkmale für einige dieser Märkte zu überdenken, Beispiel: Abbildungen von Menschen in Anleitungen sind bei einigen islamischen Kunden unerwünscht. Es wäre teuer, wenn eine Anleitung solche Abbildungen zeigt und dieses

Problem zu spät bemerkt wird. Je früher die Redaktion über Restriktionen informiert ist, die ein Zielmarkt den Dokumentationen auferlegt, desto besser kann sie damit umgehen.

Mitbewerber

Ein Blick auf die Dokumentation von Mitbewerbern hilft, die Vorstellungen über die Anforderung an die eigene Arbeit zu vervollkommnen.

Redaktionsarbeit

- Welche Produktionsmittel sind für diesen Auftrag angemessen?
- Welche Dokumenttypen und Medien müssen genutzt werden?
- Welcher Anbringungsort ist für die Anleitung vorgesehen?
- Sind Teile der Anleitungen besonders zu schützen vor Öl, Schmutz, Feuchtigkeit ... ?
- Welche Regeln für die Gestaltung von Dokumenten gelten für diesen Auftrag?

Dokumenttypen

Alles ist denkbar, vom Maschinenaufdruck bis zum Film.[2] Management, Budget und Markt diktieren letztlich, was von den vielen Möglichkeiten tatsächlich umgesetzt wird.

Gestaltungsrichtlinien

Dienstleister fragen auch nach Gestaltungsrichtlinien[3] und anderen Dokumenten, die Anweisungen für das Aussehen einer Dokumentation geben. Oft bemüht man sich in solchen Projekten, alle Anweisungen und produktspezifischen Informationen auf einem Server bereitzustellen, zu dem das Redaktionsbüro Zugang erhält.

2.2 Dokumentrecherche in der Entwicklungsarbeit

Was wissen andere?

Jenseits technischer Texte ist für eine erfolgreiche Entwicklungsarbeit von Interesse, ob ein geplantes Produkt oder Verfahren gänzlich neue Möglichkeiten bietet, ob es billiger, leistungsfähiger oder einfach besser zu vermarkten ist. Um das einschätzen zu können, braucht es den Vergleich: den Vergleich mit dem, was am Markt vorhanden und was Stand der Technik ist. Die typischen Recherchefragen lauten:

- Existiert bereits ein ähnliches Produkt oder Verfahren wie das geplante? Was ist darüber in Erfahrung zu bringen?
- Ist ein ähnliches Produkt ganz oder in Teilen schon in der Entwicklung aber noch nicht eingeführt?
- Welche Marktchancen hat das geplante Produkt?
- Welche Patente existieren bereits?
- Welche Normen sind für das geplante Produkt relevant?

2 Dokumenttypen, Seite 138.
3 Gestaltungsrichtlinien, Seite 153.

Was wissen wir?

Dabei lohnt es sich auch, zu recherchieren, was das eigene Unternehmen bereits weiß. Wurde dieses oder ein ähnliches Problem an anderer Stelle oder zu einem früheren Zeitpunkt bereits schon einmal bearbeitet? Betreibt das Unternehmen ein gutes Informationsmanagement, lassen sich mit einer internen Recherche wertvolle Informationen gewinnen.

Mit ihrer Entwicklungsarbeit produzieren Ingenieure und Autoren selber wieder Informationen und Materialien, die von anderen im Unternehmen weiter verarbeitet werden. Wenn dieser Austausch nicht nur zufällig bleibt, kann ihn ein Unternehmen als Informationsmanagement institutionalisieren.[4]

4 Diesen Prozess entwickelt ausführlich Hackos, *Information Development*.

3 Texte, die Lesern nutzen

In der Schule lernt man einen Text zu interpretieren. Das Geschriebene existiert, manchmal über Jahrhunderte, und nun wird es Gegenstand der Untersuchung.

An einigen Romanen, Gedichten und Kurzgeschichten haben sich schon Millionen abgearbeitet – immer wieder die gleichen Fragen der Lehrer, der Kampf der Schüler um das Verstehen irgendwie fremder Gedanken.

Dieses Muster sitzt. Wichtig sind die Gedanken des Autors, der Leser hat daran zu arbeiten, so hat man es gelernt. Viele Experten gehen davon aus, dass sie schon verstanden werden, wenn sie etwas schreiben. Schließlich ist ihr Leser ebenfalls ein gebildeter Mensch. Der hat aber BWL studiert oder Jura und ist vielleicht hoffnungslos überfordert mit einem technischen Bericht.

Leser sind oft fachfremd

> Das Sich-abarbeiten am Text ist kein Modell für die Wirtschaft. Dort ist ein Dokument dann gut und gebrauchsfähig, wenn es alle Fragen des Lesers auf Anhieb beantwortet, nicht mehr und nicht weniger. Dazu muss es sich am Leser orientieren, es muss ihm helfen, Aufgaben zu lösen, für die es geschaffen ist. Schließlich soll es allgemein verständlich sein, soweit das möglich ist.

Technische Texte orientieren sich am Leser

Der Verfasser eines technischen Textes will Ziele erreichen. Meistens will er eine Veränderung beim Leser bewirken. Er will

- Kenntnisse erweitern,
- Meinungen entwickeln, bestärken oder erschüttern und
- Handlungen auslösen.

Erfolg oder Misserfolg des Textes zeigen sich am Verhalten des Lesers. Die Grundfrage des Autors ist: Was müsste ich wissen, wenn ich den Text nicht verfassen würde, sondern das Produkt anwenden oder über das Budget entscheiden sollte? Der Autor schlüpft in die Schuhe des Lesers. So kann er bestimmen, welche Informationen nötig sind. Dafür muss er sich einige Fragen stellen:

Fragen vor dem Schreiben

1. Welche Aufgaben muss der Leser mit Hilfe des Dokuments lösen?
2. Mit welchen Fragen geht er an den Text heran? Was weiß er, was will und muss er wissen?
3. Gibt es ein Textmuster, das ich auf meine konkrete Schreibsituation anpassen kann?

Aufgaben des Lesers

Fragen des Lesers

Textmuster

Bei der Beantwortung dieser Fragen helfen Methoden der Zielgruppenanalyse. Dieses Kapitel stellt drei Verfahren vor, die sich in der Praxis bewährt haben. Es kommt darauf an herauszufinden, welche für die gegenwärtige Aufgabe und Schreibsituation am besten geeignet ist.

Zielgruppenanalyse

Nicht nur der Inhalt entscheidet: Wenn ein Text Erfolg haben soll, muss der Autor auch über den Leser nachdenken.

3.1 Fakten zu Lesern

Die Werbung für Printmedien analysiert recht genau, wer eine Anzeige lesen wird.[1] Für Techniktexte stehen selten Zeit und Geld zur Verfügung, um eine ausführliche Leseranalyse in Auftrag zu geben. Dennoch hilft es oft, wenn Autoren sich einige Fragen beantworten können:

Welche Bildungsabschlüsse haben meine Leser?

Mit Geschriebenem können viele nicht umgehen

Studium, Ausbildung, Handwerk oder ohne Abschluss. Etwa 14 Prozent der erwerbsfähigen Bevölkerung schätzt man als funktionale Analphabeten ein.[2] Allein 2008 verließen fast 65000 Jugendliche die Hauptschule ohne Abschluss.[3] Wie hoch die Zahl derer ist, die zwar einen formalen Abschluss haben, denen das Lesen aber zum Teil erhebliche Schwierigkeiten bereitet, weiß niemand. Wir können getrost davon ausgehen, dass die Lesekompetenz für manchen Text ein Problem darstellt. Wir teilen sie in fünf Stufen,[4] die mit dem Kaum-Lesen-Können beginnen und der souveränen Handhabung eines Dokuments enden:[5]

Stufe 1

Ohne Orientierung

Der Leser fasst nur Einzelheiten auf, die er nicht immer versteht.
Strategie: Kurzsätze, nur einfache Wörter, viele ergänzende Abbildungen. Wenn es möglich ist, die schriftliche Kommunikation durch mündliche Unterweisung ergänzen.

Stufe 2

Ohne Zusammenhang

Der Leser erkennt einzelne wichtige Aussagen, oft aber nicht den Zusammenhang. Er durchschaut nicht immer die Struktur, den Textaufbau.
Strategie: Einfach in Satzbau und Wortwahl, besonderes Gewicht legen auf Struktur- und Navigationshilfen, die sich an den Handlungszielen des Lesers orientieren.

Stufe 3

Routiniert

Dieser Leser erkennt den Textaufbau und die Zusammenhänge.
Strategie: Ab dieser Stufe muss und kann der Autor das Fachwissen des Lesers ansprechen.

Stufe 4

Zielgerichtet

Auf dieser Stufe hat man bereits Wissen über Textstrukturen und eine Erwartungshaltung. Man kann die vorgegebene Struktur problemlos nutzen.

---

1 Baumert, *Professionell texten,* Kapitel 1.

2 Grotlüschen, Riekmann, *Funktionaler Analphabetismus,* S. 18 f.

3 Autorengruppe Bildungsberichterstattung, *Bildung in Deutschland 2010,* S. 90. In der Schweiz: „Nahezu 800'000 Personen stellt das Lesen selbst eines sehr einfachen Textes vor unüberwindbare Verständnisprobleme." Notter, *Lesen und Rechnen,* S. 6.

4 Unsere Einteilung ist beeinflusst von Ballstaedt, *Wissensvermittlung,* Kapitel 3.

5 Vgl. Baumert, *Leichte Sprache – Einfache Sprache.*

Strategie: Transparente Struktur, Verwendung der Fachtermini für geübte Leser, *Stichwortverzeichnis, Zusammenfassung [...]*

Stufe 5

Dieser Leser bewertet einen Text ausschließlich danach, ob er schnell und ohne Umweg zum Ziel kommt; er verwendet ihn wie ein Werkzeug. Strategie: Text und Struktur auf schnelle und selektive Verwendung optimieren.

Souverän

Wie ist es um die Sprachkompetenz bestellt?

Die Globalisierung bringt es mit sich, dass auch viele Entscheidungsträger Dokumente lesen müssen, die nicht in ihrer Muttersprache geschrieben sind.

Sachkompetenz ≠ Sprachkompetenz

Viele Techniktexte werden von Managern studiert, die hohe Sachkompetenz aber geringeres Sprachwissen haben. Sie sind auf einen einfachen Satzbau und die korrekte Verwendung der Fachterminologie angewiesen, jede unnötige Komplikation kann sie ausbremsen.

Wie steht es um das Fachwissen?

Gemeint ist jenes Wissen, das Thema des Textes ist. Trotz hoher medizinischer Kompetenz kann ein Arzt große Schwierigkeiten haben, die Funktionsweise eines EDV-Programms zu verstehen. Wo immer es möglich ist, versuchen Autoren herauszubekommen, wie gut der Leser sich in dem Thema auskennen wird.

Kenntnisse vom Thema des Textes

Ist er eher ein Anfänger, dem der Autor die Unsicherheit nehmen muss, oder ist er schon ein Fortgeschrittener, der einfach neugierig ist. Wenn der Leser ein Routinier im Thema ist, hat er feste Erwartungen, welche Aspekte angesprochen werden müssen.

Erfahrung

Sucht er sein solides fachliches Wissen zu optimieren, muss der Autor ihm Auswahl bieten. Dem Experten schließlich muss man Zugriff ermöglichen, denn er möchte eingreifen und einen gegebenen Rahmen gestaltend verändern.

Anfänger oder Experte?

Welche Fachinteressen hat der Leser?

Der Marketingexperte hat andere Fragen an eine Machbarkeitsstudie als der Ingenieur oder der Jurist. Was den einen bewegt, mag den anderen nicht interessieren. Auch innerhalb einer Fachkultur unterscheiden sich die Fragen an eine solche Studie. Sie leiten sich aus den unterschiedlichen Perspektiven der beteiligten Fachleute ab.

Perspektive des Experten

So beschäftigen den Entwickler andere Fragen als den Fertigungs- oder Vertriebsingenieur, den Inbetriebnahmeingenieur andere Fragen als den Wartungsfachmann. Diese Fragen muss ein Autor beantworten.

3.2 Personifizierung typischer Leser

Klares Bild vom Leser

Je deutlicher und treffender das Bild ist, das der Autor von seinem Leser hat, desto besser wird der Text. Hat man nur eine sehr verschwommene oder eher falsche Vorstellung, passen Dokument und Leser nicht zusammen. Die Arbeit muss derjenige machen, für den der Text eigentlich bestimmt ist: Zusätzliche Informationen einholen, Wörter nachschlagen, über schwer verständlichen Sätzen grübeln, eine verwertbare Ordnung herstellen. Das A und O ist also der Leser.

Persona-Methode

Ein verbreitetes Verfahren, Klarheit über Leser herzustellen, ist als Persona-Methode[6] bekannt. Es stammt aus der Software-Industrie, hat sich aber auch in anderen Zusammenhängen als nützlich erwiesen:

Der amerikanische Software-Entwickler Alan Cooper hat sich lange damit herumgeschlagen, dass Programmnutzer unterschiedlich an die von ihm entwickelten Produkte herangehen. Es gab häufig nicht nur einen Nutzertyp. Vielmehr arbeiteten die Menschen aufgrund individueller Verhaltensstrategien, Vorlieben und anderer persönlicher Merkmale mit seinen Produkten. Würde man es nur einem rechtmachen, wäre das für die anderen frustrierend.

Typische Benutzer

Daraus zog er – kurz gefasst – die naheliegende Konsequenz: Die Entwickler sind besonders dann erfolgreich, wenn sie die Typikalitäten erkennen, die hinter den Verhaltensweisen der Anwender stehen.

Horst Müller

Computertechniker

38 Jahre

Verheiratet, 2 Kinder

Ausbildung – Weiterbildung:
Staatlich geprüfter Techniker der Fachrichtung Elektrotechnik

Ist zuverlässig und gründlich.

Kann jedes EDV-Gerät auseinandernehmen und zusammensetzen.

Gibt nicht auf.

Redet nicht viel, ist nicht sprachgewandt, liest nicht gerne.

Englischkenntnisse: Computer, Netzwerke, Hardware und Software.

Schraubt an Autos und im Haushalt.

Mag Theorie nicht besonders.

Beispiel: Persona eines Technikers

Also entwickelte er eine Handvoll prototypischer Benutzer. Er gab ihnen Namen, Chuck, Cynthia und Rob als Beispiel. Jedem dieser hypothetischen Benutzer – der Persona – wies er Eigenschaften zu, die dessen

6 Im Lateinischen steht *persona* für *Rolle, Charakter, Maske.*

besondere Umgangsform mit der Software bestimmen würden. Von da ab ging es leichter: Man musste in jeder Etappe des Programmdesigns nun nur noch fragen, ob jede Persona gut mit den Funktionen und der Oberfläche zurecht kommen würde.[7]

Optimal für die Persona

Das Verfahren ist einfach und nützlich. Jedes Produkt ist für eine Menge Personas (oder lateinisch Personae) optimal zu gestalten. Die Anzahl dieser angenommenen Nutzer ist beliebig, zu viele sollten es aber nicht sein. Würde die Beobachtung ergeben, dass vier Personas und ihre Arbeitsweise zu berücksichtigen wären, würde man gleichzeitig aber nur drei in den Designprozess integrieren, wären Schwierigkeiten mit einer Benutzergruppe, der vierten, sehr wahrscheinlich. Diese Technik funktioniert auch zwischen Autor und Leser.

So fertigt man Personas von Lesern

Gruppen mit typischem Wissen, Können und typischen Interessen

Nehmen wir als Beispiel Techniktexte aus einem Projekt für Ingenieure, PC-Techniker, Juristen und Betriebswirtschaftler – vier mögliche Lesertypen. Jeder hat eine etwas andere Herangehensweise an den Gegenstand, jedem fehlt Wissen und Können, das ein anderer aus dieser Gruppe hat. Wollte man einen Text schreiben, der allen gleichermaßen nutzt, würde das oft scheitern. Also braucht der Autor eine Lösung für dieses Dilemma.

Michael Lehmann

Vertriebschef

31 Jahre

Verheiratet

Ausbildung: Banklehre, BWL-Studium

Hat den Kunden im Blick.

Eigenschaften: Zielorientiert, schnell, denkt an die Kosten.

Kann gut kommunizieren.

Will auf den Punkt kommen, keine Zeit verschwenden.

Schätzt ordentliche Strukturen in der Argumentation.

Englischkenntnisse: Perfekt.
Eine weitere Fremdsprache.

Software-Kenntnis: Guter Anwender,
wenig Technik-Hintergrund

Beispiel: Persona eines Vertriebsbeauftragten

Für jeden spendiert er ein Blatt, DIN A5 reicht oft. Als nächstes wird jede Persona „gebildet". Entweder kann man ein bisschen Feldforschung betreiben, zu Anwendern gehen und Kollegen – Marketing, Vertrieb, Schulung, Technik – befragen, oder man muss sich seiner Vorurteile bedienen:

7 Cooper, Alan: *The Origin of Personas.*

„Für mich sieht der typische Vertriebsleiter so und so aus, hat folgende Eigenschaften und Vorlieben." Vorurteile auf einfachstem Niveau, fern jedes wissenschaftlichen Anspruchs. Dem – im Beispiel – Vertriebschef werden Name, Alter, beruflicher und ein bisschen privater Hintergrund verliehen. Nun fehlt noch ein Bild, ein Foto, und fertig ist die Persona, oft eine reine Erfindung.

Bilder Unbekannter

Nehmen Sie keine Fotos von Freunden, Verwandten und Kollegen. Achtung: Urheberrechte berücksichtigen. Gut geeignet sind lizenzfreie Fotos aus dem Internet.

Dialog mit der Persona

Die fertigen Personas pinnt man an die Wand, so, dass der Blick beim Schreiben automatisch darauf fällt. „Wird Horst verstehen, was ich hier schreibe? Welche Informationen braucht er noch, damit er mit diesem Dokument genau das anfangen kann, was er beabsichtigt?"

Die Persona ist also ein imaginierter Gesprächspartner, manchmal rein fiktiv und oft den Vorurteilen des Autors entsprungen. Damit sind auch die Grenzen dieses Verfahrens gesetzt:[8]

Voraussetzungen typische Leser

1. Die Persona-Methode funktioniert nur, wenn sinnvoll typische Leser unterstellt werden können. Beispielsweise gibt es typische Leser der Anleitung für eine Reinigungsmaschine: Bedienpersonal, Vorarbeiter, Service-Techniker. Ein anderer Text geht an Ingenieure oder Architekten oder Ärzte [...]
   Die Methode ist jedoch nicht anzuwenden, wenn man keine Typikalität erkennen kann, zum Beispiel gibt es keinen typischen Nutzer einer Kaffeemaschine; jeder kann dieses Gerät anwenden.

Ausreichende Anzahl

2. Ist ein Text nur für wenige Leser zu schreiben, die auch noch bekannt sind, kann der Autor mit realen Daten arbeiten. Das Erfinden von Personas erübrigt sich dann.

Persona: Keine wissenschaftliche Methode

3. Alles beruht auf den Vorurteilen und anekdotischem Wissen, beides ist nicht übertragbar. Von anekdotischem Wissen spricht man, wenn Wissen auf persönlicher Erfahrung beruht. Beispielsweise ist das Wissen, dass Großväter nach Zigarre duften, rein anekdotisch – bei jenen, die dies so erfahren haben. Andere könnten das nicht nachvollziehen. Mit diesem Verfahren will man keine wissenschaftlich reproduzierbare Korrektheit erreichen. Man will, um im Bild zu bleiben, den Typus ansprechen, den der Autor kennengelernt hat, über den er sich ein Urteil macht.

8 Cooper geht wesentlich gründlicher vor, vgl., *The Inmates*, S. 142 ff. Der Produktdesigner kann jedoch mehr Mittel für dieses Thema aufwenden, als man Verfassern technischer Texte zu diesem Zweck einräumen wird.

3.3 Aufgaben lösen

Jeder will möglichst nur lesen, was er benötigt, um seine Aufgaben lösen zu können. Wenn es um Texte mit wenigen Seiten geht, kann er sich die Informationen herausfischen, die ihn interessieren. Was aber, wenn viele hundert Seiten oder mehr entstehen?

Dokument genau auf Leser ausrichten

Die Lösung ist eine Was-macht-wer-Matrix. In dieser Tabelle trägt man Aufgaben gegen Funktionen oder Abteilungen ab, ein Buchhaltungsprogramm als Beispiel:

Was-macht-wer-Matrix

	Buchhaltung	Rechenzentrum
Installation		X
Backup		X
Releases installieren		X
Benutzer einrichten/verwalten		X
Kontoführung	X	
Rechnungsstellung	X	
Geschäftsabschluss	X	
[...]		

In der linken Spalte stehen die Aufgaben, die oberste Zeile enthält Abteilungen oder Funktionen. Man sieht in diesem Beispiel sehr gut, welche Informationen für wen in einem Dokument zusammengefasst werden müssen. Das Rechenzentrum ist nach dieser Ansicht nicht an der Kontoführung interessiert, folglich kann es auf die Informationen dazu verzichten. Die Buchhaltung kümmert sich nicht um das Backup, weswegen sie auch die Kenntnisse darüber nicht benötigt. Zwei unterschiedliche Texte, die auch das Wissen und den Informationsbedarf der Mitarbeiter dieser Abteilungen beachten, folgen aus dieser Darstellung.

Tabellen des Typs Was-muss-wer-wissen? sind ein mächtiges Instrument in der Planung technischer Texte. Sie verhindern, dass einzelne mit Informationen überladen werden, die eher schaden als nutzen.

Gezielte Auswahl von Informationen

3.4 Erfolg beim Leser sicherstellen

Gebrauchstauglichkeit während der Entstehung prüfen

Wenn der Autor den Erfolg beim Leser sicherstellen will, bietet es sich an, in der Planung und beim Schreiben die Qualität des Textes zu überprüfen. Ein Textentwurf lässt sich mit wenigen Fragen und Probelesern auf seine Gebrauchstauglichkeit hin überprüfen. Bevor viele hundert Seiten in der Tonne landen, Auftraggeber, Chefs oder Kunden verstimmt sind, merkt man so rechtzeitig, ob der Weg stimmt.

Suchen / Finden

Lesergerecht

1. Sind die Informationen für den eiligen Leser schnell auffindbar?
2. Sind die Informationspakete so gewählt und gruppiert, dass sie die Fragen der Leser beantworten?

Die Auswahl der richtigen Leser

> Der Probeleser und der tatsächliche Leser sollten so gut wie möglich übereinstimmen. Wenn der Autor also überprüfen will, ob seine Empfehlung für einen Entscheider aussagekräftig und gut begründet ist, muss ein Entscheider lesen.

Leser kommentieren

Der Probeleser kann den Text kommentieren. Der Autor gewinnt einen Eindruck, was das Geschriebene beim Leser erreicht: In welchen Passagen ist es erfolgreich? Welche Abschnitte oder Kapitel haben den größten Einfluss auf den Erfolg? Das muss man herausfinden – und natürlich auch die schwächsten Teile.

Aussagen wie: „Mir fehlen hier folgende Informationen [...]“ oder „An dieser Stelle möchte ich gerne mehr wissen über [...]“ weisen auf fehlende Informationen hin. „Mir geht bei der Lektüre folgender Gedanke durch den Kopf [...]“ oder „Nach der Lektüre des Abschnitts würde ich so und so entscheiden [...]“ sind Leserkommentare, die verdeutlichen, wie Aussagen, Erklärungen, Empfehlungen beim Leser ankommen. Auf diese Weise erkennt der Autor, ob die Inhalte, so wie von ihm gewünscht, vom Leser aufgenommen werden. Der Autor erkennt auch, wo und wie er den Text unter Umständen überarbeiten muss.

Usability test

Anwendungstest

Neben der Leseprobe sind auch Anwendungstests – Usability tests – eine gute Methode, um die Gebrauchstauglichkeit mancher Texte zu überprüfen.[9] In solchen Tests müssen die Versuchspersonen Aufgaben anhand einer Bedienungsanleitung lösen. Bei der Beobachtung und später in der Auswertung offenbaren sich Schwächen des Dokuments.

---

9 Eine Einführung in Usability tests geben Sarodnick, Brau, *Methoden der Usability Evaluation* und das Sammelwerk Hennig, Tjarks-Sobhani, *Usability und technische Dokumentation*.

4 Funktionen von Texten

Mit Sprache handeln

Wenn Menschen miteinander reden oder sich schreiben, dann tun sie etwas, sie handeln. Das kann direkt sein wie in „Wir sichern Ihnen zu, dass die Ware in der 12. Kalenderwoche geliefert wird." Das Versprechen ist noch einmal ausdrücklich betont, „Wir sichern zu ...". Man nennt diese Technik einen direkten Sprechakt.

Eine Sprechhandlung muss aber nicht so direkt ausgesprochen werden, „Hier ist es ein bisschen laut." kann ein indirekter Sprechakt sein und bedeuten „Mach das Radio leiser!"

Seit über fünfzig Jahren untersucht die Linguistik diese Eigenschaft von Sprache. Welche Bedeutung sie auch für den technischen Text hat, ist bislang nur im Ansatz geklärt. Wer Techniktexte schreibt oder die Verantwortung für sie trägt, wird bessere Ergebnisse erzielen, wenn er sich mit diesem Thema etwas näher befasst.

Ziele sprachlicher Handlungen

Denn damit sprachliche Handlungen ihr Ziel erreichen, müssen sich Autoren darüber im klaren sein, was sie erreichen wollen und welche sprachliche Form dafür geeignet ist.

Funktionen sprachlicher Handlungen

Sprechhandlungen haben eine Funktion, wie einige Beispiele aus der fachlichen Kommunikation zeigen:

Äußerung	Sprechhandlung
Morgen reiche ich den Antrag „Carbon Horns" bei der KTI ein.	Ankündigen
Beachten Sie die Sicherheitshinweise.	Auffordern
Künftig kaufen wir Trompeten, die aus Faserverbundwerkstoffen hergestellt sind.	Entscheiden
Die Trompete ist aus Faserverbundwerkstoffen hergestellt.	Mitteilen
Blasinstrumente lassen sich ohne Klangverlust auch aus nicht-metallischen Werkstoffen herstellen.	Behaupten
Vorsicht! Schusswaffengebrauch!	Warnen

Tabelle: Sprechhandlungen[1]

Nicht immer wird anhand der Formulierung eindeutig vorgegeben, welche Reaktion vom Leser erwartet wird.

1 Vgl. Weiß, *Professionell dokumentieren*, S. 87.

Eindeutigkeit und Vieldeutigkeit

Das Formulieren in der fachlichen Kommunikation muss hinreichend verbindlich gelingen, muss eindeutig sein. Darin unterscheidet sich die fachliche Kommunikation grundlegend von der Alltagskommunikation. „Die Milch steht auf dem Tisch." Diese Aussage kann in der Alltagskommunikation vieles bedeuten. Sie kann sein:

- eine Aussage über einen Tatbestand (Milch auf dem Tisch);
- eine Aufforderung, Milch in den Kaffee zu gießen oder die Milch (gefälligst) in den Kühlschrank zu stellen;
- eine Selbstaussage (Ich beobachte meine Umgebung gut.);
- eine Beziehungsaussage (Du brauchst Hilfe. Dich muss ich kontrollieren.).[2]

Vieldeutigkeit im Alltäglichen

Vieldeutigkeit kann in der Alltagskommunikation praktisch sein. Nicht alles wird explizit formuliert. Dadurch kann der Empfänger einer Nachricht freier entscheiden, wie er die Aussage verstehen will. Der Sender kann sich leichter darauf zurückziehen, dass er es anders gemeint habe. In der fachlichen Kommunikation liegen die Dinge anders. Unbeabsichtigte Reaktionen können stören oder sogar fatale Folgen haben.

„Morgen reiche ich den Antrag ‚Carbon Horns' bei der KTI ein." Wenn das eigentlich eine Aufforderung an den Kollegen ist, noch fehlende Teile zu liefern, dann hat der Sender großes Vertrauen, dass ihn der Kollege schon richtig verstehen wird.

Gefragt ist daher, dass der Sender seine Absicht explizit macht – sich selbst und dem Leser gegenüber:

- Ich möchte dich in die Lage versetzen, das Gerät korrekt zu bedienen und / oder
- den Nutzen des Projektes zu erkennen und die Mittel dafür bereitzustellen und / oder
- die Bestandteile des Gerätes zu identifizieren und / oder
- ich erwarte, dass du die Folgen der neuen Verabredung mit den Kunden für unsere weitere Arbeit zusammenstellst.

Eindeutigkeit im Fachlichen

Gelingt es dem Verfasser, seine Absicht explizit zu machen, trägt das wesentlich zur Verständlichkeit eines Textes bei. Die entscheidenden Fragen für den Verfasser sind: Wozu schreibe ich das? Was will ich beim Leser erreichen? Der Leser muss den Text und die Absicht verstehen. Er muss nach der Lektüre wissen: Wozu benötige ich die Informationen? Was erwartet der Verfasser von mir? Was muss, soll, kann ich tun?

Damit der Verfasser sein Ziel erreicht, muss er
- über die kommunikative Funktion seines Textes entscheiden und
- sie durch geeignete Darstellungsmuster unterstützen.

2 Die vier Seiten einer Nachricht. Schulz von Thun, *Miteinander reden.* Dieses Modell der Kommunikation zeigt, welche Hindernisse einer erfolgreichen Verständigung im Weg stehen: Der Autor kann einen Satz auf viererlei Weise meinen, der Hörer oder Leser kann ihn auf viererlei Weise verstehen.

Techniktexte sind unterschiedlich umfangreich und komplex – vom kurzen Memo bis zur mehrbändigen Betriebsanleitung. Wie lässt sich die Kommunikationsabsicht verständlich und eindeutig realisieren?

Es hilft, zwischen typischen kommunikativen Funktionen zu unterscheiden. Die Textlinguistik unterscheidet oft die folgenden Funktionen:[3]

Sieben Funktionen von Texten

- Anleiten
- Beschreiben
- Erklären
- Argumentieren

Diese linguistischen Kategorien ergänzen wir um drei weitere, die für die Zwecke dieses Buches hilfreich sind:

- Warnen
- Definieren
- Zeigen

Kommunikative Funktion und Darstellungsmuster

Die kommunikative Funktion des Textes bestimmt, welches Darstellungsmuster besonders geeignet ist.[4] Damit ist eine Art Spielregel gemeint: Wenn du anleiten (beschreiben,...) willst, solltest du den Text so und so formulieren.

Darstellungsmuster ≈ Regeln

Für manche kommunikative Funktion lassen sich mehrere Darstellungsmuster unterscheiden. Die in diesem Kapitel beschriebenen basieren zu einem Teil auf typischen Mustern, wie sie in der amerikanischen Literatur vorkommen.[5] Eine gängige Praxis in der amerikanischen Wissenschaft und Weiterbildung ist, solchen Strukturierungsmustern Wörter zuzuordnen, mit deren Hilfe sich die Muster klar signalisieren lassen: die Signalwörter.[6]

Signalwort

Solche Signalwörter sind in Gefahrensituationen offensichtlich: *Hilfe!, Feuer!, Deckung!* Wir kennen sie auch aus Sicherheits- und Warnhinweisen: *Gefahr!, Warnung!, Vorsicht!*[7]

Sie werden in unzähligen Zusammenhängen genutzt, beispielsweise beim Anleiten, Beschreiben, Erklären, Argumentieren, Warnen, Definieren, Zeigen.[8] Die folgenden Abschnitte illustrieren einige Verwendungszusammenhänge.

---

3 Ein Beispiel ist in Kunkel-Razum, Wermke, *Die Grammatik,* S.1157-1159.

4 Vgl Baumert, Verhein-Jarren, *Sprachregeln in der Redaktion,* S. 43.

5 So in Burnett, *Technical Communication,* S. 356-371.

6 Einige Listen (Seite 42, Seite 43, Seite 47, Seite 52) entnehmen wir: http://www2.actden.com/writ_den/tips/paragrap [20. August 2015].

7 Siehe „Signalwort im Warnhinweis" auf Seite 54.

8 Vgl. auch Baumert, Verhein-Jarren, *Sprachregeln in der Redaktion,* S. 43 f. Ebenso: Ulmi, Bürki, Verhein-Jarren, Marti, *Textdiagnose und Schreibberatung,* Kapitel 2.3.4.

4.1 Anleiten

Anleiten ist die hauptsächliche kommunikative Funktion in klassischen Betriebsanleitungen für den Endnutzer. Sie kommt auch in Laborberichten vor, wenn es darum geht, den Aufbau eines Versuchs anzuleiten.

Allen anleitenden Texten ist gemein, dass der Autor den Leser zu einer konkreten Handlungsfolge bei der Bedienung eines Gerätes, einer Anlage eines Versuchsprogramms oder einer Software veranlassen will. Die einzelnen Handlungsschritte werden dargestellt – und zwar additiv. Auf Begründungen von Voraussetzungen oder Folgen der Handlung wird verzichtet. Sie werden lediglich benannt.

Schritt für Schritt

Das wichtigste Prinzip für dieses Darstellungsmuster ist, den Leser Schritt für Schritt zum Ziel zu führen. Das Augenmerk liegt auf der Prozedur, die ausgeführt werden muss:

So schalten Sie den Pellet-Heizkessel ein:

➤ Drücken Sie die Taste ca. 2 Sekunden lang.
Im Display erscheint der Hinweis „Einschalten? ENT=START".

➤ Drücken Sie die Taste.
Der Pellet-Heizkessel wird eingeschaltet.

Falls sich der Pellet-Heizkessel nicht einschalten lässt, erscheint eine Fehlermeldung im Display.

Klassische Form der Anleitung[9]

Ziel
Aufforderung

Um das Ziel – *Heizkessel eingeschaltet* – zu erreichen, muss der Leser zwei Handlungsschritte erledigen. Das kann er auf einen Blick erkennen: Zwei Pfeilspitzen ➤ zeigen zwei Handlungsschritte an. Die direkte Anrede und der Höflichkeitsimperativ des Verbs signalisieren sprachlich, dass etwas zu tun ist.

Resultat

Zusatz

Zu beiden Handlungsschritten erhält der Leser ergänzende Informationen. Sie nennen jeweils das Resultat der Handlung. Die Zusatzinformation i gibt an, was passiert, wenn die Handlung nicht das gewünschte Resultat zeitigt.

Beschreibung von Anleitung trennen!

Beschreibung und Anleitung müssen voneinander getrennt sein. Der Leser muss erkennen, was
- die Anleitung ist und
- welche Informationen ergänzend sind.

9 Vaillant, Bedienungsanleitung für den Betreiber, renerVIT, 0020072929_00. S. 17. Ausgezeichnet mit dem Tekom Dokupreis 2009.

Nummerierung

Wenn Handlungsschritte in einer festgelegten Abfolge stehen, müssen sie nummeriert werden: 1., 2., 3., ... Auf diese Nummerierung kann man verzichten, wenn die Handlungsfolge keinen Irrtum zulässt, wie im Beispiel „Pellet-Heizkessel".

Trennt man *anleiten* von *beschreiben* und beachtet die Logik der Handlungsreihenfolge, so können folgende Informationen von den einzelnen Handlungsschritten getrennt beschrieben werden:

- Zweck und Ziel der Handlung
- Handlungsvoraussetzungen: handlungsrelevante Gegenstände, Werkzeuge, Ersatzteile, Dichtmittel, ...
- Sicherheitshinweise
- Objekt und Ort der Handlung
- Handlungsschritte, Teilresultate
- Gesamtresultat

Formulieren Sie für jeden Handlungsschritt einen eigenen Satz. Von dieser Regel darf man nur abweichen, wenn die Handlungsschritte nicht sinnvoll voneinander zu trennen sind wie im Beispiel „Feuerlöscher" unten. Man hält nicht erstens den Löscher senkrecht und betätigt zweitens die Löschpistole, sondern man tut beides gleichzeitig.

1. ...,
2. ...,
3. ...,
...

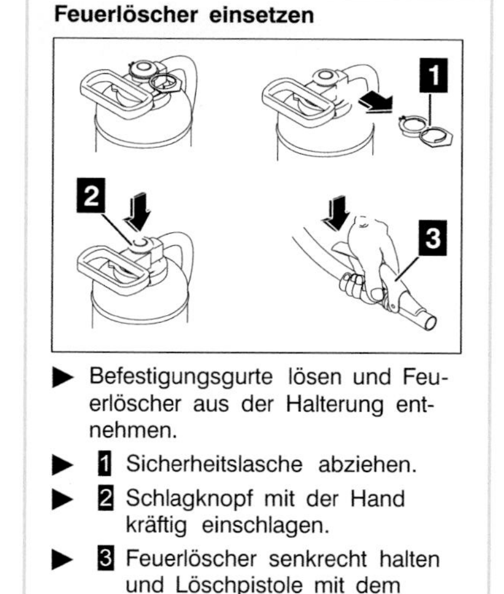

Nummerierte Handlungsfolge: Erstens, zweitens, drittens [10]

10 MAN, Betriebsanleitung Reisebus Fahrgestelle A67, R33, R37, S. 40. Ausgezeichnet mit dem Tekom Dokupreis 2010.

Beim Formulieren gelten Prinzipien, Firmenregeln oder allgemeine durch Gesetze oder Normen vorgegebene Regeln.

Ein besonderes Beispiel ist der Sicherheitshinweis, die Anleitung „Handle niemals auf die folgende Weise ..." oder „Handle immer auf die folgende Weise ...".[11]

4.2 Beschreiben

Beschreibungen sind typische Bestandteile technischer Texte. So wird beispielsweise in Laborberichten der Versuchsaufbau beschrieben oder in Produktinformationen die Elemente eines Gerätes.

Wissen vermitteln

Der Verfasser will dem Leser Wissen darüber vermitteln, wie etwas beschaffen ist, welche Merkmale es hat. Die einzelnen Aspekte oder Merkmale werden dargestellt. Das Wissen über Merkmale und Beschaffenheit ist die Grundlage für Entscheidungen, Zusagen, Empfehlungen, ...

Grundlage von Entscheidungen, Zusagen, Empfehlungen

> Die Schleusenkammer hat eine Nutzbreite von 12,00 m und eine Nutzlänge von 190 m. Auf der Westseite befinden sich drei Sparbeckenreihen mit jeweils zwei Becken auf unterschiedlichen Höhen. Diese sind über sechs Zulaufkanäle mit einem Grundlaufsystem unter der Schleusenkammer verbunden, [...] [12]

Kennzeichen

> Kennzeichen sind das geeignete Darstellungsmuster, wenn es um die Zusammenstellung von Merkmalen eines Objekts geht.

„Ich beschreibe dir mal das Gerät." Mit dieser Aussage können unterschiedliche Muster des Beschreibens gemeint sein.

Datenblatt

Ein Typ der Beschreibung verwendet Kennzeichen, ähnlich einem Datenblatt: Der Heizkessel VKP 142-2 lässt einen maximalen Betriebsdruck von 0,3/3 MPa/bar zu, der Wasserinhalt umfasst 57 l.

Zul. Vorlauftemperatur (min/max)	°C	65/95
max. Betriebsdruck	MPa/bar	0,3/3
Wasserseitiger Widerstand Δt = 10 K	mbar	17,1
Wasserseitiger Widerstand Δt = 20 K	mbar	4,4
Wasserinhalt	l	57

Aus: Vaillant Heizkessel: Technische Daten[13]

11 Siehe das Kapitel „4.5 Warnen" auf Seite 53.
12 Espert, Krug 2009, *Schleuse Bamberg,* S. 120.
13 Vaillant, Bedienungsanleitung für den Betreiber, renerVIT, 0020072929_00. S. 46.

In Texten dieser Art geht es darum, einen Gegenstand, einen Ort oder eine Person zu kennzeichnen anhand von Eigenschaften (Größe, Farbe, Gestalt, Zweck), Abmessungen (Länge, Breite, Höhe, Masse, Gewicht, Geschwindigkeit), Vergleichen (ist wie, ähneln), Orten (in, über, unter, neben, nahe, südlich, nördlich, ...).

Gegenstand, Ort oder Person
Eigenschaften, Abmessungen, Vergleiche, Orte

Da es um die reine Zusammenstellung geht, wird als Darstellungsform häufig die Tabelle gewählt (siehe oben, Vaillant Heizkessel). Die Signalwörter sind die einzelnen in die Tabelle aufgenommenen Merkmale. Sie beantworten dem Leser die Frage nach dem *Wie groß, Wie schwer, Welche Leistung* usw.

Tabelle
Signalwort

Elemente und Prozesse

Ein Gerät lässt sich aber auch anhand seiner Elemente beschreiben: „Der Korkenzieher xyz besteht aus einem Flaschenaufsatz, einem Wendelbohrer mit Drehkopf und zwei Hebelarmen." Mit Hilfe der Elemente werden das Ganze und seine Teile beschrieben.

Elemente

Ein anderer Ansatz sind die Prozesse, die mit Hilfe des Gerätes ablaufen. Um beim Korkenzieher zu bleiben: „Zunächst wird der Korkenzieher auf den Flaschenhals aufgesetzt. Danach wird der Wendelbohrer des Korkenziehers in den Korken gedreht. Abschließend wird durch das Herunterdrücken der beiden Hebelarme der Korken aus der Flasche gezogen."

Prozesse

Teil und Ganzes

Bei diesem Darstellungsmuster geht es darum, Geräte, Anlagen oder Prozesse anhand von Elementen zu beschreiben.

Das Ganze anhand von Elementen

Ganzes	„Einfache Standard-Typen sind solche Typen, die in den meisten Sprachen implizit definiert sind. Sie umfassen die ganzen Zahlen, die logischen Wahrheitswerte und eine Menge von Schriftzeichen. [...] Wir bezeichnen diese Typen mit den Namen INTEGER, REAL, BOOLEAN, CHAR.
Teile	Der Typ INTEGER umfasst [...] Der Typ REAL bezeichnet [...] Die beiden Werte des Standard-Typs BOOLEAN werden [...] Der Standard-Typ CHAR bezeichnet [...]"

Beispiel: Ganzes und Teile in der Informatik[14]

14 Wirth, *Algorithmen und Datenstrukturen*, S. 27 f.

Sortieren
Kategorisieren

Teil-Ganze-Relationen sind das geeignete Darstellungsmuster, wenn etwas sortiert oder kategorisiert werden muss.

Typische Signalwörter, mit denen Teil-Ganzes-Relationen eingeleitet werden, sind in der folgenden Tabelle zusammengestellt.

Signalwort	Beispiel
Ist eine Art von ...	Umweltverträglichkeitsprüfung ist eine Art von Planungsvorgabe.
Kann aufgeteilt werden in, besteht aus ...	Ein Trieb besteht aus wenigstens zwei Elementen. Er formt die Antriebsbewegung in eine Abtriebsbewegung um.
Ist ein Typ von ...	Riementriebe werden in Flach-, Rund- und Keilriemen eingeteilt.
Fällt unter ...	Kreissägen fallen unter die Werkzeugmaschinen.
Gehört zu ...	Zu den erneuerbaren Energien gehören Wasserkraft, Windenergie, Solarenergie, Geothermie, Verdunstungskälte und Bioenergie.
Ist ein Teil von ...	Ein Arbeitstisch ist Bestandteil einer Tischsägemaschine.
Passt in ...	Verdunstungskälte passt in die Kategorie der erneuerbaren Energien.
Wird zusammen gesehen mit ...	Umweltverträglichkeitsprüfungen werden zusammen gesehen mit planungspolitischen Aspekten.
Steht in Beziehung zu ...	Bandtriebe übertragen Drehkräfte mittels Riemen, Seil und Kette.
Wird assoziiert mit ...	Erneuerbare Energien werden assoziiert mit Umweltschutz.

Signalwörter Struktur/Klassifikation.

Zeitliche Anordnung

Dieses Darstellungsmuster dient dazu, den zeitlichen Ablauf von Prozessen zu betonen. Ein Beispiel:

> Es gibt mehrere Filmaufnahmen, die den Unfallhergang lückenlos zeigen. Beim Betrachten der Aufnahmen sieht man, dass das Flugzeug während einer engen Linkskurve mit beinahe 90°-Querneigung offensichtlich am inneren Flügel einen Strömungsabriss hat. Dies führt zu einer (vermutlich ungewollten) Viertelrolle auf den Rücken. Anstatt

> nun mit einer halben Rolle in die Normalfluglage zu rollen, zieht der Pilot das Flugzeug mit einem halben Looping nach unten heraus. Dabei zieht er aber offensichtlich zu stark, vielleicht wegen der Nähe zum Boden. Dadurch reißt die Strömung wieder ab (diesmal aber symmetrisch), und das Flugzeug sinkt im Stall unkontrolliert weiter bis zum Aufschlag. Die Maschine schlittert danach über das Flugfeld und durch die Zuschauermenge, ehe sie explodiert. Beide Piloten konnten sich mit dem Schleudersitz retten. [15]

Deiktika = Zeigwörter
Zeigen in der Zeit

Der Text verwendet temporale Deiktika, um einen Geschehensablauf darzustellen. *Während, nun* und *diesmal* sind gleichzeitig und werden bis zum Punkt des Absturzes gebraucht. Die folgenden Deiktika, *danach* und *ehe* sind ungleichzeitig. Temporale Deiktika dienen in diesem Text als Signalwörter, die den Prozess hervorheben.

Zeitliche Folge als Erklärung

Der Text macht auch sichtbar, dass im technischen Bereich die Darstellung von zeitlichen Abläufen mit einer Erklärungsperspektive verbunden wird. Es interessiert nicht nur der Ablauf an sich, sondern immer auch die Frage: Wodurch ist es zu diesem zeitlichen Ablauf gekommen?

Prozess

Bei der Darstellung von Prozessen kann auch die Reihenfolge bedeutend sein.

> Styroporverfahren
>
> Expandiertes Polystyrol (EPS) wird durch physikalisches Schäumen hergestellt: Das treibmittelhaltige Granulat (5 % Pentan) wird zunächst durch Erhitzen mit Wasserdampf bei ca. 105 °C bis auf das 40 bis 80-fache Volumen vorgeschäumt und danach zwischen 3 und 48 Stunden bei Raumtemperatur zwischengelagert, so dass danach das Pentan bis auf einen Anteil von ca. 3 % entweichen und Luft eindringen kann. Somit wird die Entstehung eines Vakuums im Inneren vermieden. [16]

Signalwörter für die Reihenfolge eines Prozesses sind:

- Erstens, zweiten, drittens
  – nummerierte Aufzählungen –
- Am Anfang
- Bevor, zunächst
- Dann
- Nach
- Als Letztes
- Zum Schluss
- Daraus folgend

15 Beispieltext aus Wikipedia, https://de.wikipedia.org/wiki/Flugtagunglück_von_Lemberg [9. September 2015].

16 Beispieltext aus Wikipedia, https://de.wikipedia.org/wiki/Schaumstoff#Thermoplast-Schaumguss-Verfahren_.28TSG.29 [9. September 2015].

Standardprozesse
Betonung: Folge

Mit dem Akzent auf der Reihenfolge lassen sich Standardprozesse beschreiben, die immer wieder so ablaufen. Ihre Elemente lassen sich als Folge ordnen und systematisch darstellen.

Räumliche Anordnung

Stellung der Elemente zueinander

Manchmal legt man Wert darauf, wie die Dinge räumlich angeordnet sind. Anders als bei der reinen Strukturbeschreibung geht es bei der räumlichen Anordnung für einen Prozess auch darum, die Funktionsweise zu beschreiben. Es interessiert also nicht mehr nur, welche Elemente vorhanden sind, sondern wie sie zueinander stehen, welche Funktion sie haben und wie sie zusammenspielen:

> Im Kühlschrank befindet sich der Verdampfer, ein verstecktes, gewundenes Rohr. Darin verdunstet das flüssige Kühlmittel. Es ist eine Flüssigkeit mit niedrigem Siedepunkt. Damit sie verdunstet, also gasförmig wird, braucht es Wärme. Das Rohr wird kalt und damit auch die Luft im Kühlschrank. ... Aussen am Kühlschrank ist der elektrisch angetriebene Kompressor. Er saugt das Kühlmittelgas heraus und presst es gleichzeitig [...][17]

Oder deutlich komplexer:

> Federvorgespannte Kugel-Rast-Kupplungen
> [...] Der Aufbau des kompletten Sicherheitssegments besteht aus insgesamt neun einzelnen Bauteilen. Der Grundkörper (Bauteil 1) *dient* einerseits als Verbindungselement zur Antriebsseite und andererseits als Stützkörper bzw. Gerüst für alle weiteren Bauteile. [...] Auf dem Grundkörper sitzt die Einstellmutter (Bauteil 2). *Mittels* dieser Mutter, die über ein Feingewinde verfügt, wird eine exakt definierte axiale Kraft auf die Tellerfeder (Bauteil 3) aufgebracht. [...] Eine in radialer Richtung angebrachte Gravierung auf der Einstellmutter zeigt den möglichen Einstellbereich an. [...][18]

Lokale Deiktika als Signalwörter

Bevorzugte Signalwörter für die räumliche Anordnung in Prozessen sind:

- Oben, unten, rechts, links, hinten, vorne
- Östlich, südlich, nördlich, westlich
- Innen, außen
- Radial, axial, ...

Mit dem Akzent auf der räumlichen Anordnung kommt die Zuordnung der Teile zueinander und ihr räumliches Zusammenspiel in den Blick. Dieses Darstellungsmuster ist sinnvoll, wenn der Schwerpunkt auf derartige Verhältnisse gelegt werden soll.

---

17 Hesch gwüsst? Coopzeitung, Wie funktioniert der Kühlschrank? http://www.coopzeitung.ch/7559265 [20. August 2015] Rechtschreibung nach Schweizerdeutsch.

18 Wolf, Rimpel, Wöber, *Sicherheits- und Überlastkupplungen*, S. 8 f.

Wenn es für die Beschreibung der Funktionsweise eines Geräts oder einer Anlage auf das räumliche Zusammenspiel ankommt, ist das Darstellungsmuster **räumliche Anordnung** sinnvoll.

Techniktext für Techniker

Technisch ist der Text über Kugel-Rast-Kupplungen in Ordnung, sprachlich zeigt er Eigenheiten. Muttern *verfügen* nicht über ein Gewinde, auch gilt die Verwendung der Präposition *mittels* vielen als bürokratisch-technische Ausdrucksweise. Vielleicht wird ein Ingenieur an diesem Text nichts kritisieren, andere werden ihn nicht sehr attraktiv finden. Solche Texte werden besser, wenn man sie Angehörigen der Zielgruppe zur Korrektur gibt.

oder

Techniktext für Laien

Kenntnisstand und Sprachgebrauch des Lesers

Der beschreibende technische Text kann einen Sachverhalt stark komprimieren. Je höher er verdichtet, desto ungenießbarer wird er für Laien. Fachleute hingegen genießen es, durch wenige Wörter viel zu erfahren. Jede Beschreibung muss deswegen an den Kenntnisstand und den Sprachgebrauch des Lesers angepasst werden.

4.3 Erklären

Auch Erklärungen sind typische Bestandteile technischer Texte. Wenn es darum geht, wie ein Herstellungsverfahren funktioniert oder warum welcher Werkstoff eingesetzt wird, dann wird erklärt. Erklärt wird aber auch, wenn die Aussagekraft von Messwerten darzustellen ist.

Sachverhalte zueinander in Beziehung setzen

Der Autor will dem Leser Wissen darüber vermitteln, wie verschiedene Sachverhalte miteinander zusammenhängen. Diese Sachverhalte werden zueinander in Beziehung gesetzt. Dabei geht es in der Regel um Bedingungen, Ursachen und Wirkungen. Das Wissen über Beziehungen zwischen verschiedenen Sachverhalten ist die Grundlage für Entscheidungen, Pläne, Maßnahmen, ...

Informationen verdichten

Da Sachverhalte zueinander in Beziehung gesetzt werden, müssen viele Informationen miteinander kombiniert werden. Informationen werden verdichtet. Die Sprache wird abstrakt, Satzbau und Formulierungsmuster komplexer.

> Sie [die Anpressvorrichtung] erlaubt eine genaue Positionierung des Onserts auf dem Substrat und gewährleistet darüber hinaus eine definierte Anpresskraft.
>
> Über einen Pneumatikzylinder wird das Onsert auf das Substrat gedrückt, welches auf dem Induktor [...] aufliegt. Der auf das Onsert aufgebrachte Anpressring verteilt die Anpresskraft des Pneumatikyzlinders gleichmäßig auf die Kontaktfläche zwischen Onsert und Substrat. Der Anpressdruck wird über einen Pneumatikregler eingestellt.[19]

19 Ehrig, Gschwend, *Kleben on demand,* S. 3.

Das Erklären soll an drei Beispielen illustriert werden,

1. einem Bahnunfall im Februar 2000 und
2. dem Bericht zu einer Schleuseninspektion.
3. Schließlich etwas aus dem Alltag: Ein Kühlschrank benötigt viel Energie. Wie kann man ihn möglichst energiesparend betreiben?

Bedingungen
Ursache/Wirkung
Gesetzmäßigkeit

Das Entscheidende am Darstellungsmuster „Erklären" ist: Wir suchen nach Erklärungen für Ereignisse oder Phänomene, beschreiben die Bedingungen, unter denen die Phänomene auftreten. Wir suchen nach einem Zusammenhang zwischen Ursache und Wirkung. Dabei beziehen wir uns manchmal nur auf das, was sich beobachten lässt, und manchmal auf Gesetzmäßigkeiten.

Ursache/Wirkung

Wenn wir den Zusammenhang von Ursache und Wirkung betrachten, geht es um Begründungen, Folgen, Bedingungen.

Die Bedingungen für das Zugunglück von Brühl im Februar 2000 werden in einem Text folgendermaßen dargestellt:

Bedingungen eines Unfalls

> In der Unfallnacht war im Güterbahnhof Brühl das rechte der beiden durchgehenden Hauptgleise (Gleis 1) wegen Arbeiten gesperrt. Die Zugfahrten mussten deshalb auf das linke Gleis (Gleis 2) umgeleitet werden. Da im Güterbahnhof Brühl vor der Baustelle keine Überleitung vom rechten auf das linke Gleis vorgesehen ist, musste der Zug bereits am davorliegenden Bahnhof (Hürth-Kalscheuren) vom rechten auf das Gegengleis übergeleitet werden. [...]
>
> Für eine Durchfahrt des Bahnhofes Brühl auf dem linken durchgehenden Hauptgleis war daher sicherungstechnisch wegen fehlenden Hauptsignals keine Zugstraße vorgesehen. Daher musste der geplante Fahrweg von Hand gesichert und die Zugfahrt durch Ersatzsignal zugelassen werden. Die zulässige Geschwindigkeit bei einer Bahnhofseinfahrt auf Ersatzsignal beträgt für den anschließenden Weichenbereich 40 km/h.
>
> [...] Es war hier also wegen der örtlichen Verhältnisse im Bahnhof Brühl die Besonderheit eingetreten, dass die Signalisierung einer Langsamfahrstelle für die eine Richtung erforderlich, für die andere hingegen überflüssig war. Deswegen sollten Langsamfahrscheiben mit der Kennziffer 12 (120 km/h) für die Fahrtrichtung Köln–Bonn nicht aufgestellt werden. [20]

Die Folgen des Unglücks sind gravierend. Der Frage nach Ursache und Wirkung wird deshalb besonders sorgfältig und genau nachgegangen. Ursache und Wirkung werden in diesem Text konsequent auch mit Sig-

---

20 Beispiel aus https://de.wikipedia.org/wiki/Eisenbahnunfall_von_Brühl [9. September 2015]

nalwörtern kenntlich gemacht. Denn die Frage nach Ursache und Wirkung dient in diesem Fall auch dazu, Schuldfragen zu beantworten.
Signalwörter für die Benennung von Ursachen sind:

Signalwörter für Ursachen

- weil
- da, darum
- als
- weshalb
- aufgrund
- als ein Ergebnis von
- ist verbunden mit

Signalwörter für die Benennung von Wirkungen sind:

Signalwörter für Wirkungen

- deshalb, deswegen
- als Folge von
- also
- folglich
- infolgedessen
- wenn-dann

Werden technische Bauten inspiziert, gelingt es auch, Unglücke zu vermeiden. Die Betrachtung von Ursache und Wirkung lässt rechtzeitig die notwendigen Maßnahmen ergreifen, so für die Instandsetzung der Schleuse in Bamberg im Jahr 2009:

> Im April 2004 wurde dann im begehbaren östlichen Dränagegang ein offener, in Längsrichtung der Kammer verlaufender Riss vorgefunden, der sich von Block 3 bis Block 6 erstreckte und eine hydraulische Verbindung mit dem darunter liegenden Längskanal hat. Bei Kammerwasserstand auf Oberwasser steigt dadurch der Wasserspiegel im Dränagegang deutlich an. Zur Überprüfung der Vertikalbewehrung im Rissbereich wurde diese stichprobenartig freigelegt. Es wurde festgestellt, dass die Zugbewehrung in mindestens drei Blöcken größtenteils gerissen war und keine statische Funktion mehr übernehmen konnte. Die Standsicherheit der östlichen Kammerwand und somit die Sicherheit und Leichtigkeit der Schifffahrt waren dadurch akut gefährdet. Daraufhin wurde die Schleuse sofort für den Schiffsverkehr gesperrt und ein Sofortmaßnahmenprogramm eingeleitet.[21]

Gesetzmäßigkeit und Wahrscheinlichkeit

Im Fall der Schleuse Bamberg konnte vor einem drohenden Unglück gehandelt werden. Abgesehen davon geht es bei dieser Betrachtung von Ursache und Wirkung nicht um empirische Aussagen, sondern um Gesetzmäßigkeiten und Eintrittwahrscheinlichkeiten, wenn Zugbewehrungen einen bestimmten Wert unterschritten haben.

Ebenso um Gesetzmäßigkeiten von Ursache und Wirkung geht es in dem Beispiel zum Stromverbrauch eines Kühlschranks. Der gesetzmäßige Zusammenhang ist so dargestellt, dass ihn Kinder verstehen:

21 Espert, Krug 2009, *Schleuse Bamberg*, S. 120.

Energie sparen
Beide Wärmen, die vom Komprimieren und die vom Kondensieren, werden vom Kondensator an die Raumluft abgegeben. Je tiefer sich das nun wieder flüssige Kühlmittel bis zum Ventil am Ende des feinen Röhrensystems abkühlt, bevor es von Neuem verdampft, desto besser kühlt der Kühlschrank. Darum spart man viel Energie, wenn die Rückseite gut belüftet und staubfrei ist.[22]

4.4 Argumentieren

Argumentiert wird in technischen Texten dann, wenn

- die Bedeutung von Resultaten aufgezeigt,
- die Qualität einer Lösung bewertet oder
- ein bestimmtes Verfahren empfohlen wird.

Beeinflussen
Begründen

Der Autor will die Meinung oder das Verhalten des Lesers beeinflussen. Um dieses Ziel zu erreichen, argumentiert er. Er wird für Sachverhalte Begründungen anführen, begründete Sachverhalte miteinander kombinieren und daraus Schlussfolgerungen ableiten. Dazu muss er auch auf Beschreibungen und Erklärungen zurückgreifen. Sie unterstützen ihn dabei, eine Argumentation zu entfalten.

Argumentierende Texte, bei denen die Argumentation nachvollziehbar sein muss, sind sprachlich komplex.

Ziel der Berechnung ist die Quantifizierung der Faktoren, welche den Bauablauf und die Kosten im Wesentlichen beeinflussen. Diese sind: i) die maximale Zugspannung, die durch das Bemessungserdbeben in den Tunnelelementen entsteht, welche den erforderlichen Vorspanngrad zur Vermeidung der Dekompression der Bewegungsfugen zwischen den 25 m langen Betonierblöcken definiert, und ii) die Deformation der nachgiebigen Stoßfugen zwischen den Tunnelelementen, welche die Eignung des Gina-Bandes als Abdichtung bestimmen. Da die Zugspannung und die Fugenverformung mit der Länge der Tunnelelemente zunehmen, wurden zwei Varianten untersucht: a) 6 Elemente mit 225 m Länge bestehend jeweils aus 9 Betonierblöcken mit je 25 m Länge, b) 9 Elemente mit 150 m Länge bestehend jeweils aus 6 Betonierblöcken mit je 25 m Länge. [...][23]

Der diesem Auszug folgende Text erläutert ausführlich den Aufbau und die Parameter einer Tabelle, in der die Ergebnisse zusammengestellt sind. Ferner werden noch Informationen zur Berechnung einzelner Werte ergänzt. Danach zeigen die Autoren die Bedeutung der Resultate auf:

22 Hesch gwüsst? Coopzeitung, Wie funktioniert der Kühlschrank? http://www.coopzeitung.ch/7559265 [20. August 2015] Rechtschreibung nach Schweizerdeutsch.

23 Vrettos, Kolias, Panagiotakos, Richter, *Seismische Deformationsmethode*, S. 366.

Anhand dieser Tabelle kann folgendes festgestellt werden:

i) Die longitudinale Komponente beeinflusst am stärksten die seismische Antwort des Tunnels, sowohl bezüglich Zugspannungen in den Elementen als auch bezüglich Fugenverformung.

ii) Die hervorgerufenen Zugspannungen (inklusive der günstigen Wirkung des hydrostatischen Druckes) variieren zwischen 0,79 Mpa für die 225 m langen Elemente und 0,37 Mpa für die 150 m langen Elemente. Diese Werte bestimmen die erforderliche Vorspannung.

iii) Die Verformung (Kompression) der Gina-Bänder variiert zwischen -60 mm und -161 mm für die 225 m langen Elemente und zwischen -76 mm und -157 mm für die 150 m langen Elemente. Diese Werte beinhalten den hydrostatischen Druck und die als konstant angenommene Vorspannkraft von 39,3 MN an jeder Fuge. [24]

Anforderungen an Begründungen

Argumentieren heißt begründen. In technischen Texten sind Begründungen nicht beliebig, sondern müssen bestimmten Anforderungen genügen: „Es lohnt sich, mit den Geräten von Mustermann zu arbeiten, weil die einfach besser sind."– Ohne eine nähere Begründung, worin denn der Vorteil des Gerätes gegenüber denen der Konkurrenz liegt, bleiben Behauptung und Begründung eine bloße persönliche Meinungskundgabe.

Als Argumentation für die Geräte von Mustermann kann diese Aussage höchstens dann durchgehen, wenn der Absender für den Empfänger ohne weitere Beweise glaubwürdig ist. Die Werbung versucht mit dieser Technik, den Kunden zu gewinnen, indem sie Prominente vor ihren Karren spannt, das *Testimonial:* Wenn sich bekannte Sportler, Musiker oder andere Mediengrößen zu diesem Produkt, dieser Dienstleistung bekennen, dann muss da ja etwas dran sein.

Damit kommt man in Techniktexten nicht weit. Was also sind in diesen Texten die Anforderungen an das Argumentieren?

Relevanz
Prüfbarkeit

Das Entscheidende am Darstellungsmuster Argumentieren ist: Behauptungen müssen in zweierlei Hinsicht begründet werden. Zum einen muss begründet werden, warum eine Behauptung überhaupt relevant ist und zum anderen muss die Behauptung mit überprüfbaren Aussagen unterstützt werden. Diese beiden Aspekte zeigt das folgende Beispiel, das zwei – fiktive – Softwareprodukte, Alpha und Beta, bewertet:

Relevanz?

A. Alpha enthält eine gerade Anzahl von Vokalen (einschließlich Umlauten) und eine ungerade Zahl von Konsonanten (wobei sz als einzelnes Zeichen gezählt ist). Bei Beta ist es umgekehrt.

Relevanz!
Prüfbarkeit?

B. Die Erfahrung zeigt, dass Alpha aufgrund seiner klareren Struktur das wesentlich leichter wartbare Programm darstellt; das bestätigt auch die Fachliteratur.

C. Programm Alpha erzielt nach der Metrik von MacNess (1983) den

24 Ebenda.

Relevanz! & Prüfbarkeit!

> Wert 12,3, Programm Beta 7,8. Wie Passepartout (1985) gezeigt hat, besteht zwischen diesem Wert und dem Wartungsaufwand (definiert nach Head, 1972) eine hohe negative Korrelation. Daraus kann man die Erwartung ableiten, dass das Programm Alpha unter gleichen Rahmenbedingungen einen niedrigeren Wartungsaufwand verursachen wird.[25]

Während bei Aussage A unklar bleibt, welche Relevanz sie hat, wird in Aussage B die Relevanz sichtbar. Hingegen lässt sich die „leichtere Wartbarkeit" nicht überprüfen. Dafür schafft erst die genaue Beschreibung der Kategorien in Aussage C die Voraussetzung.

Typische Kapitel oder Abschnitte technischer Texte, in denen argumentiert wird, sind Varianten- bzw. Design-Entscheide und Schlussfolgerungen/ Empfehlungen am Ende eines Projektberichts.

Varianten-Entscheid / Design-Entscheid

In Projektberichten ist die Relevanz der Argumentation in der Problemstellung begründet, die das Projekt ausgelöst hat. Im Fall der Schleuse Bamberg oben wurde mit einer Machbarkeitsstudie geklärt, ob und wie die östliche Kammerwand der Schleuse wieder stabilisiert werden kann. Verschiedene Varianten wurden durchdacht, um das Problem zu lösen.

Im Rahmen der Machbarkeitsstudie wurden zunächst zwei Varianten entwickelt. Das folgende Beispiel zeigt die Argumentation, mit der die beiden Varianten verglichen und bewertet werden.

Kriterien für den Vergleich

Zentral für die Qualität der Argumentation ist, dass kriteriengeleitet verglichen wird. Die beiden Kriterien für den Vergleich sind das Bauprinzip und die Beurteilung der Statik.

Am Anfang des Textausschnittes werden die beiden Varianten bezüglich des Bauprinzips verglichen. Dabei wird zunächst die Gemeinsamkeit und danach der wesentliche Unterschied zwischen beiden Varianten dargestellt:

> Bei beiden Varianten [...] wird der Wandquerschnitt oberhalb der Dränagegang-Sohle durch eine Verstärkungskonstruktion aus Stahlbeton verstärkt. Der wesentliche Unterschied dieser beiden Varianten liegt darin, dass bei Variante 1 die zur Herstellung erforderliche Baugrubenumschließung nicht in das Tragwerk der Verstärkungskonstruktion integriert ist. Es liegt somit kein Kraftschluss zwischen der Verstärkungskonstruktion und der Baugrubenumschließung vor. Bei Variante 2 wird die Baugrubenumschließung in die Verstärkungskonstruktion kraftschlüssig eingebunden.[26]

Variante 1

Variante 2

25 Deininger, Marcus (2005): *Studien-Arbeiten,* S. 18.
26 Espert, Krug 2009, *Schleuse Bamberg,* S. 120.

Danach werden beide Varianten hinsichtlich der Statik beurteilt. Und es zeigt sich, dass die statische Qualität bei beiden nicht ausreicht (Verweis auf die in einer Norm gesetzten Werte):

> In der statischen Beurteilung der beiden Varianten hat sich gezeigt, dass die Tragfähigkeit des Wandquerschnittes über dem Längskanal verbessert wird, nicht aber die Beanspruchungssituation des erd- und wasserseitigen Stiels des Längskanals. Die vertikalen Schnitte des Anschlusses Wand-Sohle werden bei beiden Varianten sogar zusätzlich belastet, was aufgrund der nach derzeitiger Norm bereits vorhandenen Überbeanspruchung der Querschnitte nicht zugelassen werden kann.[27]

Varianten 1, 2

Eine Variante 3 wird notwendig und wiederum anhand des Bauprinzips und der Statik bewertet:

> Darauf aufbauend wurde Variante 3 [...] entwickelt, bei der eine Verstärkungskonstruktion bis unter den erdseitigen Stiel des Längskanals vorgesehen ist. Hierfür ist verglichen mit den Varianten 1 und 2 eine erheblich tiefere Baugrube erforderlich. Die Gründung erfolgt im tiefer gelegenen Keuper durch Bohrpfähle. Bei der statischen Bewertung zeigen sich deutliche Vorteile gegenüber den Varianten 1 und 2. Durch die große Steifigkeitserhöhung im Bereich des erdseitigen Stiels wird die Querkraft erhöht und im wasserseitigen Stiel reduziert. Die Stiele können nun nach DIN 1045 als unbewehrte Querschnitte auf Schub nachgewiesen werden. Ebenso sind die Querkraftnachweise nach dem neuen Sicherheitskonzept gem. DIN 1045-1 erfüllt [...].[28]

Variante 3

Vom Organisationsprinzip her geht es um einen Vergleich, aus dem anhand von Kriterien argumentativ die beste Lösung – im Beispiel der Schleuse Bamberg die beste Variante - hergeleitet wird. Auch Variante 3 wird im Verlauf der weiteren Arbeit noch optimiert, nun aber im Hinblick auf weitere Kriterien (Bauablauf, Bauzustand).

Beim Vergleich werden Gemeinsamkeiten und Unterschiede zwischen zwei oder mehr Personen, Orten, Dingen, Ideen, Varianten zusammengestellt. Entscheidend für den Vergleich ist, dass Kriterien bestimmt werden, anhand derer die Gemeinsamkeiten und Unterschiede dargestellt werden. Erst der Erfüllungsgrad der Kriterien erlaubt dann die (argumentativ abgeleitete) Schlussfolgerung.

Vergleich: Gemeinsamkeiten und Unterschiede

Der Vergleich wird durch eine geeignete Visualisierung kenntlich und durch Signalwörter auch sprachlich sichtbar gemacht.

> Benutzen Sie für die Darstellung eine geeignete Visualisierung und/oder nutzen Sie sprachliche Signalwörter.

27 Espert, Krug 2009, *Schleuse Bamberg*, S. 120.
28 A. a. O., S. 121.

Signalwörter für Gemeinsamkeiten

Signalwörter der Gemeinsamkeit sind:
- genauso / gleich wie
- beide
- ebenso
- auch

Signalwörter für Unterschiede

Signalwörter des Unterschiedes sind:
- andererseits, auf der anderen Seite
- aber
- im Gegensatz dazu
- unterscheidet sich von
- anders als
- neu ist

Explizit festgelegte Kriterien und die Signalwörter markieren den Vergleich und die inhaltlichen Unterschiede. Der Leser kann die Argumentation erfassen und ihm werden die überprüfbaren Gründe präsentiert.

Schlussfolgerung

Erst die Ergebnisse

Am Anfang der Schlussfolgerung steht eine Aussage zu den Ergebnissen:

> Die hier vorgestellte Vorgehensweise beinhaltet alle wesentlichen Aspekte zur Berechnung der Antwort von oberflächennahen Absenktunneln in weichen Böden mit vertretbarem Aufwand.[29]

Die Argumente, die zu dieser Schlussfolgerung geführt haben, werden nicht mehr ausgeführt. Die Begründung für die Schlussfolgerung ist im Hauptteil herausgearbeitet worden. Wenn der Leser die Gültigkeit überprüfen will, muss er in den Hauptteil zurückgehen.

Anwendungsbereich der Schlussfolgerung

Die Qualität der Argumentation wird im Teil Schlussfolgerungen vor allem daran erkennbar, ob Aussagen zum Anwendungsbereich der Schlussfolgerung gemacht werden. Der Beispieltext oben wird weitergeführt mit der folgenden Aussage:

> Eine Verfeinerung [der Methode] ist bei der Ausführungsplanung erforderlich und betrifft hauptsächlich die Variation der Werte der Federkonstanten entlang der Tunnelachse [...], aber auch die Untersuchung mehrere Erdbebenzeitverläufe und die Variation der scheinbaren Wellengeschwindigkeit.[30]

Signalwörter für Schlussfolgerungen sind
- folglich,
- daraus lässt sich folgern / schließen,
- die Werte ergeben,
- die Ergebnisse zeigen,
- zusammenfassend ergibt sich der Schluss.

---

29 Vrettos, Kolias, Panagiotakos, Richter, *Seismische Deformationsmethode,* S. 366.
30 Ebenda.

Empfehlung

Eine Empfehlung beginnt ebenfalls mit einer Aussage zu den Ergebnissen.

Bezug zwischen Ergebnissen ...

> Das Bach-Sanierungsprojekt wurde in mehreren Schritten überprüft und optimiert. Die notwendigen Projektanpassungen wurden jeweils mit dem externen Ingenieurbüro besprochen. Das im hydraulischen Modellversuch optimierte Sanierungsprojekt erfüllt die gestellten Anforderungen.[31]

Auch in diesem Beispiel wird nur summarisch Bezug auf die anfängliche Problemstellung genommen. Die gestellten Anforderungen müssen eventuell in den Zielen nachgeschlagen werden, die am Anfang eines Berichts dargestellt sind. Die Empfehlungen selber werden aus den Ergebnissen abgeleitet:

... und Zielen

> Um das sichere Abführen eines Jahrhundert-Hochwassers (HQ100) im sanierten Bachbett [...] zu gewährleisten, muss die vorgeschlagene Abfolge von Blockrampe mit anschließendem Kolkschutz und flacher Zwischenstrecke eingehalten werden. ...
>
> Die Modelluntersuchung hat den vorgesehenen Schutz der Uferböschungen entlang des Bachlaufs und dessen projektierte Einbindetiefen bestätigt. Die Gesteinsdurchmesser des Uferblocksatzes können in der oberen Hälfte von 1.0 - 1.2 m auf 0.55-0.8 m reduziert werden.[32]

In den einzelnen Empfehlungen wird der Bezug zu den anfänglich gesetzten Zielen wieder hergestellt. Sie geben Auskunft darüber, durch welche Maßnahmen oder Prozesse diese Ziele erreicht werden.

Empfehlungen beinhalten daher zum einen finale Bestimmungen (Signalwort: um zu) und zum anderen Aussagen über die Modalitäten, unter denen das Ziel erreicht wird.

4.5 Warnen

Sicherheitshinweise verdienen besonderen Respekt, weil sie stets die Gefahr rechtlicher Konsequenzen bergen. Diese ergeben sich leicht dann, wenn ein Schaden eingetreten ist und der Hinweis nicht korrekt formuliert war oder an der falschen Stelle stand.

Rechtliche Konsequenz

Er klärt auf über Lebens- und Verletzungsgefahr, warnt vor Sachschäden und gibt – in neuerer Sicht – auch Hinweise oder zusätzliche Tipps.

Sicherheitshinweis

31 IBU - Institut für Bau und Umwelt, Hochschule für Technik Rapperswil. Flibach in Weesen. Hydraulische Modelluntersuchung. Rapperswil 2004, S. 43.

32 Ebenda.

Wer einen Sicherheits- oder Warnhinweis schreiben muss, sucht oft vergeblich nach Rat, oder findet so viele Tipps, dass die Spreu vom Weizen schwer zu trennen ist. Bringen wir etwas Ordnung in die Angelegenheit. Wovor muss gewarnt werden? Die Maschinenrichtlinie ist eindeutig:

Warnung vor Restrisiko

> 1.7.2 Warnung vor Restrisiken
> Bestehen trotz der Maßnahmen zur Integration der Sicherheit bei der Konstruktion, trotz der Sicherheitsvorkehrungen und trotz der ergänzenden Schutzmaßnahmen weiterhin Risiken, so sind die erforderlichen Warnhinweise, einschließlich Warneinrichtungen, vorzusehen.[33]

Wenn möglich: erkannte Risiken konstruktiv beseitigen

Was ist ein Restrisiko? Zunächst muss der Hersteller herausfinden, welche Risiken von einem Produkt ausgehen, dann muss er diese Risiken beurteilen, bewerten. Wenn ein Risiko konstruktiv beseitigt werden kann, dann müssen die Entwickler das tun. Nachdem die Gefahrenquellen beseitigt sind, bleibt noch immer ein Rest an Risiken übrig. Vor diesen Risiken müssen Hinweise auf dem Produkt und in der Anleitung warnen.

Sonst: Warnen

Mehrere Richtlinien und Normen nennen Anforderungen an die Gestaltung von Sicherheitshinweisen. Stand der Kunst dürfte zum Erscheinen dieses Buchs der Leitfaden der Tekom sein.

Ein Kapitel: grundlegende Sicherheitshinweise

Dieser Leitfaden empfiehlt in Anlehnung an die DIN 82079, in die Anleitung zu einem Produkt ein Kapitel mit grundlegenden Sicherheitshinweisen aufzunehmen. Dazu gehören bei einem komplexen Produkt Hinweise auf:

- die bestimmungsgemäße Verwendung
- die vernünftigerweise vorhersehbare Fehlanwendung
- die erforderliche Qualifikation der Benutzer
- die erforderliche persönliche Schutzausrüstung
- die am Produkt vorhandenen Sicherheitseinrichtungen und -kennzeichnungen
- die Restrisiken, die sich aus der Funktion, der Anwendung und der Alterung des Produktes ergeben [34]

Handlungsbezogene Warnhinweise

Diese grundlegenden Hinweise werden durch andere ergänzt, die immer vor der Anleitung zu einer Handlung stehen, die handlungsbezogenen Warnhinweise.[35]

Fünf Elemente

Jeder handlungsbezogene Warnhinweis besteht aus fünf Elementen, von denen das erste immer das Warnsymbol ist. Als Warnsymbol wird häufig das Achtungszeichen aus dem Straßenverkehr genutzt. Darauf folgt das Signalwort in Großbuchstaben:

33 Maschinenrichtlinie, S. 47.
34 Tekom, *Leitfaden Sicherheits- und Warnhinweise,* S.57-58.
35 Ebenda, S. 56.

GEFAHR (DANGER)
Für eine unmittelbar drohende Gefahr, die zu schweren Körperverletzungen oder zum Tod führt.
WARNUNG (WARNING)
Für eine möglicherweise gefährliche Situation, die zu schweren Körperverletzungen oder zum Tod führen könnte.
VORSICHT (CAUTION)
Für eine möglicherweise gefährliche Situation, die zu leichten Körperverletzungen führen könnte. Dieses Signalwort kann auch für Warnungen vor Sachschäden verwendet werden.[36]

Auf das Signalwort folgen Art und/oder Quelle der Gefahr, beispielsweise *Rotierende Messer.* Anschließend werden die Folgen genannt: *Abtrennen der Finger beim Hineinfassen.* Der Hinweis schließt mit einer Empfehlung, wie der Schaden zu vermeiden ist: *Maschine erst abschalten.* Die VDI 4500 empfiehlt für Sicherheitshinweise eine Eselsbrücke: SAFE.

Eselsbrücke	Aufbau eines Gefahrenhinweises	Beispiel
S	**S**ignalwort (und entsprechendes Warnsymbol)	Warnung
A	**A**rt und Quelle der Gefahr	Drehender Ventilatorflügel
F	Mögliche **F**olge(n) der Missachtung	Finger- und Handverletzungen, Knochenbrüche
E	Maßnahmen zur Abwendung der Gefahr **E**ntkommen	Wartungsklappe erst öffnen, wenn der Ventilator steht.

Signalwort

Art der Gefahr

Mögliche Folgen

Entkommen

SAFE[37]

Gefahr!
Verbrühungsgefahr durch heißes Wasser!
Warmwassertemperaturen über 65 °C können zu Verbrühungen führen.
➤ Stellen Sie die Warmwassertemperatur nicht über 60 °C ein.

Beispiel für einen regelgemäßen Sicherheitshinweis[38]

36 Tekom, *Leitfaden Betriebsanleitungen,* S. S.79f.
Das Signalwort NOTICE für Sachschäden wird von ANSI Z535.6 definiert. Es ist nicht Bestandteil europäischer und internationaler Normen.
37 VDI 4500/2, S. 18.
38 Vaillant, *Bedienungsanleitung für den Betreiber, renerVIT, 0020072929_00,* S. 24.

4.6 Definieren

Die klassische Form, eine Bedeutung festzulegen, ist eine Definition. Schon Griechen und Römer in der Antike kannten sie. Man definiert etwas, indem man die nächst höhere Kategorie wählt und zeigt, worin sich das zu Definierende, das Definiendum, von anderen Elementen der Kategorie unterscheidet.[39]

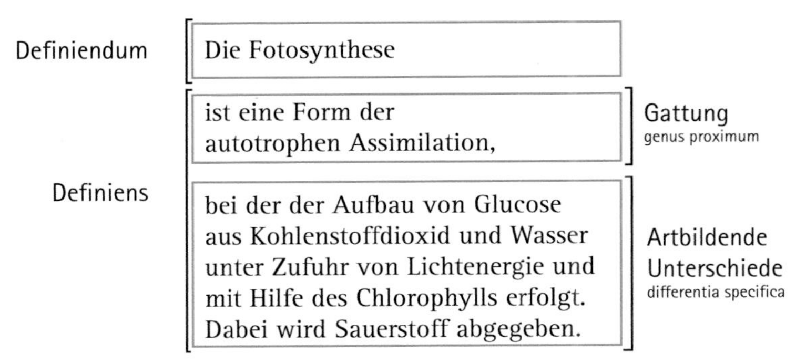

Definition der Fotosynthese[40]

Die Definition dient dazu,

1. eine Wortbedeutung zu beobachten und zu beschreiben oder
2. eine Bedeutung festzulegen, vorzuschreiben.

Deskriptiv: Beobachtete Bedeutung beobachten, beschreiben

Im ersten Fall notiert die Definition, wie ein Wort benutzt wird, sie ist deskriptiv. Beispiel: Die Verwendung von *Gegenwart* in der Schulgrammatik stimmt oft nicht mit der Verwendung des Wortes in der Literaturwissenschaft oder der Soziologie überein. Man könnte nun feststellen, wie dieses Wort in welcher soziologischen oder literaturwissenschaftlichen Theorie benutzt wird. Daraus ergibt sich, dass *Gegenwart* und das Präsens in der Grammatik nur wenig miteinander zu schaffen haben.

> Das Ziel feststellender Definitionen ist es, die Bedeutung des Definiendums anzugeben. Solche Definitionen wollen also etwas beschreiben, nämlich mit welcher Bedeutung das Definiendum in einer bestimmten Sprachgemeinschaft verwendet wird.[41]

Präskriptiv: Bedeutung festlegen, vorschreiben

Im zweiten Fall schreibt die Definition vor, wie ein Ausdruck zu verwenden ist, sie ist präskriptiv.

> Bei festsetzenden Definitionen ist das Ziel, die Verwendungsweise des definierten Begriffes zu regeln.[42]

Klassische präskriptive Definitionen findet man in Gesetzen „Mörder ist,

39 Definitio fit per genus proximum et differentiam specificam.
40 Nach Brezmann, *Beschreiben,* S. 57.
41 Brun, Hirsch Hadorn, Textanalyse, S. 158.
42 A. a. O., S. 159.

wer ..." (§ 211 StGB), ebenso in wissenschaftlichen Texten und in formalen Systemen, wie das folgende Beispiel aus einer Einführung in die formale Logik:

> Im Definiendum müssen alle Variablen, die im Definiens frei vorkommen, ebenfalls vorkommen, und zwar jede einmal. ...
>
> Beispiele. I. Individuenbereich: die Menschen. Vorausgesetzte Grundzeichen: ‚Elt' („Elter") und ‚Ml' („Männlich"). Definitionen:
>
> 3. („Mensch") Me(x) ≡ (∃x) (Elt(x,y) v Elt(y,x))
>
> 4. („Weiblich") Wl(x) ≡ Me(x) . ~Ml(x). ... [43]

In die Umgangssprache übersetzt: x ist ein Mensch, wenn x wenigstens einen Elter hat und/oder Elter ist (3). x ist weiblich, wenn x nicht männlich ist (4). Der Individuenbereich Menschen legt fest, dass tatsächlich nur Sätze über Menschen in diesem System möglich sind. Eine wirksame wie formale Sprachbestimmung.

Signalwörter

Definitionen werden typischerweise eingeleitet durch Wortfolgen wie ... *ist eine Form* ... oder *x ist, wer* ... oder durch Symbole, das Definitionszeichen $=_{Df}$ oder das Äquivalenzzeichen ≡. Die Wortfolgen und Symbole sind Signalwörter.

Einfache Definitionen können auch bloße Aufzählungen aller Möglichkeiten sein: Farben im Skat sind ♣, ♠, ♥, ♦ .

In der Wissenschaftstheorie und der Sprachphilosophie ringt man um verschiedene Verwendungsweisen des Wortes *Definition*, diese Unterscheidungen sind für unser Thema aber nicht bedeutend.

4.7 Zeigen

Zeigen beim Sprechen

„Es reicht völlig, wenn Sie mir dies morgen dorthin legen." Wie oft sagt man solche Sätze, ohne dass auch nur das geringste Problem entsteht. Doch von einem funktionalen Standpunkt aus betrachtet, ist der Satz außerordentlich kritisch. Er funktioniert nämlich zunächst in der gesprochenen Sprache, die man im Zweifelsfall durch die Geste eines zeigenden Fingers ergänzen kann. Geschrieben wird die Sache heikel. *Sie, mir, dies, morgen* und *dorthin* haben keine Bedeutung, die über die gesprochene Kommunikationssituation hinaus unzweifelhaft ist. Es sind Zeigwörter, der Fachausdruck ist Deiktika[44].

Zeigen beim Schreiben

Den Unterschied zwischen der gesprochenen und der geschriebenen Sprache hat der Linguist Konrad Ehlich untersucht. Er beschäftigt sich mit der Entstehung des Geschriebenen; geschichtlich betrachtet ergab sich mit der Entstehung der Schriftsprachlichkeit eine völlig neue Kom-

43 Carnap, *Einführung*, S. 57. 1. und 2. sind die Grundzeichen.

44 Aus dem Griechischen: Deixis, das Zeigen, Deiktikon, das Zeigwort, Pl. Deiktika.

munikationssituation: Der Autor eines Textes war nun vom Rezipienten – jetzt Wahrnehmenden oder Lesenden, nicht mehr Hörenden – getrennt, beide teilen weder zwangsläufig Zeit noch Raum oder die Vorstellung über das Ich und das Du, wie es im Sprechen auch heute noch selbstverständlich ist. Der Austausch findet nicht mehr von Angesicht zu Angesicht statt, er ist irgendwie gedehnt, gleichzeitig aber auch abgeschnitten, der Text des Verfassers landet beim Leser, ohne dass dieser von jenem Kenntnis haben muss. Ehlich erfindet dafür das Wort *zerdehnt:* „Ich spreche von einer zerdehnten Sprechsituation."[45]

Zerdehnte Sprechsituation

Der Ausdruck *zerdehnt* ist zwar neu, auf die Probleme hatte aber schon 1934 der Psychologe Karl Bühler hingewiesen, als er über das Zeigfeld der Sprache schrieb.[46] Es verlangt, dass Klarheit besteht über *hier, ich* und *jetzt,* damit man *dort, du* und *später* verstehen kann.

Zeigfeld der Sprache

1 Lösen Sie die Schraube links vom roten Kabel.

Wo ist links? Wenn ich vor dem Kühlergrill stehe, auf der Fahrer- oder der Beifahrerseite? Man braucht ein Koordinatenkreuz, um sich korrekt orientieren zu können, Bühler nennt es die *Origo.*

Origo

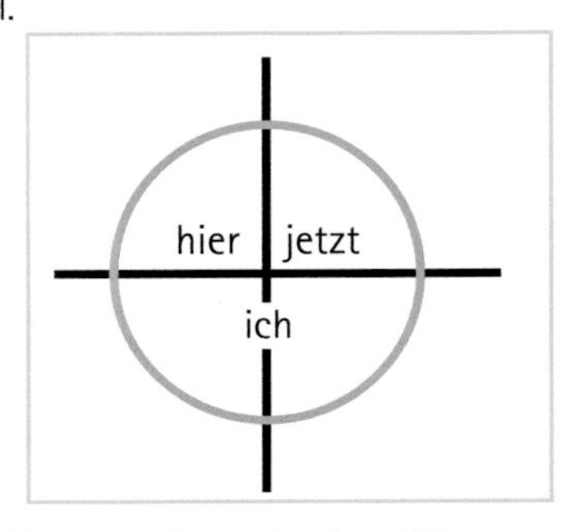

Wenn diese Origo fehlt, geht es drunter und drüber. Weiß man hingegen, wo *hier, jetzt* und *ich* sind, bergen auch *dort, dann* und *du* kein unlösbares Problem mehr.

Fachsprachen

Einige Fachsprachen lösen dieses Problem, indem sie den Wortgebrauch festlegen: *Backbord, Steuerbord* (Seefahrt), *dorsal, kranial* (Medizin) ... Wir unterscheiden

Zeigen ...

- lokale Deixis (räumliches Zeigen): hier, dort, links, oben ..., (... im Raum)
- temporale Deixis (Zeigen in der Zeit): dann, später, morgen, ... und (... in der Zeit)
- personale Deixis (Zeigen auf Personen): Sie, ihm, du, ... (... auf Personen)

> Für Zeigwörter müssen die Koordinaten eindeutig sein. Von wo aus wird worauf gezeigt? Der Schnittpunkt des Koordinatenkreuzes sollte der Leser oder der gegenwärtige Zustand des Gerätes, der Software sein: *Sie stehen vor dem Eingang. Links sehen Sie ...*[47]

Auf Zeit, Ort, Objekte und Prozesse verweisen

Absolute Zeitangaben

Anstelle des Koordinatenkreuzes helfen absolute Zeitangaben, missverständliche Äußerungen zu vermeiden:

45 Ehlich, *Text und sprachliches Handeln,* S. 32.
46 Bühler, *Sprachtheorie.*
47 Baumert, *Professionell texten,* S. 60.

2 Das bestellte Ersatzteil wird nächste Woche geliefert.

3 Für unsere Sitzung morgen benötige ich noch Unterlage X.

Meint der Lieferant in Satz 2 die kommende Woche oder vielleicht doch schon diese? Auch die schriftliche Nachricht 3 lässt den Leser ratlos zurück: Wieso morgen? Morgen habe ich gar keine Sitzung eingetragen. Erst der Blick auf Datum und Uhrzeit der E-Mail schafft Klarheit, dass mit *morgen* eigentlich *heute* gemeint ist. Wenn es nicht gerade gezielt darum geht, Verwirrung zu erzeugen (Liefertermine), ist Eindeutigkeit besser: Die Angabe des Datums, der Uhrzeit, der Wochennummer oder des Wochentags schafft Klarheit.

Absolute Ortsangaben

Eine Alternative sind auch absolute Ortsangaben. „In Gebäude 7", „in Raum 379", „am Eingangstor zum Gebäude in der Schachenstraße 5" schaffen die nötige Klarheit.

Neues einführen

Die zerdehnte Kommunikationssituation bedeutet auch, dass mit dem Text eine eigene Welt geschaffen wird. Geräte, Anlagen, Angebote sind in dieser (Text) nicht einfach vorhanden, sondern müssen eingeführt werden. „Das Gerät", „diese Anlage", „unser Angebot" – bestimmter Artikel, Demonstrativpronomen und Possessivpronomen können im Text erst verwendet werden, wenn die Sache bereits vorher im Text eingeführt wurde. Satz 5 vermeidet eine Unsicherheit, die Satz 4 beim Leser auslösen könnte:

4 Die Neukonstruktion des Verstellmechanismus ist erforderlich ...

5 Eine Neukonstruktion des Verstellmechanismus ist erforderlich. Die Neukonstruktion beschränkt sich auf ...

Zeigen innerhalb des Textes

Während Deiktika auf Objekte außerhalb des Textes zeigen, stellt die Sprache auch Methoden der Orientierung innerhalb eines Textes zur Verfügung. Wir unterscheiden

- Anaphern,
- Kataphern und
- explizite Verweise.

Anaphern

Zeigen nach oben

Diese Kategorie, die sonst in der Rhetorik genutzt wird, verwendet Konrad Ehlich[48] in diesem Kontext. Er erarbeitet die Grenzen der klassischen Kategorie *Personalpronomen,* die wir hier ein wenig aktualisieren:

6 Die Batterie ist vollständig geladen.

7 Sie wird nun automatisch über eine Ladeerhaltung gepflegt.

Sie in Satz 7 ist ausschließlich als Rückbezug auf *die Batterie* in Satz 6 zu verstehen. In dieser Funktion dient das Pronomen *sie* als ein Zei-

48 Ehlich, *Verwendungen,* S. 730 ff.

ger innerhalb des Textes. Es verweist auf eine vorhergehende Stelle und bringt von dort eine Bedeutung an seine gegenwärtige Position. Man könnte für *sie* auch *die Batterie* schreiben. *Sie* ist eine Anapher, das Wort zeigt nach oben und bringt etwas in sein Satzumfeld zurück.[49]

Kataphern

Zeigen nach unten

Vergleichbar der nach oben zeigenden Anapher zeigt die Katapher[50] nach unten:

8 Er schmeckt scheußlich.

9 Diesen Kaffee können wir niemandem anbieten.

Auch *er* in Satz 8 dient nur als Zeiger auf *diesen Kaffee* in Satz 9.

Anaphern: Ja , aber aufpassen

Kataphern: Besser nicht

> Anaphern können zu Missverständnissen führen, wenn sich Sätze zwischen die Referenz schieben oder mehrere Referenzen aufzulösen sind. Achten Sie darauf, dass der Rückbezug eindeutig ist.
> Anaphern kann man kaum vermeiden.
> Kataphern sind geeignet, Spannung aufzubauen. Sie sind etwas schwerer zu verstehen als Anaphern. Setzen Sie solche Konstruktionen sparsam ein, vermeiden Sie Kataphern im Dokumenten des Typs 4.[51]

Deiktika als Anaphern oder Kataphern

Die anaphorische oder kataphorische Funktion innerhalb des Textes können auch einige Deiktika übernehmen, sie zeigen dann nicht mehr aus dem Text in die Welt hinaus, sondern sie verbleiben im Textraum:

10 Wenn die Prüf- und Messgeräte vom Beifahrersitz aus bedient werden, könnte es bei einem Unfall durch das Auslösen des Beifahrer-Airbags zu Verletzungen der dort sitzenden Person kommen.[52]

Dort in Satz 10 ist der anaphorische Verweis auf den Beifahrersitz.

Explizite Verweise

Oben, Unten
Kapitelverweis
Seitenverweis
Seite im Layout

11 Wie oben gezeigt wurde, ...

12 Im nächsten Kapitel ...

13 Vgl. S. 15.

14 Auf der gegenüberliegenden Seite ...

Satz 11 bis 14 sind Beispiele für textinterne Verweise, die manches Unternehmen viel Geld gekostet haben. Gründe für Mehrarbeit sind, dass

- Dokumente sich verändern, indem Seiten hinzukommen oder gelöscht werden,
- Seiten und Abschnitte kopiert und in neue Dokumente eingefügt werden,
- lineare Dokumente in Hypertext umgewandelt werden.

---

49 Von griechisch *anapherein, hinauftragen,* aber auch *zurückbringen.*
50 Von *katapherein, hinabtragen.*
51 Siehe „Typen technischer Dokumentation“ auf Seite 138.
52 Volkswagen AG, Reparaturleitfaden, 4-Zyl. Einspritzmotor, 2004, S. 133.

Jede Veränderung eines Dokuments verlangt von den Autoren, dass die textinternen Verweise nachjustiert werden, wenn nicht mit Variablen gearbeitet wurde. Diese ungeliebte Arbeit kostet Zeit und ist fehleranfällig.

Variablen nutzen

> Wie die Variablen heißen und wie sie genutzt werden, ist von dem Programm abhängig, mit dem Sie arbeiten. In der Programmhilfe finden Sie oft Rat unter *Querverweis, Hyperlink, Hyperlinkziel* oder *Textmarke.*

„Copy – Paste" ist das Synonym für eine häufig geübte Praxis. Was schon einmal geschrieben wurde, kann auch in neuer Umgebung seinen Zweck erfüllen. Weh dem, der dabei explizite Verweise übersieht!

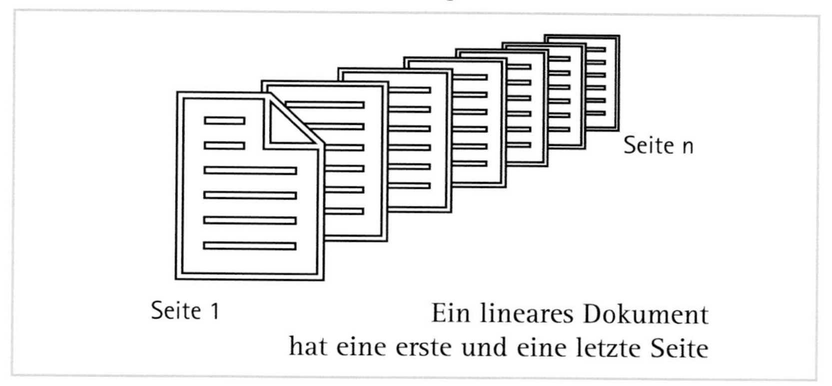

Klassisches Papierdokument

Der lineare Text hat einen Anfang und ein Ende, er geht von Seite 1 bis n. Elemente des Hypertextes, Topics – „Täfelchen" mit Inhalt beliebiger Art: Text, Bild, ... –, sind anders geordnet: Nur Links verbinden sie. Für solche virtuellen Verknüpfungen sind Seitenzahlen unbrauchbar.

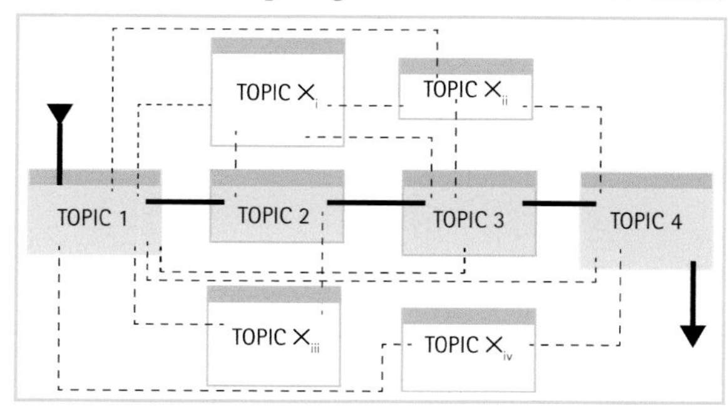

Hypertext, beispielsweise Online-Hilfe[53]

53 Vgl. Baumert, *Leichte Sprache – Einfache Sprache*, S. 54.

Anders als das klassische Buch ist der Hypertext ein Raum, in dem der Benutzer vom vorgegebenen Pfad abweichen und – bei entsprechender Größe – unvorhersehbare Wege, Rastplätze und Ausgänge wählen kann.

> Vermeiden Sie „fest verdrahtete" Verweise in Ihren Dokumenten. Arbeiten Sie stattdessen immer mit Variablen.
> Vermeiden Sie Verweise, die ausschließlich in Papierdokumenten funktionieren, wenn Ihr Text auch in einen Hypertext umgewandelt werden könnte.

5 Wörter richtig verwenden

Einige Schwierigkeiten, die in technischen Texten entstehen können, lassen sich leicht am Wortgebrauch und manchmal - allgemeiner - an Wortarten aufzeigen.

Dieses Kapitel ordnet das Material sehr ähnlich manchen Grammatiken. Es beginnt mit den flektierbaren Wortarten, den Verben, Substantiven, Adjektiven und Artikeln. Darauf folgen einige unflektierbare und schließlich Kategorien, die in einer Grammatik nichts zu suchen haben, beispielsweise die Blähwörter.

5.1 Wortarten

Wortart als Kategorie

Sprachbegrenzungen oder kontrollierte Sprachen enthalten deutliche Regeln zum Gebrauch der Wortarten.[1] Daraus könnte man schließen, dass die Kategorie *Wortart* wissenschaftlich eindeutig definiert sei und diese Definition auch allgemein Anerkennung fände. Das ist nicht der Fall.

Griechisch und Latein

Zwar erlernen Kinder „die Wortarten" in der Schule, man folgt damit aber nur einem bewährten Verfahren, das von den Grammatikern des Altgriechischen über die Römer, dann das Mittelalter bis auf den heutigen Tag gepflegt wurde. Man macht es also, weil es beim Erlernen der alten Sprachen gute Dienste geleistet hat.

Doch schon die Übertragung der griechischen Kategorien auf das Latein bescherte die ersten - für die Lehre noch lösbaren - Probleme.[2] Je weiter eine moderne Sprache von diesen beiden antiken Standards entfernt ist, desto größer werden die Schwierigkeiten. Im Sprachunterricht umgeht man sie, oft durch Formulieren von Ausnahmeregeln. Dem schließen wir uns an.

So weit es möglich ist, nutzt dieses Kapitel die Kategorien der traditionellen[3] Schulgrammatik, um das Thema nicht unnötig zu komplizieren.

Terminologie

Auch die Terminologie orientiert sich an der klassischen Grammatik, wir verzichten auf jede Eindeutschung, weil gerade darin manchmal die Ursache ärgerlicher Fehler liegt, beispielsweise in der Gleichsetzung der grammatischen Kategorie *Tempus* mit dem deutschen Wort *Zeit*.

Dieses Kapitel ergänzt die entsprechenden Abschnitte einer Grammatik des Deutschen aus dem Blickwinkel des Textens für die Technik. Keinesfalls ersetzt es die Arbeit mit der Grammatik. Die Überschriften, Beispiel: *Das Verb - Tempus*, zeigen an, dass ein Ausschnitt - hier: Tempus - eines grammatischen Themas - hier: das Verb - behandelt wird.

---

1 Vgl. Seite Seite 150.

2 Ehlich, *Zur Geschichte der Wortarten*.

3 Eine leicht verständliche Einführung ist Geier, *Orientierung Linguistik*, Kapitel 5.

5.2 Das Verb – Tempus

Tempus
Pl.: Tempora

Tempora des Deutschen sind:

Präsens
ich gehe
Präteritum
ich ging
Perfekt
ich bin gegangen
Plusquamperfekt
ich war gegangen
Futur 1
ich werde gehen
Futur 2
ich werde gegangen sein

Als Begriff:
Tempus ≠ Zeit

In der Technik bestimmt man die Zeit präzise. Winzige Bruchteile von Sekunden sind bedeutend.

Die Alltagssprache nimmt es nicht so genau. „Wer bekam die Suppe?", fragt der Kellner und meint: Vor wen soll ich diesen Teller stellen, wer bekommt die Suppe oder wer soll (wird) gleich die Suppe von mir erhalten? Das ist sicher kein Schriftdeutsch, es ist Umgangssprache. Sie liefert aber in diesem Fall ein Indiz für tiefer sitzende Irritationen.

An der Form des Verbs ist oft nicht zu erkennen, ob etwas in der Vergangenheit, Gegenwart oder Zukunft geschieht. Das stilistisch weniger auffällige Beispiel 1 deutet in die gleiche Richtung:

1 Morgen ist Mittwoch.

Satz 1 steht im grammatischen Präsens, das Temporaladverb *morgen* setzt den realen Zeitrahmen jedoch in die Zukunft.

> Das Zeitsystem deutscher Verben ist nicht eindeutig. Manchen ein Segen, anderen ein Fluch: Wir können die grammatischen Tempora kreativ nutzen, um Zeiten in der Wirklichkeit sprachlich zu markieren.
> Deswegen ist es wichtig, die grammatischen Kategorien (Präsens) von der wirklichen Zeit (Gegenwart) begrifflich zu unterscheiden.

Von den sechs Tempora der deutschen Sprache ist nur das Plusquamperfekt immer unmissverständlich.

	Vergangenheit	Gegenwart	Zukunft
Präsens	1880 erhält Edison das Patent.	Ich erhalte gute Nachrichten.	Morgen erhältst du meinen Brief.
Präteritum	1880 erhielt Edison das Patent.	X	Wer bekam das Schnitzel?
Futur 1	X	Sie werden jetzt aufhören!	Der Lärm wird bald aufhören
Perfekt	Er hat geparkt.	Er hat geparkt. [und steht da jetzt]	Gleich hat er sein Auto geparkt.
Plusquamperfekt	Edison hatte das Patent erhalten.	X	X
Futur 2	Er wird gestern angerufen haben.	X	Bald wird er angerufen haben.

Tempora und Zeiten im Indikativ[4]

4 Vgl. Sauer, *Basiswissen Grammatik*, S. 12.

Achten Sie darauf, dass die Zeitform des Verbs mit der tatsächlichen Zeit übereinstimmt.

Grammatische Zeit = wirkliche Zeit

2 Ende des Monats erhalten Sie die neue Version.
3 Ende des Monats werden Sie die neue Version erhalten.

Satz 3 ist besser geeignet als 2: Wenn die tatsächliche Zeit (Zukunft) und das Tempus (Futur) übereinstimmen, ist der Satz in einem technischen Text verständlicher.

Texte in der Technik sind einfacher zu lesen, zu pflegen und zu übersetzen, wenn sich die Autoren auf drei Tempora beschränken: Präsens, Perfekt und Futur 1 reichen.

Drei Tempora reichen

Das Präsens übernimmt eine besondere Rolle. Es ist das einzige Tempus, das stilistisch unzweifelhaft alle wirklichen Zeiten vertreten kann. Man kann es außerdem nutzen, um eine Gesetzmäßigkeit, eine Gleichung und dergleichen auszudrücken: *2 plus 2 ist vier.* Deswegen wird es gelegentlich als Null-Tempus bezeichnet.[5]

In einigen Dokumenttypen kann es sinnvoll sein, ausschließlich dieses Null-Tempus zu verwenden. Texte des Dokumenttyps 4,[6] Hilfetexte, Maschinenaufschriften oder Beschilderungen sind dafür geeignet.

Manchmal: ausschließlich Präsens

5.3 Das Verb – Person

Du und *ihr* kommen in technischen Texten nicht vor. Bleiben die Standards, die dritte Person und die ungeliebte erste in Singular und Plural. In der Technischen Dokumentation verwendet man höchstens noch das Anredepronomen und die erste Person im Plural, beispielsweise in dem albernen Satz „Wir beglückwünschen Sie zum Kauf dieses Produkts." manchmal auch in „Wir übernehmen keine [...]".

Person
Singular/Einzahl: ich, du, er/sie/es

Plural/Mehrzahl: wir, ihr, sie

Sie (Großschreibung): Anredepronomen

Wie sieht es in anderen Techniktexten aus, wie wird beispielsweise der Autor im Text erkennbar? Die Konventionen für technische Texte sprechen eine klare Sprache: „Ich" ist darin verboten oder wenigstens nicht erwünscht:

> Der Ich-Stil ist am einfachsten zu handhaben, wird aber für sachliche Inhalte, wie sie ja beim technischen Schreiben vorliegen, meist abgelehnt, weil er angeblich subjektiv ist. Der Schreiber will oder soll hinter die Sache zurücktreten.[7]

5 Ludwig, *Thesen zu den Tempora,* S. 79.
6 Siehe Seite 138.
7 Rechenberg, *Technisches Schreiben,* S. 143.

Ich im Hintergrund

Obwohl eine Person oder ein Team die Arbeit macht, wird Wert darauf gelegt, dass der Text dies nicht durch die Verwendung der 1. Person Singular oder Plural aufzeigt. Gewünscht ist meist die dritte Person, Satz 4.

4 Das Projekt Kleben on demand geht einen neuartigen Weg.

Formulierungen wie in den Sätzen 5 und 6 zeigen, worin das Problem liegt: In der ersten Person zu formulieren verführt dazu, sich selbst oder das Team als handelnde Person in den Vordergrund zu stellen. Der Autor erzählt dann eher von den Arbeitsschritten, als dass er die Methode oder die Ergebnisse darstellt.

Wichtig: Prozess, Ergebnis …

Unwichtig: Handelnde Person

5 Wir haben mit Hilfe der Nutzwertanalyse die optimale Lösungsvariante ermittelt.

6 Die Musskriterien haben wir paarweise verglichen.

In den beiden Beispielsätzen wird das neben dem *Wir* erkennbar durch die Wahl des Perfekts als Zeitform – *haben ermittelt, haben paarweise verglichen*. Das Perfekt hebt eine Handlung hervor, deren Folgen noch andauern. Diese Art zu formulieren verführt auch dazu, die persönlichen Reaktionen in einzelnen Arbeitsschritten hervorzuheben, obwohl sie für die Argumentation gar keine Rolle spielen:

7 Beim Entwurf stellten wir fest, dass die Stufenhöhe ein Problem werden könnte.

Für den Leser ist es wichtiger zu erfahren, worin das Problem besteht, als dass ein Team festgestellt hat, es könne ein Problem geben.

Alternativen zur ersten Person

Ich-Form nötig?

In einem technischen Bericht gibt es Passagen, in denen die Konvention des Ich-Verbots von der Sache her nicht einleuchtet:

8 Wir empfehlen, das Projekt mit dem Konzept Spinne weiterzuführen.

Hinter dieser Empfehlung stehen reale Personen.

> Vor allem in solchen Passagen eines technischen Berichts, in denen die Methode beschrieben oder methodische Entscheidungen mitgeteilt werden, lockt es, in Ich- oder Wir-Form zu schreiben (Abstract, Einleitung, Schlussfolgerungen). Schließlich liegen der abstrakten Methode individuelle Entscheidungen und konkrete Handlungsschritte zugrunde.

Wenn das Ich und das Wir aber verboten sind, was sind dann die typischen Ersatzformen, welche Alternativen gibt es?

Man-Umschreibung

9 Man ermittelt mit Hilfe der Nutzwertanalyse die optimale Lösungsvariante.

10 Man vergleicht die Musskriterien paarweise.

Gängige Methode

Die Umschreibung durch *man* lockert schon die Verbindung zur ursprünglichen Handlung. Und tatsächlich: Paarweiser Vergleich und Nutzwertanalyse sind ja keine individuellen Erfindungen der Verfasser, sondern Bestandteile einer gängigen Methodik.

Formulierung im Passiv

11 Mit Hilfe der Nutzwertanalyse wird die optimale Lösungsvariante ermittelt.

12 Die Musskriterien werden paarweise verglichen.

In den Sätzen 11 und 12 sind die Handelnden hinter der Systemperspektive verschwunden. Das System, ein Prozess, das Ergebnis stehen im Vordergrund. Satz 13 gibt allerdings einen Grund zum Nachdenken beim Einsatz des Passivs:

Passiv:
Kein Handelnder

13 Die Konstruktionswerte werden mit FEM-Analyse berechnet.

Nun ist die verwendete Methode (Finite-Elemente-Methode) sozusagen gegeben, sie ist nicht Gegenstand der Diskussion. Eine explizite Begründung für die Entscheidung öffnet die Diskussion wieder.

Passiv: Akzent auf Konstruktionswerte

14 Eine FEM-Analyse liefert die Werte für die Konstruktion.

Satz 14 verzichtet auf das Passiv, verändert aber zugleich den Akzent der Aussage. Im Passiv-Satz sind die Konstruktionswerte akzentuiert, in der Formulierungsvariante liegt der Akzent auf der Methode.

Aktiv: Akzent auf Methode

5.4 Das Verb – Passiv

Die Grammatik unterscheidet in der Konjugation des Verbs zwischen Aktiv (Tätigkeits- oder Tatform) und Passiv (Leideform).

15 Das Druckregelventil regelt den hydraulischen Druck.

Aktivsatz

16 Der hydraulische Druck wird von dem Druckregelventil geregelt.

Passivsatz

Die Sätze 15 und 16 beschreiben den gleichen Sachverhalt. Dennoch gibt es Unterschiede.

Satz 15 rückt das Druckregelventil in den Mittelpunkt, er beantwortet die Frage „Was tut das Druckregelventil?". 16 konzentriert sich auf den Druck, er beantwortet „Was regelt den hydraulischen Druck?".

Die Bedeutung des zweiten Satzes fordert nicht zwingend das Passiv, wie Satz 17 zeigt, eine einfache Umstellung.

Kategorie
Aktiv und Passiv: das Genus verbi
Pl.: Genera verbi

Auch: Aktionsform, Diathese

17 Den hydraulischen Druck regelt das Druckregelventil.

Andere Unterschiede sind bedeutender: 16 ist länger, die zusätzlichen Wörter *wird* und *von* tragen keine eigene Bedeutung, und das Verb *regeln* taucht nur als Partizip$_2$ auf: *geregelt.* Wegen des größeren Umfangs und der Verwendung bedeutungsschwacher Wörter empfinden viele Leser das Passiv als stilistisch minderwertig. Passivsätze enthalten totes Fleisch.

Ein weiterer Nachteil mancher Passivsätze ist, dass sie nicht Auskunft geben, wer etwas tun muss oder etwas getan hat.

18 Wenn die Batterie angeklemmt wird, muss die Elektrik geprüft werden.

19 Die Gebühren werden erhöht.

18 könnte dazu führen, dass jemand die Batterie in dem Glauben anklemmt, ein anderer würde die Elektrik prüfen – ein womöglich folgenschwerer Irrtum. 19 regt besonders Journalisten auf, weil der Satz verschweigt, wer für die Preiserhöhung verantwortlich ist.

Agens: der oder das Handelnde
Patiens: der oder das, dem etwas widerfährt

Früher hatte man in der Technikredaktion das Passiv prinzipiell aus den Texten verbannen wollen. Das ist unangemessen, weil einiges nicht sinnvoll im Aktiv ausgedrückt werden kann:

20 Die Maschine ist für den Transport mit Spanngurten auf der Palette befestigt worden.

Mit dem Passiv kann man das Agens oft verschweigen.

Kein Leser einer Bedienungsanleitung wird sich dafür interessieren, wer die Maschine gesichert hat. Deswegen ist es korrekt, in diesem Satz das Passiv zu verwenden. Anders ist es im folgenden Satz. Das Passiv ist in diesem Fall unangemessen, weil der Handelnde – das Agens – nicht direkt angesprochen ist.

21 Vor dem Öffnen des Hochdruckteils der Einspritzanlage muss der Druck auf einen Restdruck abgebaut werden.

Instruktionsfehler

Wenn Experten wegen eines Sach- oder Personenschadens die Anleitung begutachten, werden sie es als Instruktionsfehler bezeichnen, dass eine Handlungsaufforderung nicht sagt, wer was wann tun muss.

Verwenden Sie niemals das Passiv in einem Satz, der den Anwender zu einer Handlung anleiten soll.
Sprechen Sie den Leser immer persönlich an: *[...] bauen Sie den Restdruck ab [...]* oder *[...] Restdruck abbauen [...]*[8]

Lesende Ingenieure

In technischen Berichten erwarten diejenigen Leser Passivsätze, die das Lesen solcher Berichte gewohnt sind.

Texte von Ingenieuren für Ingenieure enthalten oft sehr viele Passivsätze, ohne dass es jemanden stört. Menschliche Akteure treten in den Hintergrund, die Aufmerksamkeit richtet sich auf technische Prozesse und Beschreibungen. Wenn der Passivsatz keinen Handelnden verschweigt oder ihm nötige Aufmerksamkeit verweigert, ist das Passiv in solchen Fällen angemessen.

Andere Leser werden mehrere Sätze dieser Art als schlechten Stil empfinden, oder die Lesbarkeit des Textes infrage stellen.

Präsentation, Zeitschrift, PR und Werbung

Verzichten Sie auf das Passiv in Präsentationen, Beiträgen für Zeitschriften, Öffentlichkeitsarbeit/PR und Werbung.

In Präsentationen (oft: Powerpoint®) erwartet man kurze, leicht verständliche Sätze oder Stichworte, niemals aber komplizierte Passivkonstruktionen.

8 Weitere Informationen unter „Anleiten“ auf Seite 38 und „Warnen“ auf Seite 53.

In Zeitschriften und in der Werbung vermeiden einige Redaktionen das Passiv. Sie gehen auf Nummer sicher, wenn Sie kein Passiv verwenden, solange Ihnen eine Redaktionsumgebung unbekannt ist.

Wenn Passiv, dann an Satzlänge denken!

> Wenn Sie das Passiv nutzen, denken Sie daran, dass die Sätze länger und manchmal schwerer verständlich werden. Ein Hauptsatz, ein Nebensatz müssen reichen.

Varianten des Passivs

Die Schule lehrt wenigstens den Unterschied von Aktiv und Passiv der Sätze 15 und 16. Moderne Grammatiken gehen weiter und beschreiben Varianten des Passivs, von denen einige nur schwer zu erkennen sind.

> Technikredakteure, die Sprachregeln für eine Redaktion erarbeiten, müssen die Varianten des Passivs kennen. Nur dann können sie eindeutig festlegen, welche Satzbaumuster zulässig sind.

Vorgangspassiv

Als Vorgangspassiv bezeichnet man das Passiv der Sätze 16 bis 21. Darauf beschränkt sich meist auch die Kritik an diesem Genus verbi. Andere Varianten berücksichtigt man dabei selten.

22 Die Druckplatten sind gefettet.

Zustandspassiv

Auch Satz 22 steht im Passiv. Man hat nur das Hilfsverb *worden* weggelassen – *Die Druckplatten sind gefettet worden.* Diese in unserer Sprache sehr häufig vorkommende Verwendung ist das Zustandspassiv, mit dem man das Resultat einer Handlung ausdrückt. Es kann auch in Umgebungen sinnvoll sein, die sonst den Gebrauch des Passivs untersagen.

23 Premiumkunden erhalten die Anleitung auf Wunsch gedruckt.

Rezipientenpassiv

Diese Variante ist das bekommen-, kriegen-, erhalten-Passiv, auch Rezipientenpassiv. Die Analogie zu anderen Formen besteht im Gebrauch des Partizip$_2$ von *drucken.*

> Wegen des eher umgangssprachlichen Charakters können betriebliche Dokumente auf diese Möglichkeit des Deutschen verzichten. *Kunden bekommen das Dokument zugeschickt* ist in der gesprochenen Sprache üblich, nicht aber in der geschriebenen. Besser im Aktiv: *Wir schicken [...]*

24 Benutzer lassen sich leicht eintragen.

Auch in diesem Satz stecken Eigenschaften einer Passivkonstruktion: Das Subjekt des Satzes ist nicht der Handelnde, und die Verbalkomponente ist problemlos durch *können leicht eingetragen werden* ersetzbar, ein dann offenkundiges Passiv.

Erkennungsmerkmal sind das Verb *lassen* mit dem Reflexivpronomen *sich*. In der Technikredaktion ist es sinnvoll, darüber nachzudenken, ob diese Variante gestattet werden soll. Zumindest Dokumente, die in viele Sprachen übersetzt und oft verändert werden müssen, können gut darauf verzichten.

Helbig/Buscha kategorisieren diesen Typus als Passiv-Paraphrase mit Modalfaktor. Sie unterscheiden sieben Arten:

Passiv-Paraphrasen = Umschreibungen des Passivs

	Passiv-Paraphrase	Passivsatz
1	Die Sicherung ist einzusetzen.	...kann/muss eingesetzt werden...
2	Das Programm ist ausbaufähig.	...kann ausgebaut werden...
3	Es gibt einiges einzustellen.	...muss eingestellt werden...
4	Der Druck bleibt zu überprüfen.	...muss geprüft werden...
5	Das Ventil geht zu schließen.	...kann geschlossen werden...
6	Benutzer lassen sich leicht eintragen.	...können leicht eingetragen werden...
7	Es lässt sich schlecht abstimmen.	...kann schlecht abgestimmt werden...

Passiv-Paraphrasen mit Modalfaktor[9]

In Projektberichten und wissenschaftlichen Texten sind Varianten und Umschreibungen des Passivs durchaus üblich. *Seine Bestätigung finden* heißt hier: *bestätigt werden.*[10]

Grammatiken des Deutschen behandeln die Kategorie Passiv sehr unterschiedlich. Die Erkenntnis hat sich durchgesetzt, dass es nicht – wie man früher glaubte – nur eine Passivform für einen Satz im Aktiv gibt.

An deren Stelle sehen Sprachwissenschaftler jetzt mehrere Ausdrucksmöglichkeiten, die sie allerdings nicht übereinstimmend kategorisieren.

Der Wunsch nach redaktionellen Sprachregeln legt nahe, zwischen diesen Varianten eine Auswahl zu treffen und als Sprachempfehlung für die Redaktion festzulegen.

5.5 Das Verb – Imperativ

Die klassische Art der Aufforderung ist der Imperativ: *Pass auf* oder *Passt auf*. So jedenfalls steht es in vielen Grammatiken für Sprachlerner. Die Wissenschaft weiß es besser, sie kennt eine Flut grammatischer Formen, die alle ein Ziel haben: Der Leser oder Hörer wird aufgefordert, etwas zu tun oder zu unterlassen – im weitesten Sinne.

9 Helbig, Buscha, *Deutsche Grammatik*, S. 165 ff.
10 Vgl. Kolb, *Das verkleidete Passiv*.

Technische Dokumentation

Technischer Bericht

5 und die folgenden Formen: in Techniktexten tabu

1. *Aufpassen! Knopf drücken!* – Einfache Infinitive
2. *Drücken Sie den Knopf!* – Höflichkeitsimperativ
3. *Die Walzen müssen gereinigt werden.* – Modalverb mit Passivkonstruktion
4. *Die Lager sind zu reinigen* – *haben* oder *sein* mit *zu* und Infinitiv
5. *Erinnern wir uns!* – 1. Person Plural
6. *Stillgestanden!* – Partizip$_2$
7. *Man nehme 3 Esslöffel ...* – Konjunktiv
8. *Sie kommen jetzt mit!* – Präsens
9. *Du wirst jetzt Ruhe geben!* – Futur
10. *Wirst Du wohl Ruhe geben!* – Frageform
11. *Schneller!* Steigerung / *Tür zu!* – Ohne Verb
12. ...

Von den vielen Varianten bevorzugen Anleitungen den einfachen Infinitiv (1) oder den Höflichkeitsimperativ (2), der in einigen Grammatiken auch Distanzform des Imperativs genannt wird.[11]

Einfache Infinitive eignen sich für Texte, die in einem professionellen Umfeld gelesen werden: Werkstatt-Anleitungen, Montage-Anleitungen ... : Dokumenttyp 4.[12]
Knopf drücken.
Die Distanzform ist angemessen für Anwender von Konsumgütern, in der Nachkaufwerbung und in didaktischen Texten: Dokumenttypen 1 und 2.
Drücken Sie den Knopf.
Im Dokumenttyp 3 und in anderen Techniktexten sind beide Formen möglich.

Den Fahrer oder Besitzer eines Luxusfahrzeuges spricht man also an mit:

25 Öffnen Sie das Fach.

Weitere Höflichkeitsvarianten („Öffnen Sie bitte ...") sind in technischen Texten fast immer überflüssig. Dem Servicetechniker reicht ein sachliches:

26 Fach öffnen.

Der Leitfaden einer Technischen Redaktion muss festlegen, welche grammatischen Formen der Aufforderung zu welchem Zweck in welchem Dokumenttyp zu verwenden sind.

Die Formen 3 und 4 sind neben 1 und 2 in technischen Berichten zulässig, nicht jedoch in der Technischen Dokumentation.

11 Distanz im Unterschied zur vertraulicheren Form: *Geh!, Lies!, Geht!, Lest!* Weinrich, *Textgrammatik*, S. 268 und Kunkel-Razum, Wermke, *Die Grammatik*, S. 549.

12 Zu den Dokumenttypen siehe Seite 136.

5.6 Das Verb – Konjunktiv

Modus: Indikativ oder Konjunktiv

Indikativ: *er fährt*
Konjunktiv 1: *er fahre*
Konjunktiv 2: *er führe*
Ersatzform für Konjunktiv 2: *er würde fahren*

Der Konjunktiv genösse kaum Aufmerksamkeit, schüfe er nicht so viele Probleme, ihn korrekt zu nutzen. Vermutlich verstürbe er unbemerkt.[13] So aber ist alles etwas anders.

> Die Möglichkeitsform der Tätigkeitswörter, genannt Konjunktiv, stirbt in der Umgangssprache langsam aus und wird auch in der Schriftsprache immer seltener. [...] Man muss dies als Tatsache anerkennen, ob man es nun bedauert oder nicht. Unsere Sprache wird dabei ärmer an Ausdrucksformen.[14]

Die älteren Leser werden sich erinnern: Korrekter Gebrauch des Konjunktivs, ergänzt durch Einhalten der Regel, niemals einen Wenn-Satz mit *würde* zu beenden, zeichneten früher stilistisch gutes Deutsch aus.

Das Deutsche ist jedoch in einer Übergangsphase, der alte Konjunktive zum Opfer fallen. Nur wenige Formen des Konjunktiv 1 gebraucht man häufig, beispielsweise in der Sprache der Zeitungen für indirekte Rede: *Der Minister sagt, es sei* ... Die Grammatik des Instituts für deutsche Sprache stellt fest, dass vor allem Massenmedien und Nachrichtentexte noch die indirekte Rede mit Konjunktiv pflegen. Texte der Gebrauchsliteratur nutzen hingegen auch an dieser Stelle den Indikativ.[15]

Auch der Konjunktiv 2 wird selten gebraucht, beide – 1 und 2 – haben aber derzeit durchaus noch ihren Platz in der deutschen Sprache.

> [Der Konjunktiv] erlaubt stilistische Differenzierungen, Nuancierungen von Aussagen, die auf die gleiche knappe Weise mit Hilfe anderer Mittel kaum durchgeführt werden könnten.[16]

Allerdings schrumpft die Bedeutung dieser grammatischen Kategorie. „Warten wir den weiteren Sprachwandel ab", empfiehlt Sanders in seiner Stillehre.[17]

Für Texte in der Technik kann man diesen Sprachwandel schon heute vorwegnehmen und den Sprachgebrauch so vereinfachen, dass niemand in der Grammatik nachschlagen muss, was gemeint sein könnte.

Dokumenttyp 4: Nur Indikativ nutzen, verzichten Sie auf Konjunktive. Dokumenttyp 1 bis 3,[18] technische Berichte und ähnliche Texte: Benutzen Sie Konjunktive sparsam, verwenden Sie die Formen mit *würde*. *Würde* ist der Konjunktiv 2 des Hilfsverbs *werden*. Wenn die indirekte Rede unvermeidlich ist, muss sie im Konjunktiv 1 stehen. Beispiel: Protokoll – *x versichert, es sei* ...

---

13 *Genösse*, *schüfe* und *verstürbe* sind Konjunktive 2, die heute außer Gebrauch geraten.
14 Lanze, *Das technische Manuskript*, S. 95.
15 Zifonun, Hoffmann, Strecker, *Grammatik der deutschen Sprache*, S. 1783-1785.
16 Jäger, *Der Konjunktiv*, S. 269 f.
17 Sanders, *Gutes Deutsch*, S. 81.
18 Siehe Seite 136.

5.7 Das Verb – Modalverben

„Mögen hätt´ ich schon wollen, aber dürfen hab ich mich nicht getraut." Karl Valentin fasst die ganze Not des Könnens, Wollens oder Dürfens in einem einzigen Satz zusammen. In technischen Texten liest sich dieses Problem so:

27 Grobdimensionierungen und Erfahrungen führen zu der Annahme, dass das Heizen mit Gasflamme möglich sein sollte.

Diese Aussage in einem Projektbericht vermittelt dem Leser, dass der Autor selber (noch) zweifelt.

28 Die Messdaten sollten auf Datenträgern gespeichert werden können"

Als Leser spürt man förmlich den Unwillen des Autors gegenüber diesem Auftrag des Auftraggebers.

Um Eventualitäten und Aufträge, Möglichkeiten und Notwendigkeiten zu formulieren, gibt es Modalverben: Soll, kann, darf oder muss etwas sein? Das Modalverb sagt, in welcher Weise eine Aussage gilt und wie real sie ist:

29 Das Konstruktionsteam plant ein Projekt. Es soll nächste Woche den Projektantrag abgeben.

Modalverben :
können
müssen
sollen
dürfen
mögen
wollen

Auch *brauchen* ist manchmal ein Modalverb.

> Modalverben sind oft nicht eindeutig, einige haben mehrere Bedeutungsvarianten, die der Autor kennen muss.[19]

Können

Bedeutungsvariante	Beispielsatz
Möglichkeit	Wir können heute messen. Alles ist vorbereitet.
Fähigkeit	Wir können das Problem lösen.
Erlaubnis	Sobald die Mittel bewilligt sind, können wir mit dem Projekt starten.
Ungewissheit (vielleicht)	Die Messergebnisse können unsere Schlussfolgerungen ausreichend stützen.

Dürfen

Bedeutungsvariante	Beispielsatz
Wahrscheinlichkeit	So dürfte es funktionieren.
Erlaubnis	Sie dürfen das Programm beschaffen.

19 Wir folgen den Varianten in Helbig, Buscha, *Deutsche Grammatik*, S. 117-122.

Müssen

Bedeutungsvariante	Beispielsatz
Notwendigkeit Die Notwendigkeit kann im Subjekt/System liegen oder äußere Gründe verschiedener Art haben.	Der Computer muss lokal gestartet werden. Ich muss heute noch den Praktikumsversuch aufbauen.
Gewissheit, Überzeugung	Das Projekt muss bewilligt worden sein.

Sollen

Bedeutungsvariante	Beispielsatz
Auftrag	Ich soll den Bericht bis morgen fertig stellen. Es besteht eine Nähe zu *müssen*: Ich habe den Auftrag, den Bericht bis morgen fertig zu stellen. – Die Handlung wird von einem fremden Willen verursacht.
Zukunft	Jahrelang unternahm die Firma nichts für die Sicherheit. Das sollte sich später rächen.
Eventualität	Auch wenn er nicht kommen sollte, werden wir seinen Entwurf besprechen.
Gerücht	Er soll das ja versäumt haben.

Neben diesen häufigen Bedeutungsvarianten sind zahlreiche andere gebräuchlich, die aber in Techniktexten selten benutzt werden, vor allem mit den Modalverben *mögen, wollen* und *brauchen.*

Werden Modalverben unüberlegt eingesetzt, stiften sie Verwirrung.

30 Die Scheibendrehzahl kann auch mit optischen Methoden ausgewertet werden.

Hat der Autor bei dieser Aussage die Möglichkeit oder die Vermutung im Sinn?

Vorsicht bei der Verwendung von Modalverben in anleitenden Texten:

31 Bei der nachfolgenden Meldung: Optionen für DXF-Import, können nebenstehende Angaben mit ‚OK' bestätigt werden."

In dieser Aussage bleibt unklar, ob bestätigt werden darf oder muss, welche anderen Möglichkeiten es gibt oder was passiert, wenn nicht bestätigt wird. Hingegen ist eine Aussage mit *müssen* eindeutig:

32 Um die Maschine immer voll funktionsfähig zu halten, muss sie nach 10000 Betriebsstunden oder halbjährlich gewartet werden."

Vermeiden Sie in anleitenden Texten das Modalverb *sollen*. Entweder muss etwas getan werden oder nicht.

Sollen: Nie in Technischer Dokumentation

Besonders in Bedienungsanleitungen, aber auch in anderen Techniktexten, können Modalverben juristische Konsequenzen haben, zum Beispiel beim Formulieren von Anforderungen. Handelt es sich um Forderungen, die erfüllt sein müssen (Muss-Kriterien, Satz 33) oder um Wünsche, die erfüllt werden sollen (Optimierungs-Kriterien, Satz 34).

Modalverben juristisch betrachtet

33 Die Stromversorgungseinheit muss von -40 Grad-Celsius bis +80 Grad-Celsius temperaturbeständig sein.

34 Die Stromversorgungseinheit soll möglichst leicht austauschbar sein.

MUSS oder SOLL

Im Gespräch verwenden wir Modalverben oft ohne länger darüber nachzudenken. Gehen Sie im technischen Text vorsichtig mit diesen Verben um. Prüfen Sie, ob die von Ihnen beabsichtigte Aussage missverstanden werden könnte. Wenn ja, formulieren Sie den Satz um.

Eine Technische Redaktion muss den Gebrauch der Modalverben regeln: Welches Verb darf für ausschließlich welchen Zweck genutzt werden? Die Kombination eines Modalverbs mit einem Verb im Passiv – Satz 35 – gilt vielen als Instruktionsfehler. Im anleitenden Text ist sie durch den einfachen Infinitiv oder Höflichkeitsimperativ[20] zu ersetzen: 36.

Technische Dokumentation

35 Die Tür muss geschlossen werden.

36 Schließen Sie die Tür.

5.8 Das Verb – Aktionsart

Wer eine slawische Sprache als Muttersprache gelernt hat, wird sich über das Deutsche wundern: Bei uns findet er keine Aspekte als Verbform. Darunter versteht man eine grammatische Kategorie des Verbs, die einige Sprachen verwenden, das Deutsche jedoch nicht. Das heißt keineswegs, dass wir nicht etwas Ähnliches hätten, es sieht bei uns nur anders aus.

Aspekt: Eine Konjugationsform

> Das russische Verbalsystem wird vom *Aspekt* beherrscht. Aspekt ist die Art und Weise, in der man eine durch das Verbum ausgedrückte Handlung betrachtet. Diese kann als eine in Gang befindliche und unbegrenzte Handlung oder als begrenzte, abgeschlossene Handlung angesehen werden.[21]

20 Siehe Seite 71.

21 Unbegaun, *Russische Grammatik*, S. 211.

Sagt ein Russe, er habe gestern ... geschrieben, hängt die Flexionsform des Verbs *schreiben* von den drei Punkten ab. War es ein Dokument, das jetzt fertig ist, wählt er den vollendeten Aspekt, sonst den unvollendeten. Aspekt ist eine Konjugationsform.

Im Deutschen fehlen Aspekte, wir können dennoch dieselben Sachverhalte aussprechen, müssen nur etwas anders vorgehen. Bei uns drückt sich die Sichtweise, ob etwas beendet ist oder andauert, nicht in der Konjugation des Verbs aus. Wir verwenden unterschiedliche Verben oder fügen Wörter hinzu. Wenn eine Blume zu blühen beginnt, dann *erblüht* sie. Steht sie in voller Pracht, *blüht* sie und anschließend *verblüht* sie. Das Wort *blühen* erhält durch die unterschiedlichen Präfixe *er-* und *ver-* eine etwas andere Bedeutung, es wird in einen zeitlichen Rahmen gesetzt. Die Veränderungen des Wortes *blühen* betrachten Grammatiken unter dem Stichwort Aktionsart. Betrachten wir ein Beispiel:

Aktionsart

37 Gerät einschalten. Die Kontrollampe leuchtet.

38 Gerät ausschalten. Die Kontrollampe erlischt.

Durativ oder imperfektiv

Die Wahl des Verbs *leuchten* in Satz 37 ist angemessen, weil die Kontrollampe zwar zu leuchten beginnt, dann aber weiterleuchtet, bis eine Zustandsänderung verursacht wird. *Leuchten* ist ähnlich den Verben *arbeiten, lesen, blühen, ...* eine Aktion, die eine Zeitlang anhält. Man wählt ein solches Verb, um einen Zustand der Dauer auszudrücken. Diese Aktionsart nennt man *durativ* (andauernd) oder *imperfektiv* (nicht endend).

Perfektiv

Erlöschen in Satz 38 ist hingegen von anderer Art. Nichts kann über einen andauernden Zeitraum erlöschen, das Verb zeigt ein Ende an, man nennt eine solche Aktionsart *perfektiv* (endend).

> Will der Autor vollständig und konkret einen Sachverhalt darstellen, lohnt es sich zu überprüfen, ob er das passende Verb und die passende Aktionsart gewählt hat. Soll lediglich allgemein der Verlauf dargestellt werden oder geht es um die zeitliche Eingrenzung des Geschehens und die Übergänge zwischen verschiedenen Phasen?

Die Aktionsarten werden von Grammatiken[22] unterschiedlich behandelt. An dieser Stelle reicht eine vereinfachte Sicht auf die perfektiven Verben.

Ingressiv, inchoativ

- Der Beginn eines Geschehens: *anfangen, beginnen, starten, entflammen* ... Diese Aktionsart ist ingressiv oder inchoativ.

Egressiv

- Die Endphase betonend: *platzen, verklingen, zerschneiden, zerreißen, verblühen, aufhören* ... Diese Aktionsart ist egressiv.

Mutativ

- Den Übergang von einem Zustand in den anderen betonend: *reifen, rosten, ...* Diese Verben nennen Grammatiker mutativ.

Kausativ

- Einen neuen Zustand veranlassend oder bewirkend: *beugen, öffnen, senken, sprengen* ... Diese Aktionsart ist kausativ.

22 Wir folgen der Darstellung von Helbig, Buscha, *Deutsche Grammatik*, S. 62-68.

Die Aktionsarten drücken sich aus

- in einfachen Verben, *arbeiten* (durativ),
- durch eine Veränderung des Wortes, durch Affixe, Veränderungen am Wort: eine vorangestellte, eingefügte oder angehängte Silbe *verblühen* (*ver-*, egressiv),
- durch zusätzliche Wörter, *fortfahren* in *fortfahren zu speichern* oder
- in Funktionsverbgefügen.[23]

Standards für Verben

In der Technischen Dokumentation besteht ein beachtliches Potential für die Standardisierung des Verbgebrauchs in den Aktionsarten. Sätze 39 und 40 zeigen die mögliche Konkretisierung.

39 Das Programm findet den Datensatz [...]

40 Einige Nutzer finden die Farbeinstellung gelungen.[24]

Das Verb *finden* hat zumindest vier unterschiedliche Bedeutungen:

perfektiv

1-2: Auf etwas stoßen oder erhalten / bekommen

durativ

3-4: Meinen / feststellen oder Ansehen als / bewerten[25]

1 und 2 sind eher perfektiv, 3 und 4 hingegen durativ. Eine Entscheidung zwischen diesen beiden Aktionsarten hilft, Texte konsistenter zu gestalten: *finden* ist ausschließlich perfektiv (oder durativ – niemals aber als beides) zu gebrauchen.

Verlaufsform oder Progressiv-Form

Sie sind gerade am lesen. Oder sind Sie am Lesen? Die gängigen Rechtschreibempfehlungen raten von der Kleinschreibung ab: Das Verb *lesen* ist ein Substantiv geworden und verlangt deswegen die Großschreibung.

Entwicklung einer Flexionsform

Nicht alle Grammatiker schließen sich dem an.[26] Sie vermuten, dass sich im Deutschen die Verwendung einer Form herausbildet, die dem Aspekt sehr ähnlich ist. Sehr vertreten ist diese Variante im Rheinland, weswegen sie gelegentlich auch Rheinische Verlaufsform genannt wird.

Eher Aspekt als Aktionsart

> Die Verlaufsform kann nicht als Aktionsart aufgefasst werden. Sie trägt zentrale Charakteristika der Kategorie Aspekt. Wenn sie sich weiter durchsetzt, wird das Deutsche – wie das Englische – zu einer Aspektsprache werden, auch wenn sicherlich nicht das gesamte Verbsystem erfasst werden wird.[27]

Manchmal akzeptiert

Auch in der Schriftsprache wird man diese Form zunehmend akzeptieren. Einige Leser werden sie aber als umgangssprachlich und stilistisch minderwertig einschätzen. Darf man sie dennoch benutzen? Ja und Nein; es hängt vom Verb ab. 41 geht nie.

41 Sie sind am Dürfen.

---

23 Siehe Seite 106.

24 Beispiele entsprechend Baudot, *Aspekt*, S. 31-32.

25 Helbig, Schenkel, *Wörterbuch zur Valenz und Distribution*, S. 302-303.

26 Vgl. Zifonun, Hoffmann, Strecker, *Grammatik der deutschen Sprache*, S. 1878.

27 Glück, Sauer, *Gegenwartsdeutsch*, S. 62.

5.9 Das Substantiv – Kasus

Kasus
Pl.: Kasus

Kasus des Deutschen:

Nominativ
der Tag/die Tage
Genitiv
des Tages/der Tage
Dativ
dem Tag(e)/den Tagen
Akkusativ
den Tag/die Tage

Das Deutsche hat vier Kasus.[28] Im Techniktext ist manchmal der Genitiv etwas problematisch. Doch zuvor ein Wort zum Artikel:

Unsere Sprache flektiert verhältnismäßig gering, an manchem Substantiv ist der Kasus nicht zu erkennen:

Nom.	die Nadel
Gen.	der Nadel
Dat.	der Nadel
Akk.	die Nadel

Nadel bleibt immer gleich; selbst mit Artikel kann man im Schriftbild nur zwei Formen des Singulars unterscheiden. Mit Artikel trennt man aber auf Anhieb die verhältnismäßig seltenen Kasus Genitiv und Dativ von den häufigen Nominativ und Akkusativ.

Artikel des Deutschen, Mask./Fem./Neut.–Pl.:

definit:
Nominativ
der/die/das – die
Genitiv
des/der/des – der
Dativ
dem/der/dem – den
Akkusativ
den/die/das – die

indefinit:
Nominativ
ein/eine/ein
Genitiv
eines/einer/eines
Dativ
einem/einer/einem
Akkusativ
einen/eine/ein

In der Technischen Dokumentation ist es sinnvoll, besonders für den Dokumenttyp 4,[29] festzulegen, dass Substantive nur mit Artikel benutzt werden dürfen. Schöne Texte entstehen so nicht, aber das ist von diesem Dokumenttyp auch nicht gefordert.

Der Genitiv

Verkettungen

Satz 42 zeigt eine mögliche Irritation: Genitive können beliebig aneinander gehängt werden, ohne dass der Satz falsch wird. Er ist nur schwer verständlich und wird Leser nicht begeistern.

42 Die Analyse der Fehler des DB-Moduls des neuen Releases.

Das Rezept ist einfach:

Vermeiden Sie Genitive, die sich aufeinander beziehen.

Subjekt oder Objekt?

43 Gedenken wir der Hungernden!

Satzglied: Genitivobjekt

Wessen sollen wir gedenken? Der Hungernden. Dieser Genitiv ist eindeutig ein Objekt, in der Grammatik: Genitivobjekt.

Diese Form empfindet mancher als etwas sonderbar, sie wird ausschließlich durch das Verb *gedenken* erzwungen: *Gedenken* verlangt den Genitiv. Andere Verwendungen des Genitivs sind wesentlich häufiger, auch in Techniktexten. Er hat dann die Aufgabe, ein Substantiv oder

28 Die Pluralform wird mit langem u gesprochen, weil dieses Wort aus dem Lateinischen stammt und sein Plural dort so gebildet wird.

29 Siehe Seite 138.

eine Nominalgruppe näher zu bestimmen. Man bezeichnet diese Verwendung als Genitivattribut oder Attribut:

Satzglied: Attribut

44 Die Hochspannungsteile der Schaltanlagen sind ...

45 Die Sicherheitstüren des Tunnels sind ...

46 Der gute Zustand des Schienensystems ...

Mit Hilfe des Genitivattributs wird eine Sache präzisiert, in technischen Texten eine gern genutzte sprachliche Möglichkeit.

Das geht gut, so lange klar ist, was Basis und was Satellit ist: Die Hochspannungsteile werden durch den Genitiv als Bestandteil der Schaltanlagen präzisiert, die Sicherheitstüren als Bestandteil des Tunnels, der gute Zustand als Bewertung des Schienensystems.

Leicht entstehen aber auch Sätze, aus denen nicht mehr verständlich wird, wer Handelnder ist und wer Objekt:

47 Die Überwachung der Leitzentrale ist gestoppt.

Handelnder: Genitivus subjectivus

Aus Satz 47 lassen sich zwei Sachverhalte ableiten:

48 Man überwacht die Leitzentrale nicht mehr.

Objekt: Genitivus objectivus

49 Die Leitzentrale überwacht irgendetwas nicht mehr.

Wahrscheinlich wird sich die Auflösung aus dem Zusammenhang ergeben, man wird erfahren, wer wen überwacht. Sätze dieses Typs lassen den Leser aber stolpern, erschweren das Verständnis.

Wenn sich ein Satz holperig liest, wenn Autoren unsicher sind, ob Genitive verstanden werden, ob Objectivus oder Subjectivus, dann empfiehlt sich der Verzicht auf diese Form. Ersetzen Sie den Genitiv durch eine Form mit Präposition – *von* ... – oder vermeiden Sie ihn durch einen Umbau des Satzes:

50 Die Leitzentrale hat die Überwachung eingestellt.

Wegen Glatteis?

Einige Präpositionen fordern den Genitiv, beispielsweise *trotz* oder *wegen. Trotz des Eises* oder *wegen des Eises* sind also korrekt. Dennoch entwickelt sich gelegentlich Sonderbares. 51 ist heute Standard. Niemand wird ein Schild mit der vermeintlich korrekten Form aufhängen, 52.

51 Gesperrt wegen Glatteis.

52 Gesperrt wegen Glatteises.

Satz 51 ist deswegen richtig, weil auf den Artikel verzichtet wird. Ohne Artikel oder Adjektiv verschwindet die Kasusmarkierung.

Ohne Artikel
Ohne Adjektiv

Sprachwandel und Regionalismen

Ein Beleg für Veränderungen und die gelegentliche grammatische Widerborstigkeit unserer Sprache ist die Präposition *trotz.* Sie verlangt heute den Genitiv. *Trotz des Wetters* ... ist korrekt. Schweizer und Österreicher sehen das anders, sie verwenden *trotz* gerne mit dem Dativ.

Diese regionale Vorliebe drückt sich auch in den Grammatiken aus. Während Helbig/Buscha feststellen, dass *trotz* mit dem Genitiv, aber oft auch mit dem Dativ verwandt wird, ist es für die Schweizer Grammatik Heuers eher umgekehrt:

> Genitiv oder Dativ. Der Dativ als der ursprüngliche Fall (vgl. jemand*em* trotzen) ist vorzuziehen: trotz all*em*, trotz dem schlechten Wetter.[30]

In Dialekten und in regionalem Sprachgebrauch weicht man mitunter weit von der Standardsprache ab.

> Ein Hauptereignis der deutschen Sprachgeschichte ist der Zusammenbruch des einst ausgeprägten Kasussystems [...]. In dieser Entwicklung ist der größte Teil der Mundarten sehr viel weiter gegangen als das Hochdeutsche.[31]

Dialektsprecher

> Autoren, die stark durch Mundart geprägt sind, prüfen die Kommunikationssituation: Erlaubt sie mundartliche Besonderheiten? Falls nein, lassen sie ihre Texte kritisch Korrektur lesen.

5.10 Das Substantiv – Komposita

Kompositum, Pl.: Komposita

1862 wurde in Deutschland die erste Mädchenhandelsschule gegründet. Das mag manchen irritieren, der das Deutsche als Fremdsprache erlernt. Besser wird es wahrscheinlich auch nicht, wenn er begriffen hat, dass Käsekuchen ein Kuchen mit Käse ist, dann entdeckt er Hundekuchen im Regal. Haben die Deutschen eventuell sonderbare Bräuche? Selbst Zusammensetzungen aus nur zwei Wörtern stiften manchmal schon Verwirrung.

Komponenten eines Kompositums

Wer Deutsch als Muttersprache gelernt hat, schafft diese Wortzusammensetzungen – Komposita – aus zwei oder drei Wörtern meistens mit Links. Irgendwie versteht man auch noch, was eine *Steuergeräteschwenkarmaufhängung* ist. Nur der von außen kommt und das englische Wort *mission* kennt, stolpert bei *Geräuschemission*. Hat Krach ein Sendungsbewusstsein? Natürlich nicht. Deutlich macht dies ein Bindestrich: *Geräusch-Emission*. Die überarbeiteten Regeln der Rechtschreibung lassen den Autor entscheiden, ob er den Bindestrich in diesem Fall setzt:

Bindestrich

> Der Bindestrich bietet dem Schreibenden die Möglichkeit, anstelle der sonst bei Zusammensetzungen und Ableitungen üblichen Zusammenschreibung die einzelnen Bestandteile als solche zu kennzeichnen, sie gegeneinander abzusetzen und sie dadurch für den Lesenden hervorzuheben.[32]

---

30 Heuer, *Richtiges Deutsch*, S. 152. Helbig, Buscha, *Deutsche Grammatik*, S. 382.
31 König, Paul, *dtv-Atlas deutsche Sprache*, S. 155.
32 Institut für Deutsche Sprache, *Regeln*, S. 43.

Was dem Nicht-Muttersprachler Schwierigkeiten bereitet, kann auch in der Übersetzung tückisch werden: die „Silbenschleppzüge“ oder „alphabetischen Prozessionen“.[33] Für den technischen Text gelten deswegen Einschränkungen:

Komposita in Übersetzungen

Nutzen Sie ein Kompositum aus mehr als drei Wörtern nur, wenn dieses Wort
- in einer Norm oder einem Gesetz definiert wird, Rindfleischetikettierungsüberwachungsaufgabenübertragungsgesetz oder
- ein unverzichtbares Fachwort ist oder
- durch eine betriebliche Terminologieregel vorgeschrieben ist.

Norm oder Gesetz

Fachwort

Betriebsregel

Bilden Sie niemals eigene Silbenschleppzüge für technische Texte. Wenn ein Kompositum schwer oder falsch zu verstehen sein könnte, setzen Sie einen Bindestrich: Geräusch-Emission, Not-Entriegelung.

Verwenden Sie den Bindestrich immer bei Zusammensetzungen aus mehreren Sprachen und solchen mit Eigennamen: Backup-Datei, Ishikawa-Diagramm.

Bindestrich hilft manchmal

Ob ein Unternehmen dem Kraftstofffilter den Vorzug vor dem Kraftstoff-Filter gibt, regelt man in einer Terminologiedatenbank[34] als Vorzugsbenennung. Beide Formen dürfen nicht gleichberechtigt nebeneinander stehen; so beugt man Missverständnissen vor, senkt Kosten für die Übersetzung und erleichtert die Arbeit an neuen Versionen eines Dokuments.

5.11 Das Adjektiv – Graduierung

Adjektive nennt man manchmal auch Eigenschaftswörter. Sie können ein Substantiv näher bestimmen – *das schwere Kabel* –, dann spricht man von einem attributiven Gebrauch. In dieser Verwendungsweise kann das Adjektiv gesteigert - *schwer, schwerere, schwerste* – und dekliniert werden – *das schwere Kabel, des schweren Kabels ...*

Komparation oder Steigerung der Adjektive

Positiv
hoch

Die Alternative dazu ist der prädikative Gebrauch, in dem das Adjektiv ein Verb näher bestimmt – *x wiegt schwer.* Prädikative Adjektive werden nicht dekliniert.

Komparativ
höher

Superlativ
höchst-

Zu Adjektiven gehören Ausnahmen, beispielsweise werden nicht alle gesteigert – *tot, schwanger* ... Andere kennen mehr als die drei Steigerungsstufen – *schlecht, schlechter, am schlechtesten, grottenschlecht.*

33 *Silbenschleppzug* bei Schneider, *Deutsch!* und *alphabetische Prozession* bei Twain, *die schreckliche deutsche Sprache*, S. 18.

34 Siehe Seite 169.

Der korrekte Gebrauch dieser Wortart ist deswegen ein eigenes Thema für Deutschlerner. Profis verwenden diese Wörter mit Vorsicht:

- Der Text kann durch Adjektive farblos werden, wenn man sie falsch gebraucht.
- Im technischen Text bereiten sie darüber hinaus eine besondere Schwierigkeit: Sie graduieren, tun es aber nicht richtig.

Farblos

Adjektive: Oft die langweiligste Methode

War das Essen gut oder duftete es nach asiatischen Gewürzen ...? Sie ahnen es: Man kann ein Gericht als Erlebnis beschreiben, den Duft, das Aussehen, die Erinnerungen, die es in einem weckt. Oder man verbirgt diese Erlebniswelt hinter den drei Buchstaben *gut*. Ein kümmerlicher Ersatz! Zugegeben, es kostet mehr Kraft, soll der Text Bilder im Hirn entstehen lassen und Speichelfluss hervorrufen. Selbst Profitexter schaffen das nicht immer. Wichtig ist aber, dass auch gelegentliche Schreiber Misstrauen gegenüber Adjektiven entwickeln.

> Adjektive sind Wörter mit ziemlich wenig guten Eigenschaften – die am meisten überschätzte Wortgattung und die am häufigsten missbrauchte dazu.[35]

Doch auch ein Wolf Schneider akzeptiert Adjektive, wenn sie unverzichtbar sind. Um das blaue Kabel vom roten zu unterscheiden, braucht man eben das Farbadjektiv *blau*. Man kann darauf nicht verzichten. Sonst purzeln Adjektive allein deswegen häufig in den Text, weil kaum ein Autor die Zeit hat, für jedes eine Alternativformulierung zu suchen.

Etwas genauer, bitte

Adjektive: Selten genau

Was heißt schnell? Das kommt darauf an, wird jeder sagen, wovon man spricht. Ja und nein. *Schnell, groß, schwer* und vergleichbare Wörter sind in technischen Texten oft – vielleicht sogar immer – die Voraussetzung für Missverständnisse, nachträgliche Korrekturen und unerfreuliche Auseinandersetzungen.

Der technische Text muss sich um Genauigkeit bemühen. Er will zum Beispiel sagen, dass ein Objekt x von der Beschaffenheit y unter den Bedingungen z in einer angegebenen Zeit t die Strecke von a nach b zurücklegt. Diese Zeit t ist kürzer als t_i bei einem anderen Objekt x_i mit der gleichen Bindung der Variablen x bis z und a, b. Eine Beschreibung solcher Art ist dem Text in der Technik angemessener als das Adjektiv *schnell*. Er lässt weniger Fragen entstehen.

> Überlegen Sie bei jedem Adjektiv, ob es nicht besser ist, die Eigenschaften konkret zu benennen. Vermeiden Sie graduierende Adjektive, verwenden Sie stattdessen die genauen Parameter.

35 Schneider, *Deutsch!*, S. 149.

5.12 Die Präposition

Hier finden sich die kleinsten Wörter unserer Sprache: *ab, in, um* ... Diese Wortart verlangt vor allem in der Technischen Redaktion gelegentlich Aussagen zur Verwendung. Eine Präposition kann

- in ihrem Umfeld mehrere Bedeutungen unterstützen und
- eine unpräzise Wortwahl verursachen.

Präposition: vorangestellt („prä-") *auf dem Tisch*

Postposition: nachgestellt („post-") *der Umstände halber*

Prä- oder Post- *wegen des Wetters* *des Wetters wegen*

Circumstellung *Um des Friedens willen*

Bedeutungen von Präpositionen

52 Der Rechner steht unter dem Tisch.

In Satz 52 setzt die Präposition *unter* den Rechner in ein Verhältnis zum Tisch, dies ist die wichtigste Aufgabe dieser Wörter: Sie setzen Objekte in Verhältnis zueinander. Im Beispiel zeigt *unter* auch gleich die ganze Kraft, die es zusammen mit dem Verb *stehen* ausübt. Der Tisch erscheint im Dativ, jedes andere Substantiv müsste ebenso verfahren. Präpositionen regieren den Kasus, in der Abbildung links den Akkusativ, rechts den Dativ:

Präpositionen regieren (meist) den Kasus

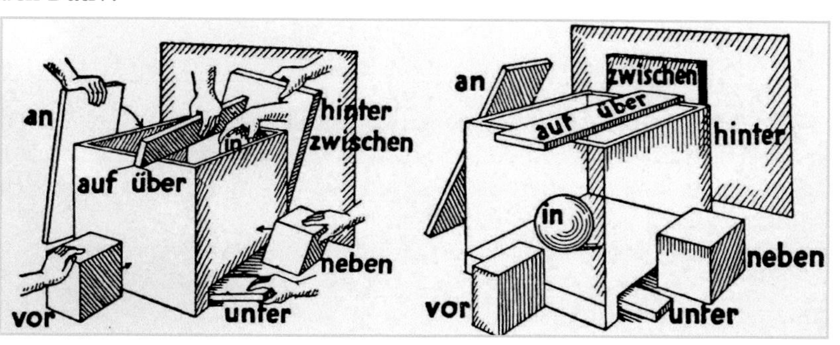

Bildliche Darstellung einiger Präpositionen[1]

Bedeutung und Kasus hängen zusammen:

53 Ich pfeife auf deinem Balkon.

54 Ich pfeife auf deinen Balkon.

Ein Lied

Interessiert mich nicht

Satz 54 wird den Balkonliebhaber vielleicht in Rage versetzen, der andere wird ihm womöglich schmeicheln. *Auf* gehört zu den Präpositionen, die viele unterschiedliche Bedeutungen unterstützen. Es ist eben ein Unterschied, ob jemand auf Ihre Mütze steht (a) oder ob er auf Ihrer Mütze steht (b):

a = Er mag die Mütze und hätte sie wohl gern selber (Ihre: Akkusativ),
b = Die Mütze liegt unter seinen Füßen (Ihrer: Dativ).

1 Der Sprach-Brockhaus, deutsches Bildwörterbuch für jedermann. Wiesbaden: Eberhard Brockhaus, 1949, „Verhältniswort".

Technische Redaktion

Sprachregelungen für den Gebrauch der Präposition in einer Technischen Redaktion sind schwer zu treffen, obgleich für Texte, die in viele Sprachen übersetzt werden müssen, durchaus Bedarf besteht. Es gibt verhältnismäßig viele dieser Wörter, außerdem sind sie überall anzutreffen.

> Präpositionen zählen zu den am häufigsten verwendeten Wörtern der deutschen Sprache. In fast jedem Satz ist eine Präposition.[2]

Schreibweise

Bei einigen Präpositionen ist die Schreibweise für die Technische Redaktion festzulegen: *auf Grund* oder *aufgrund, mit Hilfe* oder *mithilfe, zu Lasten* oder *zulasten.*

Nur eine Präposition pro Satz

Mehrere Präpositionen können auch in einem Satz stehen und dann die Verständlichkeit beeinträchtigen: ... *an der Kontrollleuchte auf der Steuerung im* ... Der Redaktionsleitfaden muss die Anzahl der Präpositionalgruppen pro Satz beschränken. Zwei sind meist genug.

Weitere Regelungen können den Wirkungsbereich von Präpositionen betreffen, beispielsweise *auf* nur als lokale Präposition zulassen. 55 und 57 wären dann nicht zulässig.

Temporal — 55 Auf Freitag freue ich mich.

Lokal — 56 Auf dem Tisch liegt ein Buch.

Kausal — 57 Auf Anregung der Mitglieder ...

Schließlich sind einige Präpositionen stilistisch bedenklich. Sie könnten in die Liste der verbotenen Wörter aufsteigen, wenn Mitarbeiter zur häufigen Verwendung dieser etwas bürokratisch oder antiquiert anmutenden Wörter neigen:
behufs, betreffs, mitsamt, mittels, per, seitens, unweit, wider, zwecks

Mangelnde Präzision

Technischer Bericht

Einige Präpositionen lassen die Genauigkeit missen, die in einem technischen Text verlangt ist: *neben, entlang, außerhalb* ... Jeder dieser deiktischen[3] Verwendungen könnte den Leser im Unklaren lassen, wo genau sich etwas befindet oder befinden soll. Präpositionen eignen sich für eher allgemeine Angaben über Zeit, Ort, Grund, Art und Weise. Manchmal bedarf es aber der Präzision, detaillierter Angaben und Maße.

Überprüfen Sie, ob der Leser ausreichend informiert wird. Reicht es, wenn ein Bauteil **neben** die Maschine gelegt wird, oder muss es an einer bestimmten Stelle in vorgegebener Weise abgelegt sein?

---

2 Grießhaber, *Präposition*, S. 636. Wieviele Präpositionen tatsächlich im Deutschen existieren, hängt von der Zählweise ab: Zwischen 64 und 261. Ebd., S.639. Die Annahme von etwa hundert Vertretern dieser Wortart im Deutschen scheint realistisch.

3 Siehe Seite 57.

5.13 Abstrakte Wörter oder konkrete?

In wissenschaftlichen und technischen Texten muss man abstrahieren. Man muss in Kategoriensystemen denken und argumentieren. *Kategoriensystem* ist so ein Wort. Es bedeutet, dass man Klassen und Hierarchien bildet und darin die Objekte einordnet, über die gesprochen wird. Schon ein einfaches Wort wie *Vogel* steht in diesem System. Es ist ein Ordnungsbegriff, der sehr abstrakt ist. Niemand hat jemals einen Vogel gesehen. Was man sieht, ist immer ein Sperling, eine Taube, ein Geier oder ein Pinguin, aber kein Vogel.

Vogel: Kategorie

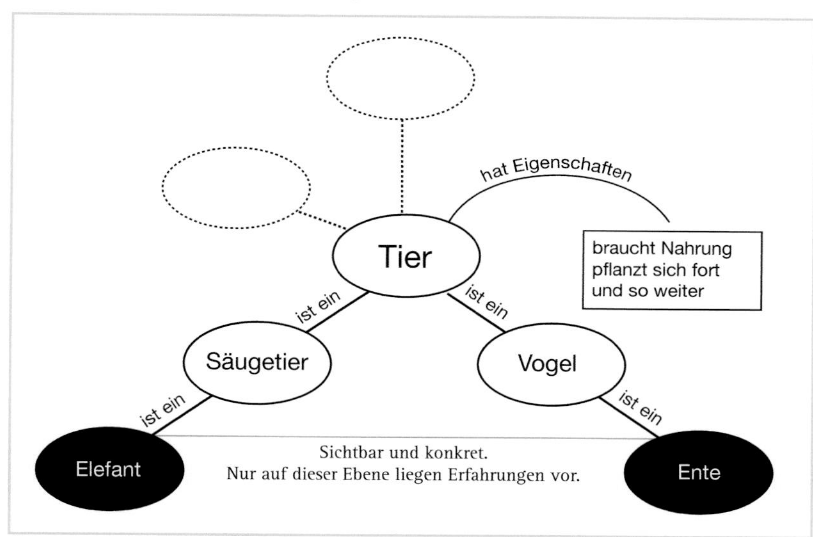

Ausschnitt eines semantischen Netzes

WENN Tiere Nahrung brauchen,

DANN brauchen auch Vögel Nahrung,

DANN brauchen auch Enten Nahrung.

Aus der kognitionswissenschaftlichen Forschung wissen wir, dass die allgemeinen Eigenschaften von Tieren – die Notwendigkeit von Nahrungsaufnahme, Fortpflanzung und dergleichen – nicht für jedes Tier gespeichert werden muss. Das Gehirn arbeitet ökonomisch, deswegen reicht es ihm, Eigenschaften dem übergeordneten Wissensknoten zuzuordnen. Nur in besonderen Fällen – beispielsweise häufigem Gebrauch – ist eine Eigenschaft doppelt eingetragen: „Mein Hund braucht Futter."

Beim Verstehen eines Satzes drängen sich jedoch die persönlichen Erlebnisse in den Vordergrund. Spatzen, Enten, Pinguine und Geier hat man gesehen. Dieses Sehen ist verknüpft mit Zoobesuchen, Filmen, Popcorn und Würstchen. Taucht das Wort *Pinguin* auf, aktiviert das Gehirn viele Pfade, die mit diesen Erfahrungen verbunden sind, das Gehirn erlebt ein kleines Wetterleuchten. Steht im Text jedoch das etwas abstraktere und damit langweilige *Vogel*, glimmen nur einige Lämpchen, alles dauert etwas länger; wir imaginieren außerdem einen prototypischen Vogel, in unseren Breitengraden so etwas wie einen Spatz. Jetzt hat der Pinguin keine Chance, denn ein typischer Vogel ist er für uns wahrlich nicht.

Abstraktionen oder Alltagserfahrungen

Prüfen Sie, ob die abstrakte Darstellung, das abstrakte Wort den Aufgaben des Textes angemessen ist und vom Leser erwartet wird. Wenn es angemessen und möglich ist, verwenden Sie konkrete Wörter. Je näher Wörter den Alltagserfahrungen der Leser sind, desto besser können diese den Text verstehen.

Werbetexter haben dieses Wissen zu ihrem täglich Brot gemacht. Ein Auto bewerben die besten von ihnen eben nicht mit Wörtern wie *schnell* oder *rasant*, sondern sie schreiben, dieses Auto sei „... wie ein Hai“. Sofort sieht man vor dem geistigen Auge das Fahrzeug sich zwischen den anderen flink, aggressiv und elegant hindurchwuseln, das Ziel immer im Auge.

Solche Texte schreiben Ingenieure und Techniker fast nie, auch Technischen Redakteuren vertraut man selten die Werbung an. Dennoch, auch der technische Text soll den Leser gewinnen. Sie können dazu beitragen, indem Sie konkrete Wörter verwenden, wenn es möglich ist.

5.14 Abkürzungen

Wer statt der Abkürzung *Castor* die Langform *cask for storage and transport of radioactive material* verwendet, macht sich vermutlich lächerlich. In mathematischen, technischen und wissenschaftlichen Texten ist die Kürzung mancher Form sogar die Voraussetzung für verständliche Texte.

Das trifft aber nicht immer zu. In vier Bereichen schaffen Abkürzungen Probleme:

Verständlichkeit der Abkürzung

1. Der Leser versteht sie nicht. Das führt zu Missverständnissen auch in Fällen, die ein Experte für völlig unproblematisch hält. Wenn eine Software nach der OOAD entwickelt wurde und auf einem EJB-Server läuft, ist das etwas für Fachleute und nichts für Kunden, sollten diese beides nicht kennen.

Überflüssige Abkürzungen

2. Gerade die Allerweltsabkürzungen – d. h., usw., u. dgl. – werden zwar verstanden, zeigen aber oft ein anderes Problem: Der Autor hat nicht genug nachgedacht. D. h. (das heißt) bedeutet oft „Ich habe eben etwas so unverständlich erklärt, dass ich es lieber noch einmal anders versuche“, usw. steht manchmal für „Es gibt noch mehr davon, ich kenne sie aber nicht alle oder übersehe vielleicht Wichtiges“.

3. Abkürzungen an falscher Stelle können hässlich bis albern sein, aneinandergereihte Großbuchstaben stören das Schriftbild und zuviel des Guten lässt den Text wie einen Hindernisparcours aussehen. Überall stehen Zäune und stachelige Sperren, die der Leser mühsam überwinden soll.
4. Der Leser kennt die Abkürzung – allerdings unter anderer Bedeutung. Ist ein CMS ein Content-Management-System, eine Art Redaktionssystem, oder ein Client-Management-System? Oder ein Chronisches Müdigkeitssyndrom? 34 Bedeutungen listet Wikipedia im August 2015; die Abkürzung ist also kein Beitrag zur Verständlichkeit.

Ästhetische Komponente

Unterschiedliche Bedeutungen

Abkürzungen verwendet man angemessen, wenn der Leser sie erwartet: Experten kommunizieren miteinander. In dieser Umgebung akzeptiert man auch die Entwicklung und den Gebrauch neuer Kurzwörter. Man verwendet sie auch, wenn sie zum allgemeinen Sprachgebrauch gehören: PKW, CDU, SPD.

Erwartet?

Sie gehören auch in den Text, wenn Normen oder Gesetze diese Wortwahl nahelegen: DIN und GPSG.

Normen, Gesetze

Stehen sie in einer Grauzone, in der sich womöglich einige Leser nicht gut auskennen, erklärt man sie: *GPSG ist das Geräte- und Produktsicherheitsgesetz, ein NiCd-Akku ist ein Nickel-Cadmium-Akkumulator.* Diese Erklärung steht in einem Glossar, einem Abkürzungsverzeichnis oder – in kurzen Texten – beim ersten Auftreten.

Erklären

Für alle anderen Abkürzungen gilt: Kakfif! Kommt auf keinen Fall in Frage.

Vermeiden

Schreiben Autoren in einem Team oder einer Redaktion, legt man die Nutzung und Schreibweise der Abkürzungen im Redaktionsleitfaden, der Terminologiedatenbank oder vergleichbaren Regelwerken fest. Dazu gehört auch die Frage, wie welche Leerzeichen zu verwenden sind. Zur Auswahl stehen das normale und das geschützte Leerzeichen sowie Teilgevierte. Damit Abkürzungen nicht sinnfremd umbrochen werden, verzichtet man besser auf das normale Leerzeichen. Wenn das Gestaltungsprogramm ein Achtelgeviert zur Verfügung stellt, ist dies oft die erste Wahl.

Festlegen

Müssen neue Abkürzungen gefunden werden, oder ist eine Entscheidung zwischen konkurrierenden Formen zu treffen, dient als Grundlage die DIN 2340 – Kurzformen für Benennungen und Namen. Diese Norm erklärt die Bildungsregeln und Grundlagen der Anwendung, den Plural zum Beispiel.

Neue Abkürzungen

5.15 Fremdwörter

Über Fremdwörter, besonders Anglizismen, ist eigentlich alles gesagt. Nur noch nicht von jedem. Wahrscheinlich ist auch dieses ein der Frage angepasstes Wortspiel von Karl Valentin.

Unverständlich
- Fremdwörter nerven, weil man sie nicht richtig versteht.

Angeberei
- Manche verwenden sie, um mit ihrer Belesenheit zu protzen, sich abzugrenzen.

Verunsichernd
- Fremdwörter wecken Misstrauen: Warum redet der nicht in meiner Sprache?

Sprachprobleme
- Fremdwörter verschleiern manchmal, dass der Sprechende Schwierigkeiten mit dem Deutschen hat.

Anglizismen: Englisch
Gallizismen: Französisch
Latinismen: Latein
Graecismen: Griechisch

Weil heute zu wenige Latein oder Griechisch lernen, Finnisch und Chinesisch zu schwer sind, überdies die beliebteste Musik, die am meisten besuchten Filme, die unverzichtbaren Fernsehserien und vor allem die Computer wie auch das Internet aus den USA zu stammen scheinen, haben wir uns für das Englische entschieden. Selbst chinesische Firmen produzieren Ware in Englisch.

Doch fremde Wörter bleiben nicht immer fremd. Irgendwann verleibt sie sich das Deutsche ein, sie werden ein Teil von ihm. Das ist ein langer Prozess, aber er wirkt überall in jeder Sprache. So wurde aus dem lateinischen Wort für die Wurzel – *radix* – das deutsche *Radieschen*, dem man heute seine vornehme Herkunft nicht mehr ansieht.

Der Prozess ist normal und wäre nicht beunruhigend, bliebe alles in einem vernünftigen Rahmen, was viele derzeit in Zweifel ziehen. Da Kunden für einen Text bezahlen und unter ihnen einige jedes überflüssige Fremdwort abscheulich finden, ist die erste Konsequenz:

> Kein Fremdwort verwenden, wenn es nicht nötig ist!

Fachwort
Fachsprache

Viele Bereiche der Technik und der Wissenschaft kommen ohne Fremdwörter nicht aus. Würde dieses Buch auf sie verzichten, müsste vieles sehr umständlich erklärt werden, was mit Fachausdrücken nicht nötig ist. So verwenden wir Wörter wie *Präposition* und *Artikel* und geben dazu einige – aber nicht alle möglichen – Erklärungen, manches steht im Glossar.

Da diese Fremdwörter in unserer Kultur fest verankert sind, in vielen Schulen gelehrt werden und als Fachwörter gleichzeitig im Fachwortschatz der Germanisten und Linguisten verzeichnet sind, ist dieses Vorgehen gerechtfertigt. Jeder interessierte Leser kann sich im Internet und in Fachbüchern weiter informieren. Letztlich geht es auch nicht um die Herkunft des Wortes, gerechtfertigte Fremdwörter sind immer gleichzeitig Fachwörter. Die zweite Konsequenz:

Ein Fremdwort und / oder Fachwort muss man erklären, wenn
- legitime Leser dieses Wort nicht kennen,
- der Gebrauch im wissenschaftlichen Diskurs unsicher ist oder
- das Wort eine firmenspezifische Bedeutung hat.

Legitimer Leser

Der legitime Leser ist ein wichtiges Konzept. Schreibt man einen Text für Elektroingenieure, braucht man viele darin auftauchende Fachwörter nicht zu erklären. Der Leser hat dieses Fach studiert und kennt sie, er ist der legitime Leser. Wenn dieser Text jedoch einem Germanisten, Theologen oder Friseur in die Hände fällt, wird dieser vielleicht nichts verstehen. Das ist kein Problem, denn an diesem – nicht legitimen – Leser will niemand die Qualität des Textes messen.

Gesetze, Richtlinien, Normen

Fremdwörter und Fachwörter lassen sich auch nicht vermeiden, wenn sie durch Gesetze, Richtlinien oder Normen vorgegeben sind.

5.16 Füll- und Blähwörter

BEKANNTLICH werden Füllwörter in technischen Texten IRGENDWIE kritisiert: Technische Texte bringen prägnant und eindeutig ihre Informationen an den Leser. Daher ist EIGENTLICH kein Platz für Füllwörter.

Füllwörter haben „eigentlich" keinen Platz in technischen Texten und dass Füllwörter darin „irgendwie" kritisiert werden, ist „bekanntlich" so. Wem bekannt? Mit Füllwörtern bringt der Autor sich selbst ins Spiel. Er hinterlässt eine Denkspur im Text.

Füllwörter identifizieren

Wie wichtig ist die Spur des Autors für den Informationsgehalt? Eine Weglassprobe hilft beim Einschätzen:

58 Füllwörter in technischen Texten werden kritisiert: Technische Texte bringen prägnant und eindeutig ihre Information an den Leser. Daher ist kein Platz für Füllwörter.

Die Bedeutung der Aussage wird in 58 nicht entscheidend verändert. Drei Füllwörter haben die Sätze aufgebläht. Das Verb „aufblähen" macht augenfällig, warum statt *Füllwort* auch oft der Ausdruck *Blähwort* benutzt wird.

Weglassprobe

Mit der Weglassprobe lässt sich herausfinden, welche Wörter entbehrlich sind.

Ursprung der Füllwörter

Dass Füll- oder Blähwörter so beharrlich kritisiert werden (müssen), ist ein starkes Indiz für ihre manchmal nervtötende Präsenz in vielen Texten. Dafür sorgen zwei Gründe:
- die interne Formulierungshilfe oder
- der Ohrwurm.

Die interne Formulierungshilfe

Dialog des Autors mit sich und/oder dem Leser

Wenn der Autor einen Text – oder besser: einen Textentwurf schreibt, muss er seine Gedanken in eine lineare Folge bringen. In diesem Schreibprozess „spricht" er mit seinem Leser und mit sich selbst: Wie sehe ich die Sache? Was vermute ich, meint mein Leser? Zum Beispiel oben:

„Eigentlich" haben Füllwörter keinen Platz im technischen Text .... Dem Autor geht durch den Kopf:

- ... und trotzdem kommen sie immer wieder vor.
- Gibt es vielleicht Beispiele, die den Sinn von Füllwörtern in Texten belegen?
- „Bekanntlich" werden Füllwörter kritisiert.
- Mir ist das bekannt – weiß der Leser das auch?

Das Gespräch ist ein innerer, unbewusster Dialog. Die nach außen tretenden Füllwörter sind Denkstützen. Füllwörter sind als Zeichen der „allmählichen Verfertigung der Gedanken beim Schreiben" zu verstehen. Sie füllen Denkzeit, spiegeln den Dialog zwischen Autor und Leser oder erinnern den Autor daran, noch einmal über die Prägnanz einer Aussage nachzudenken.

Text aufräumen

Textentwurf
Weglassprobe
Endfassung

Im Textentwurf haben die Füllwörter ihren Platz und sind unvermeidlich. Um eine prägnante Endfassung zu formulieren, ist eine Weglassprobe nötig. Sie macht aufmerksam, welche Wörter ohne Bedeutungsverlust gestrichen werden können. Sie zeigt aber auch, an welchen Textstellen die Gedanken noch präzisiert werden müssen.

Ohrwürmer

Ein Lied geht nicht aus dem Kopf

Am Bildschirm hängt ein kleiner Zettel: *Völlig, natürlich, sozusagen...* Bevor der Text ausgedruckt wird, lässt der Autor nach jedem dieser Wörter suchen und findet sie. Er kann sie fast immer ersatzlos streichen, sie sagen nichts, sie fehlen niemandem.

Es sind Blähwörter, die jedem im Kopf herumspuken. Sie haben keine Bedeutung und fläzen sich dennoch respektlos in Texte. Jeder Autor hat seine Liste an Übeltätern, einer verwendet in jedem dritten Satz *praktisch*, ein anderer hat es mit *völlig*. Gleich der Musik, die man besser gestern nicht gehört hätte, bleibt einem diese persönliche Sammlung an Blähwörtern einige Zeit treu. Dann kommen neue, weswegen der Zettel ab und zu aktualisiert werden muss. Autoren fällt das oft nicht auf, Leser merken es sofort, manche fühlen sich dadurch gestört.

Wir kennen niemanden, dem es nicht so geht. Das ist *sozusagen völlig natürlich.*

5.17 Verbotene Wörter

Politisch korrekt

Vor der Wiedervereinigung sprachen Medien und Politiker des östlichen Deutschland meist von der Deutschen Demokratischen Republik. Die im Westen nannten sie BRD. Das wurde umgekehrt gründlich heimgezahlt, im Westen sprach man von der Bundesrepublik Deutschland – manchmal auch nur Deutschland – und von der DDR. Sprachregelung auf höchster Ebene! Wer als Beamter gegen diese Regelung verstieß, konnte sich Ärger einhandeln.

Terminologiedatenbank

Jede Einrichtung, ob privat oder öffentlich-rechtlich, denkt über Wörter nach, mit denen sie in ihren Texten auftritt. Einige Wörter gehören als verbotene Wörter in die Gestaltungsrichtlinie oder den Redaktionsleitfaden.[4] Andere sind in der Terminologiedatenbank[5] geregelt.

Chef
Jurist
Werber

> Lassen Sie einige Texte von anderen lesen. Bitten Sie zu unterstreichen, was missfällt. Unter den Lesern sollte die Geschäftsleitung, ein Jurist und ein Werber sein.

Juristisch

Die Prüfung des Juristen wird womöglich ergeben, dass einige Wörter aus den Texten des Unternehmens verbannt werden. Kandidaten sind: *alt, bürgen, gefahrlos, gewähren, immun, neu, optimal, perfekt, problemlos, prozesssicher ...*

Stil

Stilistische Entscheidungen sind nicht nur Geschmackssache. Manches Unternehmen will nicht mit Wörtern aus dem vergangenen Jahrhundert oder der Behördensprache identifiziert werden. Deswegen oder nach Lektüre der Stilratgeber streicht man aus dem Sprachschatz: *betätigen, beziehungsweise, bitte, erfolgen, erledigen, erschlagen, geschehen, kaputt, man, mittels, vermögen, welche(r, s) ...*

Einige Wörter kann man nicht sinnvoll verbieten, man muss sie aber mit besonderer Vorsicht verwenden. Dazu gehören juristisch relevante: *garantieren, gewähren ...*

Logik

Andere Wörter kommen aus dem mathematisch/logischen Lexikon. Sie sind nur dann präzise, wenn sie auch in einem logisch korrekten Sinne gebraucht werden: *alle, immer, jeder, nie ...* Wenn der Autor *alle* verwendet, muss das heißen: Es gibt nicht einen einzigen Fall, in dem nicht ...

Wenn alle Schwäne weiß sind, darf es keinen anderer Farbe geben. Aus $\forall(x)$ (Schwan (x) $\rightarrow$ weiß(x)) folgt $\sim\exists(x)$ (Schwan(x) & ~weiß(x)), niemand ist Schwan und von anderer Farbe. Über die logische Konsequenz des „harmlosen" Wortes *alle* ist man sich in der Umgangssprache selten bewusst.

4 Siehe Seite 156.
5 Siehe Seite 169.

Zahlwörter

In Briefen, Pressemitteilungen, Artikeln und vielen anderen Texten gilt die Regel, dass Zahlen bis einschließlich zwölf immer ausgeschrieben werden: *eins, zwei* ... Erst ab zwölf ist die Zifferndarstellung gestattet: *13, 14* ...

Zahlen nicht ausschreiben

Quelle angeben

In technischen Texten ist das Zahlwort meist fehl am Platz. Ob *eins* oder *zwei, Hälfte* oder *Viertel*: Verwenden Sie die Zifferndarstellung. Zahlwörter, die umgangssprachlich gang und gäbe sind, verbieten sich in technischen oder wissenschaftlichen Texten.
Für Zahlenangaben, die im Sinne einer Statistik zu interpretieren sind, muss im wissenschaftlichen oder technischen Text zwingend die Quelle genannt werden.
Also nicht: *Etwa die Hälfte aller* ... Sondern: *47 % der ... (Pressemitteilung, Statistisches Bundesamt, Nr. xy, vom z)*

Lexikalisch doppeldeutig

Ein Fenster auf dem Bildschirm ist etwas anderes als ein Fenster in der Zeitplanung und überhaupt nicht gleich dem Fenster, das geputzt werden muss. Dreimal das gleiche Wort und drei Bedeutungen.
Fachausdrücke sind:

Benennung
Begriff

- Benennung für das Wort und
- Begriff für die Bedeutung.

Auf Dauer können unterschiedliche Bedeutungen – auch Schreibweisen – teuer werden. Auch Unternehmen und Organisationen, die nicht auf internationalen Märkten aktiv sind, sollten über Regeln für den Wortgebrauch nachdenken. Mehr dazu in „Texten für internationale Märkte“ auf Seite 169.

6 Wortgruppen und Sätze

Wer im technischen Umfeld schreibt, schätzt die Genauigkeit, ein besseres Wort ist *Präzision*. Das gehört zum Selbstverständnis technisch orientierter Menschen.

Zahlreiche Texte aus dem beruflichen Alltag zeigen jedoch das genaue Gegenteil.

Woran liegt das?

Ein Grund ist, dass die Sprache ein unvollkommenes Werkzeug ist. Sie ist voller dunkler Ecken und Fallen, in die man nur zu leicht hineintritt. Dazu kommt, dass mancher Autor die Arbeit am Text zu früh einstellt.

> Manche Ausdrucksschwächen sind wohl die Folge eines mehr oder weniger bewussten Nicht-Ernst-Nehmens nach dem Motto „Die wissen schon, was ich meine“.[1]

Wird gesagt, was gesagt werden muss?

Ob dieses Vertrauen gerechtfertigt ist? Versteht der Leser genau das, was gemeint ist? Das kann der Autor – anders als in der mündlichen Kommunikation – nicht überprüfen. Hingegen kann er prüfen:

> Sagt jeder Satz wirklich das, was er sagen soll?[2]

Sätze schaffen Ordnung. In ihnen werden Wörter nach Mustern und Regeln zu Wortgruppen zusammengefügt, Wörter und Wortgruppen in die angemessene Reihenfolge gebracht.

Satzglied ≠ Wortart

Satzglied: Funktion von Wörtern und Wortgruppen im Satz

Dieses Kapitel muss ein Thema der Grammatik aufgreifen, es behandelt die Rolle oder Funktion von Wörtern und ihre Gruppierung im Satz. Wenn Wörter zu Wortgruppen und Sätzen zusammengefügt werden, wird ihnen eine Funktion zugewiesen. Sie werden zu Bestandteilen von Satzgliedern oder zu selbständigen Satzgliedern.

So ist das Wort *Getriebe* ein Substantiv. Es kann in einem Satz verschiedene Funktionen übernehmen.

Subjekt

Objekt

1 Das Getriebe ist leistungsfähig.

2 Die Maschine enthält ein leistungsfähiges Getriebe.

In Satz 1 hat das Substantiv *Getriebe* die Funktion eines Subjekts, in Satz 2 die eines Objekts.

Prädikat

Attribut

Unterschiedliche Funktionen hat auch das Adjektiv *leistungsfähig*. In Satz 1 gehört es als Bestandteil des Verbs zum Prädikat. In Satz 2 beschreibt es das Substantiv *Getriebe* genauer; es ist ein Attribut.

Wortgruppen und Sätze machen aus Gedanken Aussagen. Die Aussagen müssen im technischen Text klar und unmissverständlich sein. Worauf man als Autor solcher Texte achten muss, um klare und unmissverständliche Aussagen zu formulieren, ist in diesem Kapitel beschrieben:

Sprechen und schreiben

Über ein Projekt zu sprechen, fällt leichter, als darüber zu schreiben. Wie lassen sich Vorteile des Sprechens in das Schreiben hinüberretten?

---

1 Ebel, Bliefert, Greulich, *Schreiben und Publizieren*, S. 525.

2 A. a. O., S. 37.

Übersicht im Satz
Fachsprache
Unmissverständlich formulieren

Um klar und unmissverständlich zu formulieren, muss der Autor Übersicht im Satz schaffen, die Klippen fachsprachlicher Formulierungsweise kennen und zu umschiffen wissen. Er muss auch wissen, welche Formulierungsweisen Missverständnisse auslösen können und welche Formulierungsalternativen es gibt.

Zeichensetzung

Satzzeichen tragen wesentlich zur Ordnung im Satz bei. Einige Besonderheiten der Zeichensetzung sind in technischen Texten zu beachten.

Die Empfehlungen, die für die Ordnung im Satz ausgesprochen werden, machen auf Probleme aufmerksam, bieten Erklärungen und Zusammenhänge an. Der Autor soll so besser entscheiden können, welche Formulierung für seinen Text angemessen ist.

6.1 Schreiben statt sprechen

Es ist eigentümlich: Eben noch erklärt man wortreich seinen Kollegen das neue Projekt und dann will man das soeben Gesagte aufschreiben und gerät ins Stocken. Was ist passiert?

Beim Schreiben fehlt das Gegenüber

Kaum ist das Gegenüber nicht mehr der Mensch, sondern die Tastatur, fehlt etwas: Man darf nicht mehr wortreich sein, Kontaktwörter (Füllwörter) haben im Text nichts zu suchen und alle Sätze wollen wirklich zu Ende gedacht und geschrieben sein. Das stille Einverständnis, das durch Blickkontakt oder Nicken hergestellt wird, fehlt. Auch der Zwischenruf und die Frage fehlen, wenn der Zuhörer feststellt, dass er eine Aussage nicht verstanden hat. Wolf Schneider rät:

Vorzüge des Mündlichen
Vorzüge des Schriftlichen

> Versuchen wir beherzt, die Vorzüge des Mündlichen in die Schrift zu übernehmen: das Frische, Spontane, Saftige, Ungekünstelte. Doch machen wir uns klar, dass auch die Schriftsprache Vorzüge hat: Der Schreiber ist weniger geschwätzig und verhaspelt sich seltener.[3]

Sich das Gegenüber vorstellen

Der Mensch ist ein erzählendes Wesen. Informationen so zu ordnen, wie es für einen technischen Text nötig ist, entspricht diesem Erzählbedürfnis gerade nicht. Zudem fehlt beim Schreiben das unmittelbare Gegenüber. Blicq und Moretto empfehlen daher, die Erzählsituation konsequent auch beim Schreiben wieder herzustellen, jeden Text einzuleiten mit den Worten „I want to tell you that, ...“ und diesen Einstieg später wieder zu löschen.[4]

Schreibkontakt herstellen

Schreiben als Dialogsituation zu verstehen und statt „Blickkontakt“ „Schreibkontakt“ herzustellen, das empfiehlt auch das Standardwerk von Ebel, Bliefert und Greulich. Da der Dialogpartner aber nicht tatsächlich anwesend ist, muss der Autor viel mehr ausdrücklich formulieren.[5]

3 Schneider, *Deutsch für Profis*, S. 116.
4 Blicq, Moretto, *Writing Reports to Get Results*, S. 8 f.
5 Ebel, Bliefert, Greulich, *Schreiben und Publizieren*, S. 37.

Die Vorzüge des Gesprochenen - die Spontaneität, den Gedankenfluss - für den Text zu nutzen, ist für das Entwurfs-Stadium gut. Reste der Mündlichkeit werden auch im Entwurf zu finden sein: Zeigwörter und Füllwörter. Der Autor muss daher beim Überarbeiten prüfen, welche Zeig- und Füllwörter zur schriftlichen Kommunikationssituation passen und welche er ersetzen oder streichen muss.[6]

Reste des Mündlichen streichen

6.2 Übersicht schaffen

Das Bild im Kopf ist da, der Autor muss es in eine lineare Folge von Sätzen übertragen. für Übersichtlichkeit sorgt dabei

- die richtige Platzierung des Verbs,
- die Konzentration auf eine wesentliche Aussage im Satz,
- eine angemessene Satzlänge,
- ein überschaubarer Satzbau und
- der richtige Umgang mit Aufzählungen im Satz.

Verbstellung – Distanz zwischen Teilen

Wo steht das Verb? Im Prinzip an der zweiten Stelle im Satz – und vor dem Objekt.

Stellung des Verbs im Satz

3 Der Bericht enthält alle wesentlichen Informationen.

Diese Regel trifft nur bei Hauptsätzen zu. In Nebensätzen rutscht das Verb ans Ende des Satzes und steht damit nach dem Objekt.

Zweite Stelle im Hauptsatz, Endposition im Nebensatz

4 Wir entscheiden jetzt über das Projekt, weil der Bericht alle wesentlichen Informationen enthält.

Auch in Hauptsätzen steht das Verb eben nur im Prinzip an der zweiten Stelle im Satz. Sobald nämlich das Verb aus zwei Teilen zusammengesetzt wird, steht nur der erste Teil an der zweiten Stelle:

Verben mit zwei Teilen ...

5 Der Bericht wird alle wesentlichen Informationen enthalten.

6 Der Bericht gibt alle wesentlichen Informationen wieder.

Fachleute bezeichnen diesen Sachverhalt als Satzklammer. Satz 5 und Satz 6 veranschaulichen zwei Arten der Satzklammer.

... führen zu Satzklammern

Zum einen entsteht sie, wenn die Aussage des Satzes eine zusammengesetzte Zeit erfordert wie in 5. Das Futur wird gebildet mit *werden* und dem Partizip: *wird ... enthalten.*

Zusammengesetzte Zeit

Zum anderen entsteht eine Satzklammer, wenn das Verb eine abtrennbare Vorsilbe hat. In Beispielsatz 6 ist das beim Verb *wiedergeben* der Fall: *wieder | geben*. Verben mit abtrennbaren Vorsilben sind im Deutschen relativ häufig. In diesen Konstruktionen klammern die beiden Teile des Verbs die weiteren Informationen des Satzes ein. Ein Leser muss

Abtrennbare Vorsilbe

6 Siehe „4.7 Zeigen“ auf Seite 57 und„Füll- und Blähwörter“ auf Seite 89.

Gefordert: Überschaubare Klammern

bis zum Ende der Klammer warten, bis er die vollständige Information hat. Das ist unproblematisch, solange der Inhalt in der Klammer überschaubar bleibt – wie in den beiden Beispielsätzen 5 und 6.

Zusammengesetzte Zeiten: Futur Perfekt Plusquamperfekt

Zusammengesetzte Zeitformen kommen in technischen Texten relativ häufig vor. Sie sind nämlich nicht nur mit den zusammengesetzten Zeiten verbunden. Sondern sie kommen auch vor, wenn im Passiv geschrieben wird und wenn Modalverben benutzt werden.

In technischen Texten ist häufig sehr viel Information zwischen den beiden Teilen des Verbs eingeklammert – und dann wird es für den Leser unübersichtlich.

7 Beim aufbereiteten Signal **sind** Ein- und Austritt bei hohen Drehzahlen (ab ca. 10'000 U/min bei Butterworth 2. Ordnung, ab ca. 2'000 U/min bei Butterworth 7. Ordnung) **abgeflacht** und **zeitverzögert** ...

Für Amerikaner und Engländer ein Albtraum

Mark Twain, der Autor von Tom Sawyer und Huckleberry Finn, hat sich über die Satzklammer amüsiert:

> Wenn ein deutscher Schriftsteller in einen Satz eintaucht, ist es das letzte, das du von ihm siehst, bis er auf der anderen Seite seines Atlantiks wieder auftaucht – mit dem Verb im Mund.[7]

Er griff sich einen Roman und entnahm ihm den Satz:

> Da die Koffer nun bereit waren, **reiste** er, nachdem er seine Mutter und Schwestern geküsst und noch einmal sein angebetetes Gretchen an den Busen gedrückt hatte, die, in schlichten weißen Musselin gekleidet, mit einer einzigen Teerose in den weiten Wellen ihres üppigen braunen Haares, kraftlos die Stufen herabgewankt war, noch bleich von der Angst und Aufregung des vergangenen Abends, aber voller Sehnsucht, ihren armen, schmerzenden Kopf noch einmal an die Brust dessen zu legen, den sie inniger liebte als ihr Leben, **ab**.[8]

Keine Fiktion, kein Spiel mit der Sprache, sondern Realität ist der folgende Satz aus einem technischen Fachaufsatz:

> Dadurch **wird** bei Bauteilen, wie z. B. Pleuel, Kurbelwellen oder Schraubenfedern, die während ihres Einsatzes sich wiederholenden Spitzenbeanspruchungen mit weitaus mehr als 106 Schwingspielen ausgesetzt werden und eine Gesamtlebensdauer von 109 bis 1010 Schwingspielen erfahren, aber die maximalen Beanspruchungen auslegungsbedingt nicht in den Bereich der Zeitfestigkeit gelangen dürfen, die Gefahr eines Versagens (...) nur durch entsprechende Sicherheitsfaktoren **vermieden**.

Diesen Satz liest ein Leser mehrfach, um die Information zu erfassen.

Ein Blick muss reichen

> Die Teile des Verbs müssen schnell und auf einen Blick zu erfassen sein.

---

7 Twain, *A Connecticut Yankee*, S. 204, Übersetzung A.B und A.V.

8 Twain, *Die schreckliche deutsche Sprache*, S. 11.

Wie groß darf die Distanz sein, was ist auf einen Blick zu erkennen? Einige Beispiele illustrieren, wie man die Empfehlung umsetzen kann.

Die Distanz zwischen Verbteilen lässt sich verringern, indem die Information auf zwei Sätze aufgeteilt wird:

Mehrere Sätze bilden

8 Beim aufbereiteten Signal sind Ein- und Austritt bei hohen Drehzahlen abgeflacht und zeitverzögert. Bei Butterworth 2. Ordnung sind damit Drehzahlen ab ca. 10'000 U/min gemeint, bei Butterworth 7. Ordnung Drehzahlen ab ca. 2'000 U/min.

Große Distanz zwischen den Teilen des Verbs ist ein sicherer Indikator dafür, dass zu viele Informationen in den Satz hineingenommen wurden.

Menge Informationen pro Satz

Die Distanz zwischen den Verbteilen lässt sich auch verringern, indem der zweite Teil des Verbs nach vorne gezogen wird. 10 ist besser als 9:

9 ..., **wurde** die Versuchsanordnung, die schon den Untersuchungen von N.N. zugrunde gelegen hatte, entsprechend **modifiziert**.

Distanz = 12

10 ..., **wurde** die Versuchsanordnung entsprechend **modifiziert**, die schon den Untersuchungen von N.N. zugrunde gelegen hatte.[9]

Distanz = 3

Im umformulierten Satz 10 hat sich auch die Position des Relativsatzes verändert. Er ist nicht länger von den beiden Teilen des Verbs eingeklammert, sondern rutscht automatisch ans Ende des Satzes. Spielen wir die Formulierungsvarianten an Satz 11 durch:

11 Dieses Gesamtkonzept **muss** den heutigen Anforderungen bezüglich eines natürlichen Bachverlaufs und der ökologischen Gestaltung des Gewässers und seiner Ufer **genügen**.

Distanz = 16

Sind 16 Wörter zwischen den beiden Bestandteilen des Verbs zu viele? Wie lässt sich der Satz umformulieren? Das Verb nach vorne zu ziehen, ist in diesem Satz grammatisch nicht möglich. Satz 12 ist nicht korrekt:

12 Dieses Gesamtkonzept **muss genügen** den heutigen Anforderungen bezüglich eines natürlichen Bachverlaufs und der ökologischen Gestaltung des Gewässers und seiner Ufer.

Grammatisch falsch

Denkbar ist, die Inhalte in der Satzklammer zu einem Nebensatz umzuformulieren:

13 Dieses Gesamtkonzept **muss** den Anforderungen **genügen**, die heute bezüglich eines natürlichen Bachverlaufs und der ökologischen Gestaltung eines Gewässers und seiner Ufer bestehen.

Distanz = 2
Stark optimiert

Neu formuliert ist die Satzklammer angemessen kurz – und der Relativsatz steht am Ende des Satzgefüges.

Und noch eine letzte Variante. Die Satzklammer bleibt bestehen, aber der Inhalt wird einfacher formuliert:

14 Dieses Gesamtkonzept **muss** heutigen Anforderungen an natürliche Bachverläufe und die ökologische Gestaltung eines Gewässers und seiner Ufer **genügen**.

Distanz = 14
Schwach optimiert

9 Ebel, Bliefert, Greulich, *Schreiben und Publizieren*, S. 535.

Die Formulierungsvarianten zeigen, dass ein Autor kreativ mit der Satzklammer umgehen muss. Grundsätzlich vermeidbar ist sie nicht und der Satz darf auch nicht zu holprig klingen, damit nur ja nicht zu viel Distanz zwischen den beiden Teilen des Verbs entsteht.

> Halten Sie Sätze für den Leser übersichtlich. Wenn das Verb sich nicht vorziehen lässt, formulieren Sie einen anderen Satz.

Eine Aussage pro Satz

Jede Aussage verdient einen eigenen Satz. Jedenfalls dann, wenn der Autor umstandslos vom Leser verstanden werden will.[10] Dem Buch Deiningers entnehmen wir das folgende Beispiel:

15 Die Grundidee des Verfahrens besteht darin, dass der Aufwand für ein Projekt von seinem Schwierigkeitsgrad und von seinem Umfang abhängt. Diese werden durch die Summe der sogenannten Function Points dargestellt, welche man gewinnt, wenn man das zu realisierende Projekt nach verschiedenen Kriterien auf bestimmte Merkmale hin untersucht. Letztere bezeichnet man weitgehend als Geschäftsvorfälle oder Funktionen, die in der Anwendung verarbeitet werden sollen (z. B. Neuanlegen eines Datensatzes).[11]

Mehrere Aussagen – mehrere Sätze

Der Leser wäre froh, wenn der Autor sich an die Empfehlung „Eine Aussage pro Satz" gehalten hätte. Dann läse sich der Text so:

16 Der Aufwand für ein Projekt steigt, wenn es größer und schwieriger wird. Darum werden Größe und Schwierigkeit der einzelnen Geschäftsvorfälle, der Funktionen (z. B. das Neuanlegen eines Datensatzes), nach verschiedenen Kriterien durch sogenannte Function Points bewertet. Schließlich werden die Function Points summiert.[12]

Klarheit durch richtige Reihenfolge

Die Informationen werden in die richtige zeitliche Reihenfolge gebracht. Damit fallen unnötig komplizierte Abhängigkeiten weg – und die wesentlichen Aussagen werden automatisch auf mehrere Sätze verteilt.

Man kommt nicht immer nur mit Hauptsätzen aus, auch das zeigt unser Beispiel. Manchmal benötigt man einen Nebensatz, der den Hauptsatz präzisiert.

17 Der Aufwand für ein Projekt steigt, **wenn es größer und schwieriger** wird. **Darum** werden **Größe und Schwierigkeit** ...

Dass-Sätze manchmal unnötig

Ebel, Bliefert und Greulich beschäftigen sich in ihrem Standardwerk ebenfalls mit der Praxis, die Hauptsache in einem Nebensatz zu verpacken. Im üblichen Sprachgebrauch ist das gang und gäbe,[13] im techni-

10 Für Handlungsanleitungen: Seite 39.

11 Deininger, *Studien-Arbeiten*, S. 54.

12 Umformulierung ebenfalls nach Deininger, *Studien-Arbeiten*, S. 54.

13 In der Linguistik ist die althergebrachte Unterscheidung zwischen Hauptsätzen und Nebensätzen äußerst umstritten. Der Grund ist, dass in „Nebensätzen" oft die Haupt-

schen Text verzichten Autoren jedoch besser auf dieses Vorgehen. Eine von den drei Autoren kritisierte Variante ist ein durch die Konjunktion *dass* eingeleiteter Nebensatz:

1. Es ist bekannt , dass ...
   Besser: Bekanntlich wird die Norm überarbeitet.
2. Es steht zu vermuten, dass ...
   Besser: Vermutlich wird sie Ende des Jahres erscheinen.
3. Daraus folgt, dass ...
   Besser: Folglich werden wir unsere Standards umstellen müssen
4. Es ist kaum anzunehmen, dass ...
   Besser: Die Übergangszeit wird kaum verlängert werden.
5. Hierbei ist jedoch zu berücksichtigen, dass ...
   Besser: Allerdings gibt es nicht alle Komponenten am Markt.
6. Es ist erforderlich, dass ...
   Besser: Wir müssen frühzeitig Entwicklungsaufträge vergeben.[14]

Bekanntlich

Vermutlich

Folglich

Kaum

Allerdings

Muss, müssen

An erster Stelle stehen jeweils die Hauptsätze, denen ein durch *dass* eingeleiteter Nebensatz folgt. In diesem Nebensatz steht aber die Hauptsache, im Beispiel 3, dass wir unsere Standards umstellen müssen. Besser ist es, den Satz umzuformulieren und die Hauptsache auch im Hauptsatz unterzubringen.

Dass-Satz als Kommentar der eigenen Arbeit

Die dass-Sätze offenbaren auch, wie stark ein Autor mit sich selbst beschäftigt ist: „Die Grundidee besteht darin, dass der Aufwand für ein Projekt..." Mit dieser Formulierung wendet der Autor sich (noch) nicht an den Leser. Er scheint vielmehr mit seinem eigenen Denkprozess beschäftigt und kommentiert ihn. Der Kommentar ist für den Leser in der Regel völlig unwichtig.

Auch die folgenden Formulierungen[15] sind Beispiele, wie ein Autor seine Arbeit und seinen Denkprozess kommentiert:

- Wir haben gezeigt, dass ...
- Es wurde bereits erwähnt, dass ...
- Es sei darauf hingewiesen, dass ...

Die wesentliche inhaltliche Information wird in den Nebensatz verschoben. Berechtigt ist das nur dann, wenn eine Projektmethodik oder ein wissenschaftliches Ergebnis auch unter den Gesichtspunkten des Arbeitsprozesses diskutiert werden soll.

---

sache steht und in einigen Fällen der Hauptsatz ohne den Nebensatz sinnlos wäre. Studentischen (und nicht nur diesen) Lesern empfehlen wir die ausgezeichnete Einführung: Habermann, Diewald, Thurmair, *Duden - Fit für das Bachelorstudium*, Kap. 4.

14 Die Liste haben Ebel, Bliefert, Greulich, *Schreiben und Publizieren*, S. 538 zusammengestellt. Die Beispielsätze sind durch die Autoren dieses Buches ergänzt.

15 A. a. O.

Satzlänge

Kurze Sätze

Wie lang darf ein Satz sein? Kurz – so lautet die Antwort auf diese Frage seit den Untersuchungen zu verständlichen Texten von Langer, Schulz von Thun und Tausch. Doch wie lang ist *kurz,* wenn es um technische Texte geht?

Darf der Satz fünf Wörter lang sein, oder doch zehn oder 15 oder gar mehr als 20?

Lesbarkeitsformeln helfen nicht in Deutsch

Wer Texte in englischer Sprache schreibt, kann Formeln nutzen, die etwas über die Lesbarkeit des Textes aussagen. Zum Beispiel den Flesch Reading Ease.[16] Formeln wie diese setzen Satzlänge und Wortlänge in Bezug zueinander und geben einen Wert aus. Eine Redaktion oder ein Auftraggeber kann verlangen, dass der Text einen bestimmten Wert erreicht. Als Beispiel nehmen wir den Text von Mark Twain auf Seite 96:

> Whenever the literary German dives into a sentence, that is the last you are going to see of him till he emerges on the other side of his Atlantic with his verb in his mouth.

Ein Programm wie Microsoft® Word 2008 für Mac berechnet zu diesem Text den Flesch Reading Ease: 55,20 und ergänzend den Flesch-Kincaid Grade Level: 12,00. An nur einem Satz kann man nicht viel ablesen, aber die Werte bedeuten etwa, dass der Text nicht sehr leicht zu lesen ist und man etwa 12 Jahre des amerikanischen Schulsystems absolviert haben muss, um ihn zu verstehen.

Im Deutschen ist es ein bisschen komplizierter. Die zulässige Satzlänge hängt von vielen Faktoren ab, von der Bildung des Lesers, der Lesesituation und anderen.

Durchschnittliche Satzlänge beachten

Entscheidend ist nicht die Länge eines Satzes, sondern die durchschnittliche Satzlänge in einem Text. Wenn sich etwas längere Sätze mit kurzen abwechseln und sich eine durchschnittliche Satzlänge von etwa 15 Wörtern pro Satz ergibt, ist das für technische Texte angemessen.

Satzbau

Satzgefüge aus Haupt- und Nebensätzen

Mit Hauptsätzen allein lässt sich kein Text gestalten. Die Verbindung von Teilen zu einem Satzgefüge ist nötig.

Im Satzgefüge können Haupt- und Nebensätze kombiniert werden:

> 18 Im weiteren konzentrieren wir uns auf diese Variante, da sie bereits im Standardumfang von Linux für die meiste Peripherie eingesetzt wird.[17]

Hypotaxe

Die Informationen stehen in einem Abhängigkeitsverhältnis zueinander. Über- und Unterordung – Fachwort: Hypotaxe - muss der Autor durch den Satzbau vermitteln.

16 Flesch, *The Art of Readable Writing.* Die Formel gibt einen Wert zwischen 100 (extrem leicht verständlich) und 0 (extrem unverständlich) aus.

17 Glatz, *Betriebssysteme,* S. 335.

Im Beispielsatz 18 passiert dies, indem begründet wird, warum der Autor eine bestimmte Variante für besonders wichtig erachtet: *da*.

Der Autor könnte durch den Satzbau auch eine andere Ordnung vorgeben:

19 Diese Variante wird bereits im Standardumfang von Linux für die meiste Peripherie eingesetzt, daher konzentrieren wir uns im weiteren auf diese Variante.

Durch den Satzbau wird vermittelt, welche Information die übergeordnete ist und welche die davon abhängige. Unterordnung wird sprachlich vor allem durch Konjunktionen signalisiert. Welche Konjunktion benutzt werden muss, hängt davon ab, welcher logische Zusammenhang signalisiert werden soll.[18]

Unterordnungen zu signalisieren ist sinnvoll – der Autor kann aber auch zu viel des Guten tun.

Negativbeispiel

20 Die Box enthält 10 Bestandteile, die regelmäßig gewartet werden müssen, wenn man sicherstellen möchte, dass die Teile benutzbar bleiben, auch wenn sie nur sehr selten eingesetzt werden.

Zu viele Unterordnungen verschleiern, was denn nun wovon und in welcher Weise abhängig ist. Der Leser braucht detektivischen Spürsinn, um die Abhängigkeiten zu ermitteln.

Parataxe

Eine andere Form des Satzgefüges ist die Aneinanderreihung von Haupsätzen – oder mit einem Fachbegriff benannt: die Parataxe.

Der Autor zeigt, welche Informationen zueinander gehören, und reiht sie daher aneinander.

21 Die Dokumentation muss nicht gedruckt werden, es entfallen Lager und Verwaltung.[19]

Spannung durch Reihung

Druck, Lager und Verwaltung hängen eng zusammen. Statt einer bloßen Aufzählung „nicht gedruckt, nicht gelagert, nicht verwaltet", enthält der Satz mehr Spannung, weil zwei unterschiedliche Hauptsätze aneinandergereiht werden. Manchmal wird die Reihung noch durch ein sprachliches Signal unterstützt:

22 Die abgeleiteten Schreibverfahren benutzen eine Taktrückgewinnung, d. h. beruhen auf nicht selbsttaktenden Verfahren.[20]

Zu viele Reihungen: unübersichtlich

Zu viele Reihungen machen Sätze unübersichtlich; die Information wird nicht mehr klar kommuniziert:

23 Das Ergebnis des Projekts wird dem Management vorgestellt und das Management wird dann entscheiden, d.h. es wird die finanziellen und personellen Ressourcen zur Verfügung stellen; gleichzeitig wird es die Reorganisation einleiten.

---

18 In Kapitel 4 ist für jede Textfunktion beschrieben, welche Konjunktionen sprachlich welchen logischen Zusammenhang signalisieren.

19 Juhl, *Die Anleitung kommt aufs Tablet*, S. 19.

20 Glatz, *Betriebssysteme*, S. 348.

Der Leser würde sich wünschen, dass der Autor strenger sortiert. Was ist wirklich wichtig. Was gehört zueinander? Satz 24 ist eine Lösung:

24 Das Ergebnis des Projekts wird dem Management vorgestellt. Es wird über die finanziellen und personellen Ressourcen entscheiden und die Reorganisation einleiten.

Schachtelsätze

Schwer durchschaubar

Wenn die Bezüge innerhalb eines Satzes außer Kontrolle zu geraten scheinen oder wenigstens nicht mehr leicht durchschaubar sind, spricht man von einem *Schachtelsatz*. Leser müssen mehrfach hinsehen, um die Satzaussage zu verstehen.

25 Der Antrieb wird über segmentierte Statoren, die direkt mit den Schneckenwellen, die als Rotoren dienen, antreiben, ausgeführt.

Start mehrerer Nebensätze

Der Autor fängt an (Antrieb mit Statoren), dann fällt ihm eine Präzisierung ein (direkt mit den Schneckenwellen), und dann noch eine Funktionsbestimmung (Schneckenwellen dienen als Rotoren). An diesem Punkt angekommen, muss er zwei angefangene Sätze in der richtigen Reihenfolge zu Ende bringen. Das geht manchmal schief: Die angefangenen Sätze bleiben unvollendet oder es fehlen die Satzzeichen. Solche Sätze sind für den Leser eine Zumutung. Der Satz ist aber auch unzumutbar, wenn er grammatisch korrekt ist, deswegen:

Lösen Sie Schachtelsätze auf! Dazu muss man entscheiden, welche Information die wichtigste ist:

26 In der Antriebseinheit dienen Schneckenwellen als Rotoren. Sie treiben segmentierte Statoren an.

Ein Hauptsatz und ein Nebensatz oder parataktisch Hauptsatz und Hauptsatz vermeiden Schachtelungen.

27 LISP ist eine Programmiersprache, in der viele Klammern vorkommen, die paarweise gesetzt sein müssen.

Nebensatz 1. Ordnung und 2. Ordnung

Satz 27 enthält zwei Nebensätze, einen erster Ordnung, der *Programmiersprache* ergänzt und einen zweiter Ordnung, der etwas zu *Klammern* sagt. In technischen Texten sind Nebensätze zweiter Ordnung meist überflüssig. Den Nebensatz „die paarweise gesetzt sein müssen" würde man besser durch einen neuen Hauptsatz ersetzen: „Sie müssen paarweise ..."

LISP ist eine Programmiersprache,	Hauptsatz
in der viele Klammern vorkommen,	Nebensatz_1
die paarweise gesetzt sein müssen.	Nebensatz_2

Unnötige Verschachtelung

Aufzählungen im Satz

Aufzählungen im Satz sind Aneinanderreihungen von gleichen Elementen. Sie werden mit Kommas oder Konjunktionen voneinander getrennt:

Komma oder Konjunktion: und, oder ...

28 Cäsar kam, sah und siegte.

Gleiche Elemente werden auch im folgenden Satz aneinandergereiht:

29 Die Lage des Abknickpunktes Nk hängt vom Werkstoff (Legierung), von seiner Festigkeit und auch von der Belastungsart (Axial, Biegung, Torsion, Spannungsverhältnis) (...), im Falle von Schweißverbindungen auch von der Höhe der Eigenspannungen (...) ab.

Je umfangreicher die gleichen Elemente sind, umso eher benötigt man ein auf den ersten Blick augenfälliges Ordnungsprinzip. Als Ergänzung zum Komma kann man die Aufzählung auch im Layout mit einer Liste und Listenpunkten sichtbar machen:

Ordnung durch Listen

30 Die Lage des Abknickpunktes Nk hängt ab
- von der Legierung des Werkstoffes,
- von seiner Festigkeit,
- von der Belastungsart (axial, Biegung, Torsion, Spannungsverhältnis) und
- im Falle von Schweißverbindungen auch von der Höhe der Eigenspannungen.

Im Beispiel 30 lässt sich mit der Aufzählung zugleich die unschöne Satzklammer auflösen.
Achtung: Wenn man eine Aufzählung als Liste darstellt, darf der Satz die Aufzählung nicht einschließen:

31 Unsere Leistungen umfassen
- Wartung,
- Beschaffung von Ersatzteilen und
- Reparaturen

in den nächsten 5 Jahren.

In Satz 31 bildet keiner der Bestandteile eine in sich geschlossene Sinneinheit.[21] Deswegen muss der Satz mit der Aufzählung abschließen:

Liste am Ende des Satzes

32 Unsere Leistungen in den nächsten 5 Jahren umfassen
- Wartung,
- Beschaffung von Ersatzteilen und
- Reparaturen.

21 Vgl. dazu Göpferich, *Textproduktion*, S. 358.

6.3 Achtung Fachsprache

Fachsprachliche Satzbaumuster

Fachleute wollen sich auch in ihren Texten möglichst knapp und präzise ausdrücken. Neben den Fachwörtern[22] hält die Sprache dafür einige Satzbaumuster bereit. Mit ihnen lassen sich Informationen verdichten – manchmal so stark, dass selbst Fachleute (unnötig) Zeit investieren müssen, um einen Text zu verstehen.

Nominalisierung Funktionsverbgefüge

Einige Muster und ihre Tücken werden in diesem Kapitel dargestellt: Mit Hilfe der Nominalisierung und der Streckbank „Funktionsverbgefüge" wird von konkreten Handlungen abstrahiert. Dabei gerät gewollt der Handelnde aus dem Blick – manchmal mit unerwünschtem Nebeneffekt: Informationen bleiben unvollständig, weil Prozesse nicht präzise genug erfasst werden. Das muss ein Autor erkennen können und die Informationen bei Bedarf vervollständigen.

Wortgruppen mit Präpositionen

Wortgruppen mit Partizipien

Fachleute kennen viele Details. Sie nutzen die Möglichkeiten der Sprache, diese Details miteinander zu verbinden, indem sie Wortgruppen bilden. Bei aneinandergereihten Wortgruppen mit Präpositionen oder Substantiven sowie Wortgruppen mit Partizipien wird die Darstellung im besten Fall detailreich; sie kann aber auch doppeldeutig sein oder unnötig komplex und unübersichtlich.

Nur wer die speziellen fachsprachlichen Satzbaumuster erkennt, kann sie gezielt einsetzen - oder vermeiden. Manche Autoren verwenden nämlich fachsprachliche Muster auch dann, wenn der Text weniger fachlich sein sollte, weil beispielsweise die Produktbeschreibung in eine Betriebsanleitung einfließt. Oder sie überschätzen die Fachkenntnisse ihrer Leser, denn selbst Ingenieure desselben Fachgebiets haben sehr unterschiedliche Spezialkenntnisse.

Fachsprachliche Satzbaumuster dosieren

Vorsicht ist also geboten: Fachsprachliche Satzbaumuster müssen dosiert eingesetzt werden. Das gilt für externe Dokumenttypen ohnehin, aber auch für Dokumente, die sich an andere Experten richten. Statt zu viele Informationen in unnötig komplexen Aussagen zu verdichten, müssen die Informationen angemessen portioniert werden.

Nominalisierungen

Technik und Wissenschaft neigen oft dazu, Hauptwörtern den Vorzug vor Verben zu geben:

Nominalisiert

33 Die Bewegung des Greifers geschieht durch einen Pneumatikzylinder.

Man könnte ja auch stattdessen schreiben:

Nicht-Nominalisiert

34 Ein Pneumatikzylinder bewegt den Greifer.

Vor der aktivischen Formulierung in Satz 34 schrecken viele Autoren zurück. Die Bewegung und den Greifer verstehen sie in diesem Zusam-

22 Vgl. „Fremdwörter" auf Seite 88 und „Terminologie" auf Seite 170.

menhang als wichtig, nicht aber die Aktivität des Zylinders. Dem scheint Satz 34 eine Handlungshoheit zuzusprechen, die Pneumatikzylinder nicht haben. Es sind Teile einer Maschine, mehr nicht. Diese Absicht kann man verstehen, dennoch empfinden viele Leser solche Sätze als hässlich, vergleichbar 35 statt 36.

35 Das Legen der Eier geschieht durch Hühner.

36 Hühner legen Eier.

Nominalstil

Man nennt diese Bevorzugung der Hauptwörter Nominalstil, die Umwandlung der Sätze 34 in 33 und 36 in 35 ist eine Nominalisierung.

Funktionsverben

Zu erkennen sind diese Formen an Verben wie *geschehen, erfolgen, passieren, sich ereignen* ... Sie sind ein Indiz für Nominalisierungen.

Substantiv auf -ung

Satz 33 zeigt auch ein zweites Anzeichen dafür, ein Substantiv, das auf *-ung* endet. Das Deutsche ist sehr tolerant gegenüber diesen Varianten, die nicht falsch werden, aber hässlich.

System
Ergebnis

Je näher die Leser eines Textes den technischen Berufen stehen, desto weniger werden sie Nominalisierungen stören. Der Ingenieur und der Techniker sind mit diesem Sprachgebrauch vertraut. Sie interessieren sich vor allem für den Zustand eines Systems oder das Ergebnis.
Andere Leser empfinden Nominalisierungen gerade deshalb oft als schwer verständlich. Zudem können sie die Übersetzung komplizieren.

Handlung
Geschehen

Bedenken Sie, für wen Sie schreiben. Wenn die Leser eher technikfern sein könnten, verwenden Sie statt der liebgewordenen Nominalisierung aktive Verben, die Handlung und Geschehen ausdrücken.

Im Prinzip kann man nahezu jedes Wort zu einem Substantiv machen, ohne dass unsere Sprache sich dagegen wehrt. Wenn sich ein Rad dreht, geht auch das Drehen des Rades. Der Infinitiv wird substantiviert. Wer will, kann das Partizip_2 verändern: das Gedrehte. Wir kennen nicht nur gelbe Engel sondern auch das Gelbe vom Ei. Man kann diese Wechsel der Wortart – Fachwort: Konversionen – beliebig fortsetzen.

Konversion

In der Technischen Redaktion empfiehlt es sich, eine Regel der Sprachsteuerung zu nutzen:
Verwenden Sie für Verben und Substantive eine Zeichenfolge ausschließlich in einer Wortart! Entweder Verb oder Substantiv, niemals beides.
Wenn *Schrauben* als Pluralformen des Substantivs *Schraube* genutzt werden kann, dann ist das Verb *schrauben* ein verbotenes Wort, das durch *anziehen, lösen* oder dergleichen zu ersetzen ist. Das Verb *schrauben* darf in keinem Dokument mehr genutzt werden.

Zeichenfolge nur in einer Wortart

Dass die deutsche Sprache gegenüber der Konversion von Wörtern großzügig ist, lässt sogar Streit entstehen. Berühmt wurden die Sätze des Philosophen Martin Heidegger, die Rudolf Carnap[23] in seiner logischen Analyse empört als Scheinsätze, als einen Ausdruck des Lebensgefühls, einen unzulänglichen Ersatz für die Kunst kritisiert hat, der im wissenschaftlichen Diskurs nichts zu suchen habe. Heidegger:

37 Das Nichts selbst nichtet.[24]

Die Negation *nichts* kann man nominalisieren, ebenso den Infinitiv des Hilfsverbs *sein*, und schon lässt sich trefflich über das Sein und das Nichts nachdenken – ein Zeitvertreib jenseits von Wissenschaft, Technik und Gesellschaft.

Die Streckbank

Manchmal ein Folterinstrument für Verben – und auch für Leser. Statt *sagen* will man etwas *zur Sprache bringen*, womit man niemanden *beunruhigt* sondern *in Unruhe geraten* lässt.

Streckverben = Funktionsverben

Streckverben, grammatisch korrekt: Funktionsverbgefüge, gibt es nicht nur im Deutschen. So wie wir statt *erklären* die gestreckte Variante *Erklärungen geben* verwenden können, darf man im Spanischen *explicar* durch *dar explicaciónes* ersetzen.

Verb und Substantiv im Akkusativ

oder

Verb und Präpositionalphrase

Funktionsverbgefüge bestehen aus einem Verb und einem Substantiv im Akkusativ – *Rat geben* –[25] oder einer Präpositionalphrase – *zur Sprache bringen.*[26] Die Verben haben ihre ursprüngliche Bedeutung verloren, „sie werden als ‚**Funktionsverben**' verbraucht", schreibt Peter von Polenz, der dieses Phänomen erstmals untersucht hat.[27] Wer etwas *zur Sprache bringt*, verwendet das Verb *bringen* anders, als wenn er ein Buch zur Bibliothek oder seinen Hund zum Arzt bringt.

Bürokratendeutsch

Daraus speist sich auch die heftige Kritik an diesen Konstruktionen. Funktionsverbgefüge sind fad und wirken bürokratisch, sie füllen ohne satt zu machen, sind eine „Verfettung am Leibe unsrer Sprache", schimpfte Gustav Wustmann,[28] dessen Buch über Sprachdummheiten mehr als sechzig Jahre den Guten Ton im Deutschen prägte. So schrieb und schreibt der Bürokrat in seiner Kanzlei, „aus Eins mach Drei! Aus ‚untersuchen' macht er ‚die Untersuchung vornehmen'; aus ‚benachrichtigen': ‚in Kenntnis setzen' ..."[29]

23 Carnap, *Überwindung.*
24 Heidegger, *Was ist Metaphysik?* S. 34.
25 Rat: Substantiv im Akkusativ
26 Zur: Präposition, Sprache: Substantiv
27 von Polenz, *Funktionsverben im heutigen Deutsch*, S. 11.
28 Wustmann, *Allerhand Sprachdummheiten*, S. 109. Wustmann beschreibt das Phänomen, kannte aber das Wort *Funktionsverbgefüge* noch nicht.
29 Engel, *Deutsche Stilkunst*, S. 455.

Funktionsverbgefüge sind auch nicht immer so einfach zu übersetzen wie in dem Beispiel oben. Jede Sprache mit Funktionsverben geht ihren eigenen Weg. Deswegen können sie einen Text für die Übersetzung fehleranfälliger machen.

Manchmal schwer zu übersetzen

Hässlich und in der Übersetzung auch noch teuer, das reicht: Man müsste folglich auf diese Funktionsverbgefüge verzichten, gäbe es immer ein einfaches Verb mit genau der gleichen Bedeutung wie das Gefüge.

Leider geht das nicht so leicht. Strecken kann auch sinnvoll sein, weiß der Orthopäde. Wenn man sagt, dass jemand eine Maschine in Betrieb setzt, will man unter Umständen mehr ausdrücken als mit dem einfachen Verb *einschalten*: Umfangreiche Prozeduren, Prüfungen gehen dem vielleicht voraus, und tonnenschwere Maschinen schaltet man nicht einfach nur an. Die Bedeutung des Funktionsverbgefüges *in Betrieb setzen* ist nicht immer gleich der von *einschalten.*

Sinnvolle Funktionsverbgefüge

> „Etwas bewegen oder bewegen lassen bedeutet ‚machen, daß sich etwas bewegt'; in Bewegung setzen heißt aber, ‚machen, daß etwas anfängt, sich zu bewegen'."[30]

Funktionsverbgefüge beeinflussen die Bedeutung auf viererlei Weise: Sie

1. heben den Urheber einer Handlung hervor, — Kausativ
2. markieren den Beginn einer Handlung, — Inchoativ
3. betonen die Dauer einer Handlung oder — Durativ
4. bilden eine eigene passivische Bedeutungsvariante.[31] — Passivisch

Urheber: Der Starter setzt den Motor in Gang.
Beginn: Endlich geht das Buch in Druck.
Dauer: Ein neues Modell ist bereits in Arbeit.
Passivisch: Das neue Verfahren findet Anwendung bei der Hohlraumversiegelung.

> Funktionsverbgefüge sind oft sinnvoll, wenn die Veränderung eines Zustands oder seine Dauer betont werden soll.

So ist es leider mit einigen dieser sonderbaren Wortgruppen. Manche tragen Bedeutungsnuancen, die mit dem einfachen Verb schwer oder gar nicht gesetzt werden können, für andere fehlt die Entsprechung völlig wie für *in Ordnung halten.*

Zusätzlich können mit Funktionsverbgefügen Bedeutungen erweitert oder Nuancen hinzugefügt werden.

38 Der Außendienstmitarbeiter hat eine fleißige, nützliche und für das gesamte Unternehmen unabdingbare Arbeit geleistet.

Bedeutung erweitert

30 von Polenz, *Funktionsverben im heutigen Deutsch*, S. 18.
31 Zifonun, Hoffmann, Strecker, *Grammatik der deutschen Sprache*, S. 704. Die Beispiele sind dort entnommen.

Die Attribute – *fleißige, nützliche* ... – erweitern die Möglichkeiten des Verbs *arbeiten* erheblich.[32] Entgegen der Stilkritik können Funktionsverbgefüge also auch das Ausdrucksvermögen bereichern.

Sie sind dennoch nicht sehr geschätzt und können einigen Ärger bescheren.

Bedeutung des Funktionsverbgefüges / Übersetzungen

Verwenden Sie Funktionsverbgefüge nur, um etwas auszudrücken, das ein einfaches Verb nicht ebenso gut sagt. Verzichten Sie darauf in Texten, die in viele Sprachen zu übersetzen sind.

Auswahl

Wenigstens 40 Verben stehen im Verdacht, sich in ein blasses Funktionsverb verwandeln zu können: *anstellen, aufnehmen, ausüben, sich befinden, bekommen, besitzen, bleiben, bringen, erfahren, erfolgen, erhalten, erheben, erteilen, finden, führen, geben, gehen, gelangen, genießen, geraten, geschehen, haben, halten, kommen, leisten, liegen, machen, nehmen, sein, setzen, stehen, stellen, treffen, treten, üben, unternehmen, versetzen, vornehmen, ziehen, sich zuziehen.*[33]

In einem Redaktionssystem können Makros oder eine zusätzliche Software nach solchen Verben suchen und sie markieren. Der Autor kann dann entscheiden, ob ein nötiges Funktionsverbgefüge vorliegt oder die Wendung nur durch eine sprachliche Unaufmerksamkeit in den Text gerutscht ist. Im zweiten Fall ersetzt man sie durch ein einfaches Verb.

Prozesse und Eigenschaften präzisieren

Präzises Formulieren fängt bei der Wahl der Worte an. Schnelle Geräte oder einfache Montage; das Bauteil neben der Maschine: Von unpräzisen Adjektiven und unpräzisen Präpositionen ist schon bei den Wortarten die Rede gewesen.[34]

Manchmal lohnt es sich also, noch einmal genau hinzuschauen. Auch eine nach allen Regeln der Kunst formulierte technische Aussage kann unter Umständen noch verbessert werden. Es kommt auf den Zusammenhang an.

Anforderungen formulieren

Insbesondere bei Anforderungen ist präzises Formulieren wichtig. Anforderungskataloge werden sowohl für Lasten- als auch für Pflichtenhefte erarbeitet.

Ein Bauteil soll „einfach zu montieren sein" - während im Lastenheft die allgemeinere Perspektive ausreicht, muss im Pflichtenheft wesentlich

32 Das Beispiel ist aus: Briese-Neumann, *Erfolgreiche Geschäftskorrespondenz*, S. 222.

33 Eine sehr ausführliche Beschreibung geben Helbig, Buscha, *Deutsche Grammatik*, S. 68-94.

34 Siehe Seite 78 und Seite 84.

konkreter formuliert werden. Geht es darum, dass der Monteur nur wenige Handgriffe benötigt, oder dass die Bauteile ohne zusätzliche Hilfsmittel montiert werden können?

Anforderung Schritt für Schritt präzisieren

Anforderungen werden im Entwicklungsprozess Schritt für Schritt präzisiert, bis sie für die Entwicklung von Produkten oder Software konkret genug sind.

Qualität von Anforderungen in der Sprache zu erkennen

Wie dieser Prozess abläuft und welche Rolle die Sprache dabei spielt, lässt sich bei Chris Rupp nachlesen. Sie beschreibt für die Entwicklung von Software, wie Sprachanalyse diesen Prozess unterstützen kann.[35] Die Methode – Rupp nennt sie Requirements-Engineering – hilft dabei, Anforderungen zu ermitteln und die Qualität von Anforderungen zu überprüfen.

39 Es sollen statistische Auswertungen zur Verfügung gestellt werden.[36]

Prozesse präzisieren

Satz 39 ist mit einem Funktionsverb konstruiert: *zur Verfügung stellen.* Er ist nur dann präzise genug formuliert, wenn die Existenz irgendwelcher statistischer Auswertungen als Information ausreicht. Geht es aber um das Formulieren einer Anforderung, muss die Aussage präzisiert werden.

40 Das Bibliothekssystem muss dem Bibliothekar die Möglichkeit bieten, statistische Auswertung erstellen, anzeigen und ausgeben zu können.[37]

Funktionsverbgefüge: manchmal mangelnde Präzision

Der Satz ist nun mit Vollverben konstruiert, statt *zur Verfügung stellen* heißt es *erstellen, anzeigen und ausgeben.* Wird der Prozess mit den gewählten Verben vollständig (genug) dargestellt, oder fehlen weitere Informationen?

Mindestens die *statistische Auswertung* lässt noch Fragen offen: Was genau ist gemeint? Was soll ausgewertet werden und in welcher Weise soll es ausgewertet werden?

Nominalisierung als Anzeichen mangelnder Präzision

Neben dem Funktionsverb *zur Verfügung stellen* ist die Nominalisierung *Auswertung* ein Indikator für mangelnde Präzision. Zumindest dann, wenn die summarische Prozessperspektive nicht reicht, sondern die einzelnen Schritte dahinter benannt werden müssen.

Eigenschaften präzisieren

Präzisierungen sind nicht nur notwendig, wenn Prozesse dargestellt werden, sondern auch, wenn es um Eigenschaften geht.

41 Das Gerät muss internetfähig sein.

42 Das Gerät muss baustellentauglich sein.

43 Der Ventilator muss korrosionsbeständig gegen feuchte Luft sein.

Die Sätze 41 bis 43 sind mit Hilfsverben konstruiert. Das Adjektiv erläutert das Verb näher, wird also als Prädikativ verwendet.[38] In den Aussa-

35 Rupp, *Requirements Engineering - der Einsatz* und Rupp, *Requirements-Engineering und -Management.*

36 Der Beispielsatz ist entnommen aus Rupp, *Requirements-Engineering und -Management*, S. 132.

37 Rupp, *Requirements-Engineering und -Management*, S. 133.

38 Vgl. „Prädikativ“ auf Seite 81.

gen werden Eigenschaften eingefordert. Solange es um eine grobe Darstellung geht, sind die Aussagen hinreichend prägnant. Wenn jedoch entschieden werden muss, ob am Markt vorhandene Geräte die Anforderungen erfüllen, werden die fehlenden Informationen sichtbar.

Was genau heißt *internetfähig*? Muss das Gerät selber einen Anschluss haben oder reicht der Anschluss an eine zentrale Docking-Station? Muss das Gerät ständig auf das Internet zugreifen können oder reicht es in gewissen Abständen?

Was genau heißt *baustellentauglich*? Wie oft und wie lange muss das Gerät den Bedingungen auf einer Baustelle standhalten? Welchen Bedingungen genau (Staub, Kälte, Feuchtigkeit, Schlag)?

Wie lauten die Maßangaben für feuchte Luft? Wie lange muss der Ventilator der feuchten Luft ohne Korrosion standhalten?

W-Fragen

Ob Informationen fehlen, lässt sich sowohl für Prozesse, als auch für Eigenschaften mit den typischen W-Fragen herausfinden. Wenn sich die W-Fragen nicht beantworten lassen, dann müssen Informationen ergänzt werden.

Die W-Fragen variieren, je nachdem, ob sie sich auf Funktionalitäten oder auf Eigenschaften beziehen.

W-Fragen für Funktionalitäten[39]

- (Objekt) An wem oder was wird die Funktionalität ausgeführt?
- (Häufigkeit) Wie oft wird die Funktionalität ausgeführt?
- (Methode) Wie wird die Funktionalität ausgeführt?
- (Zeit/Logik) Wann oder unter welchen Randbedingungen wird die Funktionalität ausgeführt?

W-Fragen für Eigenschaften:

- (Objekt) Objekt: Welche Merkmale müssen vorhanden sein?
- (Intensität) Intensität: Wie stark muss das Merkmal ausgeprägt sein?
- (Zeit) Zeit: Wann und wie lange muss das Merkmal vorhanden sein?

Wortgruppen mit Präpositionen

Nomen = Substantiv
Nominalgruppe: Wörter, die sich um das Substantiv gruppieren
Beispiel: *das rote Auto*

Präpositionalgruppe
Präposition + Nomen oder Nominalgruppe
Beispiel: *im Auto*
oder: *im roten Auto*

Eine Präposition taucht nie allein auf, sie bindet immer ein Substantiv oder eine Nominalgruppe.

44 Die Daten sind bereits im System konfiguriert.

Mit Hilfe von Präpositionen lassen sich Aussagen präzisieren. Die Angabe *im System* präzisiert, wo die Daten konfiguriert wurden. Die Präposition *im* wird mit dem Substantiv *System* zu einem präpositionalen Ausdruck, einer Präpositionalgruppe, verknüpft.

Wenn mehrere Präpositionalgruppen miteinander kombiniert werden, können sie zur Quelle für Missverständnisse werden:

39 Die W-Fragen für Funktionalitäten sind entnommen aus Rupp. *Requirements-Engineering und -management*, S. 134

45 Schon seit einer ganzen Reihe von Jahren werden Regeln für Chats im Internet zur Verfügung gestellt.

Was ist Basis, was ist Satellit?[40] Geht es um „Chats im Internet“, für die Regeln zur Verfügung gestellt werden, oder geht es um „Regeln für Chats“, die im Internet zur Verfügung gestellt werden? Fachleute bezeichnen diese Form der Mehrdeutigkeit als syntaktische Ambiguität.

> Syntaktische Ambiguität entsteht, wenn die Wortfolge Substantiv + Präposition + Substantiv + Präposition + Substantiv gewählt wird.

Reihenfolge der Wörter ändern

Wenn viele präpositionale Ausdrücke aufeinander folgen, kann der Satz missverständlich werden. Prüfen Sie, was Basis und was Satellit ist. Formulieren Sie eine eindeutige Aussage, indem Sie beispielsweise die Reihenfolge der Wörter ändern:

46 Schon seit einer ganzen Reihe von Jahren werden im Internet Regeln für Chats zur Verfügung gestellt.

> Die Reihenfolge Präposition + Substantiv + Substantiv + Präposition + Substantiv lässt den Leser die richtigen Beziehungen erkennen.

Nebensätze bilden

Eine Alternative ist, Informationen in einen Nebensatz auszulagern:

47 Schon seit einer ganzen Reihe von Jahren werden Regeln für Chats formuliert, die im Internet zur Verfügung gestellt werden.

Welche Möglichkeit ein Autor wählt, ist abhängig vom Kontext, in dem die Aussage steht.

Zahl der präpositionalen Ausdrücke

Häufig liest man in technischen Texten Sätze, in denen mehr als zwei präpositionale Ausdrücke miteinander verknüpft sind. Auf diese Weise lassen sich sehr viele Informationen in einem Satz unterbringen:

48 Im Jahr 2008 wurden mit rund 25 Millionen Tonnen Fracht mehr als die Hälfte des Güteraufkommens von 40 Millionen Tonnen per Bahn durch die Schweiz als schon heute wichtigstem Transitland für den alpenquerenden Güterverkehr transportiert.

Satz 48 verlangt dem Leser vor allem die Mühe der Aufklärung ab: Welches sind die Basisaussagen, welche Satelliten haben sie - und nebenbei ist die Folge gleich wieder eine umfangreiche Satzklammer.

Mehrere Sätze

Die Informationen müssen deswegen auf mehrere Sätze verteilt werden – so wie es auch im Originaltext zu lesen ist:

49 Schon heute ist die Schweiz das wichtigste Transitland für den alpenquerenden Güterverkehr auf der Schiene. Im Jahr 2008 wurden 40 Millionen Tonnen Fracht durch die Schweiz transportiert, wovon mehr als die Hälfte – rund 25 Millionen Tonnen –per Bahn befördert wurden.[41]

---

40 Zur Wortwahl *Basis, Satellit*, vgl. Gassdorf, *Das Zeug zum Schreiben*, S. 126.

41 Jenni, Stoffel, Nyfeler, *Eisenbahnland Schweiz*, S. 31.

Im Original sind die Informationen auf mehrere Sätze verteilt. Dadurch wird akzentuiert, in welcher Beziehung die einzelnen Informationen zueinander stehen.

Wie viele präpositionale Ausdrücke hintereinander verträgt ein Satz? Das hängt davon ab, wie komplex die Ausdrücke sind.

Kontrollieren Sie bei zwei Präpositionalguppen, ob Missverständnisse möglich sind. Achtung: Das Gehirn übersieht mögliche Fehlinterpretationen seiner eigenen Produktionen gerne!
Wenn Sie mehr als zwei Präpositionalgruppen in einem Satz verwenden, droht die Konstruktion aus dem Ruder zu laufen. Bauen Sie den Satz um, wenn das möglich ist.

Wortgruppen mit Substantiven

Komplexe Nominalgruppen

Mit dem Genitivattribut lässt sich vortrefflich ein Ausdruck präzisieren. Das verführt Autoren häufig dazu, es mit der Präzisierung allzu genau zu nehmen. Sie kombinieren Genitivattribute[42] mit präpositionalen Ausdrücken und fügen so eine Wortgruppe mit Substantiv an die andere.
Den Leser lässt diese Genauigkeit eher ratlos zurück:

50 Das Vorhandensein einer kontinuierlichen Abnahme der Schwingfestigkeit nach dem Abknickpunkt der Wöhlerlinie im Bereich von hohen Schwingspielzahlen unter Laborbedingungen bei kubisch-flächenzentrierten Werkstoffen, wie Aluminium, oder austenitischen Stählen gehört inzwischen zum allgemeinen Wissen.

Richtig schwierig: Genitivattribute + Präpositionalgruppen

Das Vorhandensein gehört zum allgemeinen Wissen – das ist die Hauptaussage des Satzes. *Das Vorhandensein* ist das Subjekt, das mit Hilfe von Genitivattributen auf zunehmenden Abhängigkeitsstufen präzisiert wird:

Das Vorhandensein
  einer kontinuierlichen Abnahme
    der Schwingfestigkeit nach dem Abknickpunkt
      der Wöhlerlinie ...

Bis zur dritten Abhängigkeitsstufe wird das Genitivattribut hier Schritt für Schritt mit immer neuen Substantiven präzisiert. Der Leser hat Schwierigkeiten zu folgen. Zumal das Subjekt mit diesem dreifach gestuften Genitivattribut noch immer nicht vollständig bestimmt ist.

Der Autor fügt nun noch drei präpositionale Ausdrücke an die unterste Abhängigkeitsstufe an:

42 Siehe auch „Der Genitiv“ auf Seite 78.

... der Wöhlerlinie
im Bereich von hohen Schwingspielzahlen
unter Laborbedingungen
bei kubisch-flächenzentrierten Werkstoffen...

Der Autor fügt auf diese Weise sechs Nominalgruppen aneinander. Er verlangt dem Leser mehr ab, als dieser gerne investieren wird.

Portionieren Sie die Informationen. Wenn Sie mehr als zwei Nominalgruppen miteinander verknüpft haben, prüfen Sie Formulierungsalternativen.

Nicht zu viele Nominalgruppen verknüpfen

Wortgruppen mit Partizipien

Kurz und präzise

Fachtexte sollen genau und knapp sein. Mancher nimmt es zu genau und verdichtet die Informationen so, dass man nur schwer folgen kann:

Aber mit Maß!

51 Bestätigt würden die den AfA-Tabellen zugrunde gelegten Werte gleichfalls durch die Ergebnisse der Rückmeldungen einer von den Spitzenverbänden in diesem Zusammenhang durchgeführten Umfrage in der gewerblichen Wirtschaft.[43]

Viele Informationen werden in einem einzigen Satz miteinander verbunden. Die Kernaussage ist in Satz 52 rot hervorgehoben:

52 **Bestätigt würden die** den AfA-Tabellen zugrunde gelegten **Werte gleichfalls durch die Ergebnisse** der Rückmeldungen **einer** von den Spitzenverbänden in diesem Zusammenhang durchgeführten **Umfrage in der gewerblichen Wirtschaft**.

Die Kernaussage wird durch drei Informationen ergänzt. Ergänzt wird,

- um welche Werte es sich handelt (die den AfA-Tabellen zugrunde gelegten Werte);
- um welche Art von Ergebnissen es sich handelt (Ergebnisse der Rückmeldungen einer Umfrage);
- wer die Umfrage durchgeführt hat (einer von den Spitzenverbänden in diesem Zusammenhang durchgeführten Umfrage).

Nicht jede Ergänzung ist wirklich notwendig. So kann der Hinweis auf die Rückmeldungen getrost wegfallen; er präzisiert die Aussage nicht. Woraus sonst, wenn nicht aus Rückmeldungen, lassen sich die Ergebnisse einer Umfrage herauslesen?

Die beiden anderen Ergänzungen präzisieren die Kernaussage sinnvoll, allerdings mit der Folge, dass Sinneinheiten (Artikel und Substantiv) getrennt werden. Die Ergänzung wird zwischen Artikel und Hauptwort geklemmt; Hajnal/Item sprechen deshalb auch von Klemmkonstruktionen:[44]

43 Gassdorf, *Das Zeug zum Schreiben*, S. 83-85.
44 Hajnal, Item, *Schreiben und redigieren*, S. 39.

- die den AfA-Tabellen zugrunde gelegten Werte
- einer von den Spitzenverbänden in diesem Zusammenhang durchgeführten Umfrage

Von der Funktion im Satz her handelt es sich bei der eingeklemmten Aussage um ein Attribut, das mit Hilfe eines Partizips gebildet wird.

Partizip adverbial

Partizip attributiv

Die Kategorie *Partizip* zeigt die Grenzen der traditionellen Grammatik, wenn man sie auf das Deutsche anwendet. Sie können Verben ergänzen „... vorbeugend einnehmen ..." (Adverbialer Gebrauch des Partizips *vorbeugend* von *vorbeugen*), aber auch Substantive „... die vorbeugende Medikation ..." (Attributiver Gebrauch). Sie sind aus dem Verb gebildet und stehen zwischen den Wortarten, sie partizipieren (daher der Name) an mehreren Arten. Diese nur auf den ersten Blick harmlosen Wörter können Verwirrung stiften, wenn man sie nicht korrekt einsetzt.
In unserem Zusammenhang interessiert ihre Funktion als Attribut.

Infinitiv	$Partizip_1$	$Partizip_2$
zugrunde liegen	zugrunde liegend	zugrunde gelegt
durchführen	durchführend	durchgeführt
arbeiten	arbeitend	gearbeitet
zum Einsatz kommen	zum Einsatz kommend	zum Einsatz gekommen
antreiben	antreibend	angetrieben
ersetzen	ersetzend	ersetzt
anordnen	anordnend	angeordnet

In Beispiel 53 wird das Attribut mit Hilfe des ersten Partizips gebildet. Analog lassen sich Attribute auch mit Hilfe des zweiten Partizips formulieren.

arbeitenden = $Partizip_1$
bewährte = $Partizip_2$
kommende = $Partizip_1$

53 X-Kupplungen sorgen für eine drehschwingungsdämpfende Kraftübertragung bei von ungleichmäßig arbeitenden Kraftmaschinen ausgehenden Stößen im Antriebsstrang.

54 Drehelastische Kupplungen sind seit langem bewährte und in unterschiedlichsten Anwendungen zum Einsatz kommende Maschinenelemente.

$Partizip_1$ = aktivisch

Wird das $Partizip_1$ als Attribut gebraucht, hat es „aktivischen Sinn und beschreibt etwas, das gerade vor sich geht oder andauert: ..."[45]

55 Drehschwingungsdämpfende Kraftübertragung (Kraftübertragung, die drehschwingungsgedämpft ist),

45 Heuer, *Richtiges Deutsch*, S. 42. Siehe „Das Verb - Aktionsart" auf Seite 75.

56 von ungleichmässig arbeitenden Kraftmaschinen ausgehende Stöße (Stöße, die von ungleichmässig arbeitenden Kraftmaschinen ausgehen).

Wird das Partizip$_2$ als Attribut gebraucht, drückt es einen abgeschlossenen Vorgang (oder auch ein andauerndes Geschehen) aus.[46]

Partizip$_2$ = abgeschlossener Vorgang oder andauernd

57 ... als Keilwellen ausgebildete Schneckenwellen (Schneckenwellen, die als Keilwellen ausgebildet sind)

Diese Möglichkeit, Attribute zu bilden, wird in Fachtexten gerne genutzt. Sie erlaubt, Substantive näher zu bestimmen.

Der Preis dafür ist: die Informationen werden verdichtet. Man muss also aufpassen, dass man nicht übertreibt!

Partizipien verdichten Informationen

Soll einfacher formuliert werden, lässt sich beim attributiv gebrauchten Partizip die Aussage auch mit Hilfe eines Relativsatzes formulieren, wie Satz 53 und 54 im Original formuliert wurden:[47]

58 X-Kupplungen sorgen für eine drehschwingungsdämpfende Kraftübertragung bei Stößen im Antriebsstrang, die von ungleichmässig arbeitenden Kraftmaschinen ausgehen.

59 Drehelastische Kupplungen sind seit langem bewährte Maschinenelemente, die in unterschiedlichsten Anwendungen zum Einsatz kommen (so im Original formuliert)

Manchmal reicht es nicht aus, das Partizip zu einen Nebensatz umzuformulieren, sondern die Informationen müssen zusätzlich auf mehrere Satzgefüge verteilt werden.

Nebensatz formulieren

60 Bestätigt würden die Werte, die den AfA-Tabellen zugrunde gelegt wurden, durch eine Umfrage bei der gewerblichen Wirtschaft. Die Umfrage wurde durch die Spitzenverbände (der gewerblichen Wirtschaft) durchgeführt.

Beispiel 51 optimiert

Wird ein Attribut mit Hilfe eines Partizips formuliert, kann es mit vielen Informationen ausgestattet und damit beliebig komplex gemacht werden. Außerdem lassen sich nun mehrere (komplexe) Attribute aufzählen. Beide Eigenschaften des attributiv gebrauchten Partizips werden von Fachautoren sehr gerne genutzt.

Leider liest man immer wieder technische Texte, in denen diese an sich nützliche Möglichkeit überstrapaziert und der Text damit sehr schwer verständlich wird.

Zu viel des Guten: Text unverständlich

Der Anfang der Zusammenfassung eines Patents für einen Düngerstreuer illustriert, welcher Komplexitätsgrad rein sprachlich möglich ist:

61 Düngerstreuer mit
- einem langgestreckten Vorratsbehälter und
- einem eigenen Fahrwerk und
- **einem** in dem unteren Bereich des Vorratsbehälters angeordneten mittels eines Antriebselementes angetriebenen **Förderorgan**,

welches die im Vorratsbehälter befindlichen Düngemittel zu **einem** an dem hinteren Ende des Vorratsbehälters angeordneten **Zentrifugalstreuwerk**

46 Heuer, *Richtiges Deutsch*, S. 44. Siehe „Das Verb - Aktionsart" auf Seite 75.

47 Brüning, *Standard der Zukunft*.

mit zumindest zwei um aufrechte Achsen rotierend angetriebenen Schleuderscheiben mit Wurfschaufeln in einstellbaren Mengen fördert, ...[48]

Der Satz endet erst nach weiteren 82 Wörtern. Eine Portionierung der Informationen ist dringend geboten. Es reicht gewiss nicht mehr, die Partizipien in einen Nebensatz zurück zu verwandeln, sondern hier müssen mehrere Hauptsätze gebildet werden:

62 Der Düngerstreuer besteht aus einem langgestreckten Vorratsbehälter, einem eigenen Fahrwerk und einem Förderorgan. Das Förderorgan ist im unteren Bereich des Vorratsbehälters angeordnet und wird durch ein Antriebselement angetrieben. Das Förderorgan fördert die im Vorratsbehälter befindlichen Düngemittel in einstellbaren Mengen zu einem Zentrifugalstreuwerk, das am hinteren Ende des Vorratsbehälters angeordnet ist. Das Zentrifugalstreuwerk besteht aus zumindest zwei Schleuderscheiben mit Wurfschaufeln, die um aufrechte Achsen rotierend angetrieben werden.

Unklarheiten bleiben

Ohne Nachfrage beim Autor des Textes ist nicht zu klären, ob die Fördermenge oder die Wurfmenge eingestellt werden kann. Formulierungen von dieser Komplexität sind nicht nur schwer zu entschlüsseln, sondern auch missverständlich. Die Aussage wird unter einem Berg von Wörtern begraben.

Häufiger findet man in technischen Texten auch Partizipien wie „die gefundene Lösung“ oder „die erhaltenen Ergebnisse“. In diesen Ausdrücken ist das Partizip überflüssig. Es kann gestrichen werden, ohne dass Informationen verloren gehen.

Klemmkonstruktion auflösen

Prüfen Sie bei langen, inhaltsreichen Sätzen, ob Sie den Inhalt durch Klemmkonstruktionen unnötig komplex formuliert haben. Portionieren Sie die Informationen, indem Sie die Klemmkonstruktion in einen Relativsatz umformulieren oder / und die Informationen auf zwei (oder mehr) Satzgefüge aufteilen.

48 Scheufler, *Düngerstreuer.*

6.4 Unmissverständlich formulieren

Auslöser für Missverständnisse

Welche Formulierungsweisen Missverständnisse auslösen können und welche Formulierungsalternativen es gibt, ist Thema in diesem Abschnitt.

Einsparungen

Missverständnisse entstehen nicht nur durch überladene Sätze, sondern manchmal auch, wenn an Wörtern gespart wird: Sogenannte Ellipsen können von grammatisch falschen über holprige bis zu unlogischen Sätzen führen. Vorsicht beim Sparen ist auch geboten, wenn Bedingungen formuliert werden.

Reihenfolge

Wenn die Reihenfolge von Wörtern oder Wortgruppen nicht stimmt, wird der Leser leicht in die Irre geführt. Daher werden einige Überlegungen zur Worstellung im Satz, zur Reihenfolge von Satzgliedern und Negationen vorgestellt.

Mehrere Lesarten

Manche Satzkonstruktion erlaubt mehrere Lesarten, weil sie doppeldeutig ist. Das ist beim ACI, beim Scheinsubjekt *es* und bei bestimmten Satzverbindungen der Fall. Formulierungsalternativen zeigen auf, wie die Sätze konstruiert werden können, so dass die Aussage unmissverständlich wird.

Ellipsen

In der Regel geht man haushälterisch mit seinen Energien um. Man setzt genau so viel ein, wie nötig ist, um ein Ziel zu erreichen. Das ist in der Sprache nicht anders. Der haushälterische Umgang mit Wörtern macht erfinderisch, man kommt auf die Idee, Wörter einzusparen. Solche Einsparungen - oder mit dem Fachwort Ellipsen - sind ein alltägliches Phänomen. Was spart man typischerweise ein und worauf muss man dabei achten.

63 Wie spät ist es? - Es ist neun Uhr.

Im Alltag: Weglassen

So würde niemand sprechen. Geantwortet würde vielleicht

64 Wie spät ist es? – [Es ist] neun [Uhr].

Alle Wörter, die man nicht unbedingt für die Weitergabe der Information braucht, werden weggelassen. Nicht anders [ist es] beim Schreiben:

65 Ein Ersatzteilkatalog erleichtert dem Monteur die Arbeit und eine Montageanleitung erleichtert dem Monteur die Arbeit.

Aus Satz 65 würde nach diesem Prinzip:

66 Ersatzteilkatalog und Montageanleitung erleichtern dem Monteur die Arbeit.

Gleichartige Bestandteile

Das Prinzip ist einfach: Werden gleichartige Bestandteile aneinandergereiht, müssen diese nur einmal ausformuliert werden. Damit der Text bei aller gebotenen Kürze dennoch logisch, unmissverständlich und sprachlich richtig bleibt, muss man genau hinschauen, was man aneinanderreiht.

Grammatisch anpassen

Im Beispielsatz 66 ändert sich durch die Auslassung der Numerus des Subjekts. Aus den zwei Sätzen mit Subjekten in der Einzahl wird ein

Satz – und das Subjekt steht nun in der Mehrzahl. Das hat Folgen für die Verbform: aus *erleichtert* wird *erleichtern.*

Wenn der Autor also gleiche Bestandteile auslässt, muss er überprüfen, ob der Satz grammatisch noch richtig ist.

Aufmerksamkeit ist auch geboten, wenn Substantive aneindandergereiht werden und [wenn] Adjektive bzw. Attribute beteiligt sind.

67 ... gemäß publizierter Norm und publiziertem Forschungsstand

68 ... gemäß publizierter Norm und Forschungsstand

Satz 68 ist falsch. Die Substantive *Norm* und *Forschungsstand* stehen nicht alleine, sondern werden ergänzt – im Beispielsatz durch das Attribut *publiziert.* Das Attribut kann nicht einfach weggelassen werden. Es muss ein zweites Mal genannt werden, da die beiden Substantive *Norm* und *Forschungsstand* in ihren grammatischen Merkmalen nicht übereinstimmen. Die weibliche *Norm* erfordert eine andere Form des Attributs (*publizierter*) als der männliche *Forschungsstand* (*publiziertem*).

Nur bei gleichen grammatischen Merkmalen

Ellipsen bei der Aneinanderreihung von ergänzten Substantiven bergen – gerade in technischen Texten - die Gefahr von Missverständnissen.

Ellipse?

69 32 Byte lange Variablen und Felder.[43]

Handelt es sich im Beispiel um eine Ellipse? Sind also „32 Byte lange Variablen und 32 Byte lange Felder" gemeint? Wenn sich für einen Leser diese Frage nicht eindeutig beantworten lässt, muss der Autor eindeutig formulieren:

70 32 Byte lange Variablen und 32 Byte lange Felder

Falls sich die Ergänzung tatsächlich nur auf eines der beiden Substantive bezieht, kann der Autor die Reihenfolge ändern und so die Aussage eindeutig formulieren:

71 Felder und 32 Byte lange Variablen

Im folgenden Beispielsatz ist die Ellipse nicht gelungen:

72 Seit einigen Jahren werden die verschiedenen Verfahren immer wieder auf Messen und in Fachzeitschriften gezeigt.

Der Leser weiß, was gemeint ist – die Formulierung ist unschön. Einmal ist ein Partizip eingespart und das genannte Partizip „gezeigt" muss nun für das Zeigen auf Messen und das Beschreiben in Fachzeitschriften herhalten. Hier wäre es schöner, auf die Ellipse zu verzichten:

73 Seit einigen Jahren werden die verschiedenen Verfahren immer wieder auf Messen gezeigt und in Fachzeitschriften beschrieben.

Wenn unzulässig Wörter eingespart werden, geht es der Logik an den Kragen:

74 Es soll ein Überblick geschaffen werden, welche Verfahren existieren, und wie diese grob funktionieren.

Die beiden Nebensätze (*welche Verfahren ..., und wie diese ...*) beziehen sich auf denselben Hauptsatz. Für den ersten Nebensatz ist dieser Bezug

43 Beispiel nach Jung, *Mehrdeutigkeits-Triggern auf der Spur.*

sinnvoll, für den zweiten nicht. Das wird sichtbar, wenn man das Weggelassene wieder in den Text aufnimmt:

75 Es soll ein Überblick geschaffen werden, welche Verfahren existieren, und es soll ein Überblick geschaffen werden, wie diese grob funktionieren.

Um Klarheit zu schaffen, muss der Satzbau in Ordnung gebracht werden:

76 Es soll ein Überblick geschaffen werden, welche Verfahren existieren und [es soll] grob beschrieben werden, wie sie funktionieren.

Viele Logik-Fehler in Texten haben damit zu tun, dass Autoren dort Ellipsen einbauen, wo es gar nicht zulässig ist.

Bedingungen formulieren

77 Wird die Hygienespülung durch das zusätzliche Kabelset für Schnittstellen mit der Gebäudeleittechnik (GLS)verbunden, können von einer zentralen Stelle aus der Status der Hygienespülung abgefragt und die Funktion geprüft werden.

In diesem Satz ist eine Bedingung und eine Folge formuliert, ohne dass ausdrücklich die Signalwörter *wenn – dann* eingesetzt werden. Die logisch-semantische Beziehung ist implizit erkennbar. Da der Satz auf die Signalwörter verzichtet, wird die Bedingung-Folge-Relation schwach. Sie erscheint eher als eine Option, eine Möglichkeit.

Bedingung implizit vorhanden

Solange ganz allgemein eine Funktionsweise beschrieben werden soll, ist das in Ordnung. Wenn es darauf ankommt, dass die Bedingung für eine Folge unmissverständlich erkennbar wird, ist das sprachliche Signalwort nötig:

78 Wenn die Hygienespülung durch das zusätzliche Kabelset für Schnittstellen mit der Gebäudeleittechnik (GLS)verbunden wird, können von einer zentralen Stelle aus der Status der Hygienespülung abgefragt und die Funktion geprüft werden.

Die Bedingung wird mit Hilfe der Konjunktion „wenn" explizit als Bedingungssatz formuliert. Die Aussage wird für einen Handlungszusammenhang viel verbindlicher.

Signalwort *wenn* signalisiert Bedingung

Im folgenden Beispielsatz wird die implizit vorhandene Bedingung als adverbiale Bestimmung formuliert:

Bei längerer Abwesenheit = adverbiale Bestimmung

79 Bei längerer Abwesenheit der Bewohner, z. B. bei Ferien oder Geschäftsreisen, kann die Wasserqualität in Mehrfamilienhäusern beeinträchtigt werden.

Die adverbiale Bestimmung lässt die Bedingung wiederum nur schwach aufscheinen. Im Vordergrund steht der Zustand. Geht es um eine allgemeine Beschreibung, kann diese Formulierung angemessen sein.

Bedingung in adverbialer Bestimmung versteckt

Um die Bedingungs-Folge-Relation unmissverständlich herauszustreichen, müssen Signalwörter verwendet werden:

80 Wenn die Bewohner länger abwesend sind, (dann) kann die Wasserqualität beeinträchtigt werden.

Wenn
Falls

Dann

Wenn Sie die Bedingungs-Folge-Relation hervorheben wollen, formulieren Sie Bedingungen explizit. Sie müssen dann mit Hilfe von Signalwörtern einen Bedingungssatz formulieren. Entscheiden Sie, ob Sie als Signalwörter „wenn-dann" oder „falls-dann" verwenden wollen. Insbesondere, wenn Beschreibungen Bestandteile einer Betriebsanleitung sind, kommt es darauf an, die Bedingungs-Folge-Relation herauszustreichen. Dann sind die Signalwörter notwendig.

In technischer Dokumentation immer mit *wenn*

In der technischen Dokumentation muss ein Redaktionsleitfaden die Nutzung von *wenn* zwingend vorschreiben, damit Missverständnisse ausgeschlossen sind.

Die Benutzung eines Signalworts allein ist nicht in allen Fällen ausreichend. Manchmal kommt es darauf an, dass die Bedingung auf jeden Fall vor der Folge genannt wird:

81 Sie können den Sicherheitsbereich gefahrlos betreten, wenn die Maschine vom Netz getrennt ist.

Hoffentlich hat der Mechaniker geprüft, ob die Maschine vom Netz getrennt ist, bevor er den Sicherheitsbereich betreten hat. Die Bedingung, die erfüllt sein muss, gehört an den Anfang des Satzes:

82 Prüfen Sie, ob sie Maschine vom Netz getrennt ist. Wenn ja, ... Wenn nein, ...

Wortstellung im Satz

Damit ein Text unmissverständlich formuliert ist, kommt es manchmal auf die Stellung der Wörter im Satz an. Steht ein Wort oder eine Wortfolge nicht an der richtigen Stelle, ist schnell ein Missverständnis entstanden:

83 Der Zeuge sah den Verdächtigen an der Kasse.

Stand der Zeuge an der Kasse und sah von diesem Standpunkt aus den Verdächtigen – oder sah der Zeuge von einem anderen Standpunkt aus, wie der Verdächtige an der Kasse stand? Der Fachmann spricht von syntaktischer Ambiguität.

Ambiguität durch Satzbau

Die Wortfolge macht die Aussage doppeldeutig: Ein Handlungsverb (sehen) wird mit einer Wortfolge Substantiv + Präposition + Substantiv verbunden.

Damit die Aussage eindeutig wird, muss man umformulieren:

84 Der Zeuge an der Kasse sah den Verdächtigen. Oder: Der an der Kasse stehende Zeuge sah den Verdächtigen.

85 Der Zeuge sah, dass der Verdächtige an der Kasse stand.

Doppeldeutig ist auch die folgende Aussage:

86 Rohr mit Abstandshalter montieren.

Ob ein Abstandshalter am Rohr befestigt ist, oder ob der Monteur einen Abstandshalter zu Hilfe nehmen muss, lässt sich aus der Formulierung nicht eindeutig erschließen.

Manchmal ist der Kontext eindeutig, so dass kaum ein Missverständnis aufkommen kann. Wenn es sich um einen Monteur handelt, der schon mehrfach entsprechende Rohre verbaut hat, wird er die Formulierung aufgrund seines Wissens richtig verstehen.

Überprüfen Sie Wortfolgen Substantiv + Präposition + Substantiv: Hat der Leser das nötige Wissen, um die Aussage richtig zu verstehen? Wenn Sie unsicher sind: Formulieren Sie um, indem Sie die Reihenfolge ändern oder die Aussage präzisieren.

Reihenfolge von Satzgliedern

Es gibt eine übliche Reihenfolge von Satzgliedern im Satz:

87 Der Mechaniker lackiert den Kotflügel.

In der ersten Position steht das Subjekt, dann kommt das Verb und dann das Objekt. Dieser Satzbau entspricht genau den Erwartungen eines Lesers.[44]

Die Regel: Subjekt vor Objekt

Weicht der Autor von dieser Norm ab, kann es für den Leser irritierend werden.

88 Den Kotflügel lackiert der Mechaniker.

Der Satz beginnt mit dem Objekt und liest sich daher ungewohnt. Allerdings gibt es ein grammatisches Signal, das den Leser sofort in die richtige Richtung führt: Der Artikel „den" wird im Akkusativ benutzt. Bei „den Kotflügel" handelt es sich um ein Akkusativobjekt. Aha. Der Satz beginnt mit einem Objekt.

Leicht verwirrend: Objekt vor Subjekt

Anders ist es im folgenden Beispiel:

89 Ein sehr gut ausgebautes Schienennetz hat die Schweiz.

Das ist verwirrend. Der Leser startet mit der Subjekt-Erwartung: Wer? – *ein sehr gut ausgebautes Schienennetz* – hat – und wartet nun auf ein Objekt, beispielsweise auf *viele Vorteile*. Stattdessen bekommt er das Subjekt nach dem Objekt serviert. Er muss zurück zum Satzanfang und versteht erst dann die Aussage. Solche Sätze, schreiben Hajnal und Item,

Gleiche Form von Subjekt und Objekt

> [...] in denen ein ungenau markiertes Objekt den Satzbeginn bildet, rufen beim Leser Missverständnisse hervor. Denn in Erwartung der Standardwortstellung wird der Leser im Satzbeginn das Subjekt erkennen und daher einen falschen Zwischensinn konstruieren; je länger sich der Satz dahinzieht, desto länger verbleibt der Leser bei seiner irrtümlichen Analyse.[45]

Die Verwirrung entsteht, da die Wortfolge „ein sehr gut ausgebautes Schienennetz" im Nominativ wie auch im Akkusativ formengleich ist:

---

44 Vgl. „9.2 Übersetzungsgerecht texten" auf Seite 174.

45 Hajnal, Item, *Schreiben und redigieren*, S. 72.

90 Die Schweiz hat ein sehr gut ausgebautes Schienennetz

91 Ein sehr gut ausgebautes Schienennetz hat viele Vorteile.

Nur aufgrund seines Wissens von der Welt kann der Leser die syntaktische Doppeldeutigkeit in Satz 89 nach einer ersten Irritation entschlüsseln.

Auch im folgenden Beispiel sind Nominativ und Akkusativ formengleich. Hier fällt das Entschlüsseln der Aussage viel schwerer:

92 Alte Menschen pflegen Roboter.

Aufgrund seines Wissens von der Welt wird der Leser vermuten, dass gemeint ist:

93 Roboter pflegen alte Menschen.

Aber wer weiß, ob der Roboter nicht zunehmend in die Rolle eines „Gefährten" alter Menschen hineinwächst. Im Beispiel 92 ist der semantische Zusammenhang weniger klar als im Beispiel 89 - und von der Form her ist die Aussage nicht eindeutig zu entschlüsseln.

Übliche Reihenfolge nutzen

Machen Sie es Ihrem Leser leicht, indem Sie sich an die übliche Reihenfolge der Satzglieder halten: Das Subjekt steht vor dem Objekt. Bei Formengleicheit lassen sich Subjekt und Objekt nur durch Satzstellung und Wortsinn unterscheiden. Dann ist die Reihenfolge Subjekt vor Objekt ein Muss.

ACI

Eine besonders elegante Form der Satzkonstruktion haben wir uns von den Römern entliehen: den ACI (Akkusativ mit Infinitiv). Wer Latein lernt, plagt sich durch diese sonderbare Eigenschaft der alten Sprache, die Kinder sehr fremd finden, obgleich wir sie in bestimmten Fällen auch verwenden:

94 Sie sehen die Lampe leuchten.

Einfach und Nebensatz-frei

Die Lampe steht im Akkusativ (Sie sehen WAS), das Verb steht im Infinitiv. Das ist ein einfacher und nebensatzfreier Satzbau, der das umständlichere „Sie sehen, dass die Lampe leuchtet." ersetzt.[46]

Im Deutschen ist der ACI mit Verben des Sehens, Fühlens, Hörens und dergleichen möglich. Ein solcher Satz ist völlig unproblematisch bei intransitiven Verben, die in typischer Verwendung kein Akkusativobjekt neben sich dulden. *Leuchten* ist dafür ein Beispiel.

Transitive Verben dulden oder fordern hingegen das Akkusativobjekt:

95 Sie sehen, dass der Hebel den Wagen bewegt.

Missverständlich bei transitiven Verben

Bewegen ist transitiv und fordert einen Akkusativ, im Beispiel den Wagen. Ein ACI mit diesen Verben wird leicht missverständlich und ist nur

46 Ähnlich im Lateinischen: vides lucerna lucere und vides ut lucerna lucet.

dann zu verwenden, wenn der Satzbau das Objekt an Zweitstelle platziert: „Ich höre dich sie loben“ macht klar, dass der Angesprochene eine Sie lobt. Der gleiche Satz nur leicht verändert „Ich höre sie dich loben.“ tauscht die Rollen. Das wird schnell leserunfreundlich: „Sie sehen den Wagen den Hebel bewegen.“ oder in der Variante oben wäre stilistisch und funktional eine Zumutung. Deswegen:

Verwenden Sie den ACI nur mit intransitiven Verben.

Nur intransitiv!

Scheinsubjekte

„Es gibt kein Bier auf Hawaii, es gibt kein Bier. Drum fahr ich nicht nach Hawaii, drum bleib ich hier.“ Das ist sonderbar. Nicht die Sache mit dem Bier, über die Paul Kuhn vor über fünfzig Jahren sang, sondern der Satzbau.

Wer oder was ist dieses Es? Überall begegnet es einem. Wenn es regnet, schneit oder donnert, wenn es klopft oder klingelt, wenn es einem wehtut: Das Es ist omnipräsent. Diese zwei Buchstaben spielen eine eigenartige Rolle.

96 Es gibt kein Bier auf Hawaii.

97 Drum fahr ich nicht nach Hawaii.

Anapher und Katapher

Satz 97 beginnt mit einer eindeutigen Referenz auf den voranstehenden Satz: *Drum*. Die Verwendung des Adverbs *Drum* (darum) ist ähnlich einer Anapher,[47] sie verweist nach oben, auf Satz 96. Auch *es* hat oft die Aufgabe einer Anapher oder Katapher:

98 Das Buch ist teuer.

99 Es kostet 50 Euro.

In Satz 99 ist *es* eine typische Anapher, die nach oben zeigt.

Der anaphorische Gebrauch des Es ist in unserer Sprache nicht zu vermeiden. Wenn der Abstand zwischen dem Objekt der Referenz (*das Buch*) und dem Referenten (*es*) überschaubar ist, kann jeder Leser und jeder Übersetzer problemlos damit umgehen.

Genus

Ob ein anaphorischer Gebrauch vorliegt, erkennt man daran, dass sich das Pronomen im Genus anpasst:

100 Der Stift ist teuer.

101 Er kostet 50 Euro.

Das Referenzobjekt in 100 ist maskulin, folglich verlangt 101 auch das maskuline Pronomen *er*. Die Sätze sind analog 98 und 99 gebaut, *es* und *er* stehen für die Nomina *Buch* und *Stift*.

---

47 Siehe „Anaphern“ auf Seite 59 und „Kataphern“ auf Seite 60.

Syntaktisches Es

Anders ist es mit Satz 96. Dieses *Es* kann niemals sinnvoll durch ein anderes Genus ersetzt werden; die Rolle übernimmt stets das Neutrum. Das *Es* hat dann auch eine andere Funktion, eröffnet zwar den Satz wie in 99, leistet aber nichts Vergleichbares. *Es* hat weder Referenz noch Bedeutung und ist ausschließlich syntaktisch motiviert; man könnte den Satz ohne dieses Hilfsmittel sonst nicht konstruieren.

Anapher/Katapher-Es
Syntax-Es

Die beiden Varianten bilden Pole, zwischen denen etliche Verwendungsweisen des *Es* vorkommen.[48] Die Sprachwissenschaft ist noch weit von einer einheitlichen Einschätzung dieses Phänomens entfernt, die Grammatiken des Deutschen arbeiten bislang mit unterschiedlichen Kategorisierungen und Erklärungsansätzen. Nicht einmal ein Name für diese Erscheinung konnte sich durchsetzen; allerdings ist anzunehmen, dass jeder Fachkundige versteht, was gemeint ist, wenn er vom *Scheinsubjekt es* hört.[49]

Das Scheinsubjekt *es*

Je näher ein Satz der rein syntaktischen Funktion des Es ist, desto mehr steht er im Verdacht

- missverständlich,
- hässlich und
- fehleranfälliger in der Übersetzung zu sein.

Wenn *es* als Scheinsubjekt in einem Text enthalten ist, dann müssen Autoren technischer Texte überprüfen, ob der Satz anders formuliert werden kann.

Sätze dieses Typs sind:

102 Es hat sich herausgestellt, dass ...
Besser: Die Versuchsreihe ergibt, dass ...

103 Es ist bei allen Arbeiten darauf zu achten, dass die Leitungen nicht geknickt oder eingequetscht werden.
Besser: Achten Sie darauf, dass ... oder Sicherheitshinweis.

104 Andernfalls kann es zu Sachschäden oder sogar zu Gefahr für Leib und Leben kommen.
Besser: Sonst drohen ...

105 Wenn das System anders reagiert, gibt es folgende Möglichkeiten:
Besser: ..., können Sie ...

Ähnlich dem Scheinsubjekt *es* kann gelegentlich auch *das* verwandt werden, allerdings mit einer stärkeren Betonung.[50]

106 Das gießt heute wieder in Strömen!

Für den technischen Text gelten die gleichen Empfehlungen wie zu *es*.

48 Admoni, *Der deutsche Sprachbau*, S. 152.

49 Brugmann, *Der Ursprung*, S. 1, hat diesen Begriff von Jakob Grimm übernommen. Er weist nach, dass diese Verwendung des Personalpronomens sich in den romanischen und germanischen Sprachen entwickelt hat und dort erst relativ spät eingezogen ist.

50 Weinrich, *Textgrammatik*, S. 401 ff. spricht vom Fokus-Pronomen das.

Doppeldeutige Satzverbindungen

Satzverbindungen können doppeldeutig sein – und dadurch Missverständnisse auslösen.

Anapher als Ursache

Eine Ursache für doppeldeutige Satzverbindungen ist der Rückverweis durch Pronomen. Fachleute sprechen von referentieller Ambiguität.

107 Gestern wurde ein gesuchter Ganove von einem Polizisten geschnappt. Er wird bestimmt verurteilt werden.

Kontextwissen

Das Pronomen *er* wird vom Leser automatisch auf das letzte Hauptwort des vorangegangenen Satzes bezogen. Nur unser Wissen über die Welt macht den Fehler erkennbar und der Leser korrigiert automatisch und versteht die Aussage hoffentlich richtig. Doch wie liegen die Dinge in Satz 108?

108 Wenn die Masse aus der Kavität herausgelöst ist, ist sie für den nächsten Arbeitsschritt bereit.

Verwirrung möglich

Auch das Pronomen „sie" wird auf das letzte Substantiv bezogen. Aber soll es wirklich darum gehen, dass die Kavität (Hohlraum) für den nächsten Arbeitsschritt bereit ist oder die Masse? Wenn der Kontext auf diese Frage keine Antwort liefert, kann der Leser keine Entscheidung fällen.

> Prüfen Sie daher bei der Verwendung von anaphorischen Pronomen, ob der Bezug eindeutig ist. Formulieren Sie bei Bedarf um, indem Sie die Reihenfolge im Satz ändern oder das Bezugswort wiederholen.

109 Wenn die Masse aus der Kavität herausgelöst ist, ist die Masse für den nächsten Arbeitsschritt bereit.

Fehlerhafte Anapher: Indiz für Gedankensprung

Manche Anaphern führen ins Leere:

110 Auf dem Markt erhältliche Antriebe müssen auf Drehzahl und Antriebsleistung hin überprüft werden. In dieser Leistungsklasse weist der schnellste Motor 12'000 rpm auf.

In dieser Leistungsklasse weist nach oben auf den vorangegangenen Satz – in dem keine Aussage über Leistungsklassen zu finden ist. Dem Text fehlt ein verbindender Gedanke zwischen Überprüfung von Antrieben und der Existenz verschiedener Leistungsklassen.

> Prüfen Sie bei der Verwendung von Anaphern, ob es im Referenzsatz eine Bezugswort gibt. Wenn das nicht der Fall ist, ergänzen Sie den fehlenden Gedanken.

Doppeldeutiger Relativsatz

Auch bei der Verbindung zwischen einem Haupt- und einem Relativsatz kann der Bezug doppeldeutig sein.

111 Die neue Anlage baut auf dem Konzept des Vorgängermodells auf, das vor 30 Jahren entwickelt wurde.

Der Relativsatz kann sich sowohl auf das Grundwort *Konzept* als auch auf das Genitivattribut *Vorgängermodell* beziehen. Wurde das Konzept vor 30 Jahren entwickelt – oder war es das Vorgängermodell? Da sich Grundwort und Genitivattribut nicht durch grammatische Merkmale unterscheiden, ist die Doppeldeutigkeit nicht auflösbar. Anders im folgenden Beispiel:

Übereinstimmung in Kasus und Numerus

112 Die Einschränkungen der Batterietechnologie, die noch immer entscheidend für den Erfolg von Elektrofahrzeugen ist, spielen eine wichtige Rolle.

113 Die Einschränkungen der Batterietechnologie, die noch immer bestehen, spielen eine wichtige Rolle.

Wenn es für den Bezug des Relativsatzes zwei Lesarten gibt, formulieren Sie um, so dass der Bezug eindeutig wird.

114 Die neue Anlage baut auf dem Vorgängermodell auf, dessen Konzept vor 30 Jahren entwickelt wurde.

115 Die neue Anlage baut auf dem Konzept auf, aus dem das Vorgängermodell vor 30 Jahren entwickelt wurde.

Logik

„Das ist doch logisch." Dergleichen sagt man öfter und hat gehörig Glück, dass der andere nickt oder irgendeinen Einwurf macht. Hoffentlich antwortet nie einer mit der Frage: „Das weiß ich nicht. Was ist das denn, die Logik?" Dann gäbe es Ärger. Man müsste etwas erklären, das nahezu jeder benutzt, ohne genau zu wissen, was es ist.

Wir verwenden das Wort *Logik* in mindestens fünf Bedeutungen. In Wirklichkeit sind es einige mehr, aber das spielt in unserem Zusammenhang keine Rolle.

1. Traditionelle Logik unserer Kultur
   Philosophie
   Ähnlich der Grammatik ist die Logik eine Wurzel unseres Denkens und Argumentierens. Seit der altgriechisch/römischen Zeit prägt sie den Weg der Erkenntnis, die Art des logischen Schließens und den wissenschaftlichen Diskurs. Über Jahrhunderte wurde der logische Beweis, der Schluss in den Schulen unterrichtet. An den Klassikern lernten die Schüler miteinander zu streiten, die Position des Gegenübers zu verstehen und auseinander zu nehmen. Das ist heute aus der Mode gekommen.
   Schulstoff der „höheren Lehranstalten"
   Logik dieser Art wird als höchste Instanz in der Bewertung von Aussagen und Verhaltensweisen bemüht.
2. Logik europäischer Sprachen
   Sprache
   Diese klassische Logik ist die philosophische Logik unserer Kultur. Sie drückt sich in unserer Sprache aus, ebenso in anderen Sprachen, die auf diesen griechisch/römischen Wurzeln aufbauen. Wir können

Sätze des Typs „wenn x, dann y" formulieren.
Diese Logik unserer Kultur stellt jedoch nicht das Grundgerüst der Sprache; obgleich beides irgendwie zusammen passt, ist es nicht dasselbe. Natürliche Sprachen sind auch in Europa oft unlogisch im Sinne der klassischen aristotelischen Logik.

Philosophische Logik ≠ Sprachlogik

3. Formale Logik
   Sie ist in der klassischen Logik begründet und verleiht dieser die mathematische Präzision. Der erste erfolgreiche Versuch war die Begriffsschrift Gottlob Freges. Sie wurde zu Beginn des 20. Jahrhunderts von Whitehead und Russell als Grundlage der Mathematik neu formuliert und anschließend in den verschiedenen Schulen der Wissenschaftstheorie – etwa von Carnap für den Neopositivismus oder Popper im kritischen Rationalismus – als das Instrument wissenschaftlicher Argumentation ausgebaut.
   Die formale Logik ist die Grundlage der Computersprachen. Es ist ein System von 1 und Ø, von true und false. Was in dieser Welt wahr ist, kann nicht falsch sein.

Formalismus

Wissenschaftstheorie

Computersprache

4. Probabilistische Logik
   Die wirkliche Welt ist aber nicht so, sie kennt mehr als 1 und Ø als schwarz und weiß. Will man menschliches Wissen in Rechnern verarbeiten, werden Formalismen anderen Kalibers nötig. Das ist die Grundlage der Fuzzy-Logic, der faserigen, nicht randscharfen Logik Zadehs. Sie gibt uns die Möglichkeit, Wahrheitswerte zwischen 1 und Ø zu formulieren.
   In diesen Bereich wollen wir großzügig auch eine andere Variante der sogenannten nicht-monotonen Logik einordnen, die Modallogik. Dieser Formalismus erfasst das Mögliche und das Notwendige, zwei Kategorien, die ebenfalls in der klassischen Aussagen- oder Prädikatenlogik nicht bearbeitet werden können.

Zwischen 1 und Ø

Modallogik

5. Fremde Logik
   Die Logiken 1 bis 4 sind wenigstens miteinander verwandt. Man könnte versuchen, sie auf ihren Kern, die griechische Antike, zurückzuführen. Diese Art der Logik wurde zuerst mit den Schiffen der Spanier und Portugiesen, dann auch von den anderen europäischen Völkern um die Welt getragen. Es ist unsere Logik militärischer und staatlicher Organisation, heute auch der modernen Industrieprozesse und der Globalisierung.
   Diesen Prozessen sind viele andere Logiken, andere Denkweisen und Kulturen unterlegen. Viele Völker müssen das, was für den Kern westlicher Kultur „logisch" ist, in ihre Welt übersetzen. Daraus darf man nicht schließen, dass eine beliebige autochthone oder indigene Nation nicht logisch denken und argumentieren könne. Nein, sie hat nur eine andere Logik.

„Die" Logik unserer Kultur: eine von vielen

Logik ist, so könnte man daraus folgern, eine recht schwammige Angelegenheit. Ingenieure und Wissenschaftler mag das schockieren, ändern kann man es nicht.

Einige Konsequenzen lassen sich am Beispiel der Verneinung – der Negation – aufzeigen. Der Ingenieur wird meist die formallogische Interpretation nutzen:

Der Satz p
p wahr: nicht p falsch
p falsch: nicht p wahr

p	~ p
w	f
f	w

Umgangssprachlich: Wenn etwas wahr ist, dann ist seine Verneinung falsch. Die Verwendung einer Verneinung ist in diesem Sinne der formalen Logik eindeutig: Das Verneinte kann niemals den gleichen Wahrheitswert haben.

Verneinung / Negation

In einigen Sprachen – so auch in deutschen Dialekten – ist es leider anders. Die doppelte Verneinung ist eine besonders starke Verneinung. Gelegentlich entstehen solche Konstruktionen auch einfach umgangssprachlich:

116 Überprüfen, ob keine nicht gemeldeten Beschwerden in der Datenbank eingetragen sind.

Andere doppelte Verneinungen entsprechen dem Litotes, einer Redeweise aus der klassischen Rhetorik: *nicht unzufrieden* (≈ zufrieden), *keine ungewöhnliche* (≈ eine gewöhnliche), …[51]

Die Verneinung wird im Deutschen auch dadurch kompliziert, dass sie durch lexikalische Mittel (*langsam = nicht schnell*) und die Wortbildung, hier durch Präfixe (*un-* in *unfähig*) und Suffixe (*-los* in *umstandslos*) ausgedrückt werden kann.

Sprachlogik ≠ Logik von Technik und Wissenschaft

Dieser Weg ist aber ebenfalls nicht eindeutig. Spricht man von der *Unfähigkeit*, negiert man damit die Fähigkeit. Spricht man hingegen von einer *Unmenge*, meint man eine besonders große Menge und nicht die Abwesenheit der Menge. Die Logik der Sprache ist eben nicht die der Logiker!

> Verwenden Sie alle Ausdrücke, die als Operatoren in der formalen Logik eine besondere Funktion haben können, nur mit äußerster Vorsicht: alle, keine, jeder, nicht, un-, …
> Vermeiden Sie doppelte Verneinungen!

51 ≈ verwenden wir im Sinne von „… entspricht grob betrachtet in etwa …"

Besonderheiten der Zeichensetzung

Manche Autoren werden nicht korrigiert, sondern stacheln ihre Herausgeber zu detektivischen Höchstleistungen an. „Angesichts [...] der freien Anwendung syntaktischer und grammatischer Regeln und namentlich der eigenwilligen Interpunktion [...]" zücken die Herausgeber der Gesammelten Schriften von Walter Benjamin nicht den Rotstift, um Fehler anzustreichen. Stattdessen machen sie sich an die Arbeit, um „anhand der Texte Prinzipien zu eruieren, nach denen Benjamin vorgegangen sein mochte."[52] Das Ziel ihrer Bemühungen ist, einen authentischen Text zu erarbeiten. Erst aus dem authentischen Text ließen sich einigermaßen zuverlässig Aussagen herauslesen.

Bei weniger berühmten Autoren würde man nicht von eigenwilliger, sondern eher von fehlerhafter Interpunktion sprechen. Ob nun *Eigenwilligkeit* oder *Fehler*: Auch die Zeichensetzung leistet einen wesentlichen Beitrag zur Gliederung eines Textes.

Zur Zeichensetzung gehören Satzzeichen, wie Punkt, Komma, Gedankenstrich, Klammern und Hilfszeichen, wie Abkürzungspunkt und Schrägstrich. Auch Bindestrich und Trennstrich werden zu den Hilfszeichen gezählt.[53]

Auswahl

Das umfangreiche Regelwerk zur Zeichensetzung soll hier nicht dargestellt werden. Wir beschränken uns auf einige Phänomene, die eine besondere Bedeutung in technischen Texten haben.

Satzzeichen

117 die deutsche Sprache ist ihrem Wesen nach konstruiert sie gestattet zwar eine sehr genaue Ausdrucksweise doch nur wenn man sich ihrer Regeln richtig bedient zu diesen Regeln gehört die Satzzeichengebung und hier ist vor allem das Komma von Bedeutung es wird im Deutschen streng dem Satzbau der Syntax folgend gesetzt im Gegensatz zum Englischen das dabei eher dem Wortfluss nachlauscht als einer strengen Logik

In dieser Passage über das Komma fehlen sämtliche Satzzeichen – und damit ein wichtiges „Mittel [...], um den Text für Leser zu strukturieren."[54] Der Leser kann sich den Text auch anhand weiterer Indikatoren gliedern, indem er beispielsweise nach Prädikaten sucht und damit dann Haupt- und Nebensätze unterscheidet. Wenn man einige Zeit investiert, kann man sich sich die Struktur auf diese Weise selbst erarbeiten. Das sei Ihnen hiermit erspart:

118 Die deutsche Sprache ist ihrem Wesen nach „konstruiert". Sie gestattet zwar eine sehr genaue Ausdrucksweise, doch nur, wenn man sich ihrer Regeln richtig

---

52 Benjamin, *Abhandlungen. Gesammelte Schriften*, S. 777 f.

53 Dürscheid, *Einführung in die Schriftlinguistik*, S. 152.

54 A. a. O., S. 153. Dürscheid bezieht sich in diesem Abschnitt auf das Buch von Maas, Utz (1992), Grundzüge der deutschen Orthographie, Tübingen: Niemeyer, S. 54 f.

bedient. Zu diesen Regeln gehört die *Satzzeichengebung*, und hier ist vor allem das *Komma* von Bedeutung. Es wird im Deutschen streng dem *Satzbau*, der *Syntax*, folgend gesetzt - im Gegensatz zum Englischen, das dabei eher dem Wortfluss nachlauscht als einer strengen Logik.[55]

Doppeldeutigkeit beim erweiterten Infinitiv

Neue Regel

Wenn die Satzzeichen fehlen, lässt sich eine Aussage nicht immer zweifelsfrei rekonstruieren. Nach den amtlichen Regeln der neuen Rechtschreibung ist das Komma vor dem erweiterten Infinitiv mit *zu* nicht mehr zwingend vorgeschrieben. Das kann zu Missverständnissen führen.

119 Der Lieferant versprach sofort das fehlende Teil zu besorgen.

Ohne das Komma lässt der Satz zwei Lesarten zu:

120 Der Lieferant versprach sofort, das fehlende Teil zu besorgen.

121 Der Lieferant versprach, sofort das fehlende Teil zu besorgen.

Um Satz 119 richtig zu verstehen, benötigt der Leser Kontextwissen. Ebenso in Satz 122:

122 Der Personalberater empfiehlt dem Mitarbeiter zu kündigen.

Auch in Satz 122 muss ein Komma klar machen, welche Lesart gemeint ist:

123 Der Personalberater empfiehlt, dem Mitarbeiter zu kündigen.

124 Der Personalberater empfiehlt dem Mitarbeiter, zu kündigen.

Besser nach alter Regel

> Um folgenschwere Missverständnisse zu vermeiden, empfiehlt es sich, vor dem erweiterten Infinitiv mit *zu* auch weiterhin ein Komma zu setzen.

Gedankenstrich

Gedankenstrich: etwas länger als der Bindestrich

Man verwendet den Gedankenstrich, um eine Betonung, ein kurzes Innehalten oder auch eine Ergänzung im Schriftlichen auszudrücken.

125 Das Problem ist gelöst – schneller als erwartet.

Sie können auch dazu dienen, Zusätze deutlich vom übrigen Text abzugrenzen (Duden, Regel K45):

126 Dieses Material – die neueste Entwicklung aus unserem Forschungslabor – ist extrem hitzebeständig.

Der Gedankenstrich kann oft durch andere Satzzeichen ersetzt werden, durch Kommas oder auch durch Klammern:

127 Dieses Material, die neueste Entwicklung aus unserem Forschungslabor, ist extrem hitzebeständig.

128 Dieses Material (die neueste Entwicklung aus unserem Forschungslabor) ist extrem hitzebeständig.

Nur eins ist nicht zulässig: Statt des Satzzeichens *Gedankenstrich* das Zwischenzeichen *Bindestrich* zu setzen. Und dennoch ist dieser Feh-

55 Ebel, Bliefert, Greulich, *Schreiben und Publizieren in den Naturwissenschaften*, S. 529.

ler sehr häufig, da Textverarbeitungssoftware den Gedankenstrich nicht standardmäßig vorsieht. Wer diesen Fehler also vermeiden will, muss seine Textverarbeitungssoftware entsprechend einrichten.

Klammern

Klammern: Strukturierungs- und Verständnishilfe

Klammern sorgen dafür, dass sich ergänzende Aussagen deutlich vom übrigen Text trennen lassen.

129 Sehr einfache Systemfunktionen können auch vollständig in der Schnittstellen-Programmbibliothek (system call library) enthalten sein.

In diesem Beispiel aus einem Fachbuch über Betriebssysteme wird die englische Übersetzung eines Fachbegriffs ergänzt. Die Zusatzinformation ist für den Leser hilfreich, erspart sie ihm doch das Nachschlagen in einem Wörterbuch. Der Lesefluss wird durch den Zusatz in der Klammer nicht übermäßig gestört.

Etwas anders sieht es im folgenden Beispiel aus, in dem die Klammerzusätze länger sind als der eigentliche Grundtext:

130 Die limitierenden Faktoren sind die Aufzeichnungsdichte (maximale Anzahl Zustandswechsel/Längeneinheit), die Zugriffszeiten (Finden einer bestimmten Information) und die Transfergeschwindigkeit (Lese-/Schreibrate in Anzahl Byte pro Sekunde).

Hier ist der Lesefluss erheblich gestört. Allerdings sind die ergänzenden Informationen an genau dieser Stelle wichtig. Der Autor könnte durch ein anderes Layout das Verständnis des Lesers unterstützen. Eine Aufzählung würde dafür geeignet sein:

131 Die limitierenden Faktoren sind

- die Aufzeichnungsdichte – die maximale Anzahl Zustandswechsel/Längeneinheit –,
- die Zugriffszeiten – das Finden einer bestimmten Information – und
- die Transfergeschwindigkeit – die Lese-/Schreibrate in Anzahl Byte pro Sekunde.

Übrigens: Wenn eine Klammer am Ende des Satzes steht, schließt der Satz mit dem Punkt nach der Klammer ab – ganz so, wie es im Beispiel 130 der Fall ist.

Oft ist es sinnvoll, Klammerungen wie in 132 aufzulösen. Satz 133 ist eine besser lesbare Alternative:

132 Beim aufbereiteten Signal sind Ein- und Austritt bei hohen Drehzahlen (ab ca. 10'000 U/min bei Butterworth 2. Ordnung, ab ca. 2'000 U/min bei Butterworth 7. Ordnung) abgeflacht und zeitverzögert.

Wenn die ergänzende Information wichtig genug für die Aussage ist, ist es besser, sie in einem eigenen Satz zu präsentieren:

133 Beim aufbereiteten Signal sind Ein- und Austritt bei hohen Drehzahlen abgeflacht und zeitverzögert. Bei Butterworth 2. Ordnung sind Drehzahlen ab ca. 10'000 U/min gemeint, bei Butterworth 7. Ordnung Drehzahlen ab ca. 2'000 U/min.

Im Redaktionsleitfaden können auch Regeln zum Umgang mit Klammern enthalten sein. Eine empfehlenswerte Regel ist, dass es nicht zu viele Klammereinschübe geben darf oder dass auf keinen Fall in der Klammer ganze Sätze stehen dürfen.

Klammern sparsam einsetzen

> Klammereinschübe behindern den Lesefluss. Prüfen Sie daher, ob die ergänzende Information wirklich an genau dieser Stelle nötig ist. Falls ja, unterstützen Sie das Verständnis des Lesers auch durch das Layout. Die beste Lösung: Formulieren Sie lieber zwei zielgerichtete Sätze als einen, in dem wichtige und ergänzende Informationen ineinander geklammert werden.

Hilfszeichen – Bindestrich

Der Bindestrich ist ein Hilfszeichen – und kein Satzzeichen. Er hat verschiedene Funktionen. Man setzt ihn ein,

- um am Zeilenende Wörter zu trennen,
- um zusammengesetzte Wörter besser lesbar zu machen, wie Back-Office, Geräusch-Emission, Not-Entriegelung und
- bei Ausdrücken, die mit Zahlen kombiniert werden, wie 3-mal, 7-fach, 2-Mengen-Spültechnik.

Hilfszeichen – Schrägstrich

Der Schrägstrich ist doppeldeutig. Er kann sowohl „und“ als auch „oder“ bedeuten. Mit der Angabe 6/9 l kann sowohl ein „6 oder 9 l-Behälter“ gemeint sein, genauso gut aber auch ein „6 und 9l-Behälter“. Textspezifische oder unternehmensspezifische Festlegung der Bedeutung ist daher nötig, um Missverständnisse zu verhindern.

7 Texte und Dokumente

In Science Fiction und Fantasy merkt man es deutlich: Diese Welt gibt es nicht, sie existiert weder in der Vergangenheit noch in der Zukunft, sie ist eine Fiktion. Dennoch kann man sich darin orientieren, kennt Lebensformen, Techniken und Strukturen. Leser können Positionen einnehmen und Handlungsweisen bewerten. In Serien werden diese Welten fortgeschrieben, manchmal Jahrzehnte – zum Erscheinen der ersten Auflage dieses Buches feiert die Romanreihe Perry Rhodan das Fünfzigjährige.

Technische Texte dagegen haben einen realen Bezug. Sie dienen einer Aufgabe, sind Glied einer Kette von Handlungen und Prozessen. An deren Ende stehen Ergebnisse, die zunächst nichts mit dem geschriebenen Wort gemein haben: eine Brücke, die Reparatur einer Maschine oder ein anderes technisches Ereignis. Wir benutzen für diesen Zusammenhang das Wort Verwendungskette.

Jedes Dokument in dieser Kette gehört mehr oder weniger deutlich einer Klasse an, einem Dokumenttyp. Dokumente fügen sich in eine Ordnung. Auch im Innenleben kennt jedes eine typische Struktur.

Verständnisschwierigkeiten und Fehlinterpretationen drohen, wenn für den Leser Bekanntes und das Neue, dessentwegen der Text geschrieben wird, nicht im richtigen Verhältnis zueinander stehen. Bekannt und neu interagieren miteinander und steuern die Arbeit des Lesers mit dem Text.

Nichts geht ohne Regeln. Wie könnte man sonst eine Romanreihe über 50 Jahre am Leben halten, ohne dass alles durcheinander gerät, wie könnten Figuren und Objekte eine Identität wahren?

Vergleichbar gehen Wirtschaftsunternehmen vor, sie formulieren Gestaltungsrichtlinien, Redaktionsleitfäden und Regeln für den Sprachgebrauch.

In einigen Unternehmen setzt man auf bewährte Methoden der Strukturierung und – manchmal auch – Standardisierung von Dokumenten.

7.1 Verwendungskette

Technische Texte müssen funktionieren. Sie werden geschrieben, um den Lesern sinnvolle Anschlusshandlungen zu ermöglichen. Beispiele:

Anschlusshandlung

- In der Betriebsanleitung für eine Kettensäge findet der Nutzer alle Informationen, die ihm die produktive und unfallfreie Benutzung dieses Werkzeugs ermöglichen. *Betriebsanleitung*
- Im Ersatzteilkatalog kann der Nutzer das von ihm benötigte Ersatzteil korrekt identifizieren und daraufhin bestellen. *Ersatzteilkatalog*
- Das Pflichtenheft gibt dem Entwickler Auskunft darüber, welche Kriterien das Gerät, das er entwickelt, erfüllen muss. *Pflichtenheft*

Projektantrag

- Der Projektantrag steckt für die Antragsteller ab, unter welchen Bedingungen und mit welchen Ressourcen sie ein Ergebnis erarbeiten müssen.

Pflichtenheft und Projektantrag bestimmen aber nicht nur für den Auftragnehmer, wie eine sinnvolle Anschlusshandlung aussieht. Sie legen das ebenso für den Auftraggeber fest. Ihm liefern sie Kriterien und Termine für die Qualitätskontrolle.

> Technische Texte
> - sind Momentaufnahmen, die den aktuellen Stand eines fortdauernden Arbeits- und Handlungs-/ Entscheidungsprozesses festhalten,
> - werden oft im Team erstellt und
> - richten sich häufig gleichzeitig an mehrere Zielgruppen, die in unterschiedlichen Handlungs- und Entscheidungskontexten handeln.

Momentaufnahme und Verwendungskette

Technische Texte sind Bestandteil einer Verwendungskette: Die sinnvolle Anschlusshandlung, die ein Text ermöglicht, erzeugt weitere Gespräche und danach weitere Texte, die sich auf die früheren Texte beziehen – häufiger sogar explizit darauf zurückgreifen. So, wenn der Anforderungskatalog aus einem Pflichtenheft ganz oder teilweise für Projektstatusberichte oder für einen Projektabschlussbericht herangezogen wird. Oder wenn mit Hilfe von Protokollen Arbeitsfortschritte und Entscheidungen aus dem Arbeitsprozess heraus dokumentiert werden, die wiederum in Projektberichte, Entwicklerunterlagen oder Pläne einfließen. Die Entwicklerunterlagen oder Pläne müssen dann ihrerseits rechtzeitig und in der aktuellen Version in der Fertigung oder auf der Baustelle verfügbar sein, damit entsprechend dem aktuellen Planungsstand gefertigt oder gebaut werden kann.

Ziele

Je nach Position des Textes in der Verwendungskette verfolgt der Autor unterschiedliche Ziele mit dem Text. Es geht nicht mehr nur grundsätzlich um die kommunikative Funktion,[1] also ob er beschreiben, erklären, argumentieren, anleiten, warnen, definieren oder zeigen will. Es geht vielmehr darum, den Zweck des Textes präzise festzulegen. Will der Autor[2]

Zweck des Textes

Anleiten

- anleiten, damit der Leser anschließend ein Gerät benutzen, einen Prozess steuern oder eine Weisung befolgen kann;

Informieren

- über etwas informieren, damit der Leser die Information für seinen eigenen Handlungskontext nutzt;

Dokumentieren

- dokumentieren, damit der Leser die Angelegenheit bei sich abhakt und/oder die Ergebnisse in die eigene Arbeit integriert;[3]

---

1 Vgl. „4 Funktionen von Texten“ auf Seite 35.

2 Ähnlich in Beer, McMurrey, *A Guide to Writing as an Engineer,* S. 46.

3 Beispiel: Dokumentation von Testergebnissen zu Wartungsintervallen. Der Leser weiß, dass die Angaben zu Wartungsintervallen nunmehr Bestand haben oder dass der Ent-

- etwas vorschlagen, damit der Leser einem Plan oder einer Aktion zustimmt;
- etwas beantragen, damit der Leser eine Erlaubnis erteilt, ihn bei einer Aktion unterstützt oder Finanzen zuspricht;
- etwas empfehlen, damit der Leser auf der Basis von evaluierten Alternativen dieser Empfehlung folgt;
- überzeugen, damit der Leser seine Haltung oder sein Verhalten auf der Basis von Argumenten verändert.

Vorschlagen

Beantragen

Empfehlen

Überzeugen

Wenn der Zweck des Textes und die gewünschte Anschlusshandlung bestimmt sind, wird es leichter, die Inhalte auszuwählen, sie in der richtigen Perspektive darzustellen und eine geeignete Struktur für das gesamte Dokument zu entwickeln. An welchen Typen sich ein Autor orientieren kann, ist im Kapitel „Dokumenttyp" auf Seite 136 beschrieben.

Der Zweck bestimmt Inhalt und Perspektive

Die Arbeits- und Handlungsprozesse, deren Bestandteil der technische Text ist, werden von vielen Personen gestaltet. So erklärt ein kleines Ingenieurbüro mit sieben Mitarbeitern, dass am Erarbeiten – und dann auch Schreiben - eines Pflichtenheftes mindestens drei Personen mitwirken. Solche Texte werden also in aller Regel im Team erstellt.

Viele Autoren

Zudem werden Bestandteile von Texten von weiteren Autoren unverändert in neue Dokumente übernommen oder für ein neues Dokument bearbeitet. Der Text muss so gemacht sein, dass die verschiedenen Beteiligten, auch wenn sie sich nicht immer direkt austauschen können, Bisheriges nachvollziehen und als Grundlage für ihre weitere Arbeit, für ihre weiteren Handlungen, nutzen können.

Mehrfachverwendung

> Die Texte werden oft nicht nur von mehreren Autoren verfasst, sondern richten sich gleichzeitig auch an mehrere Zielgruppen.

Das Pflichtenheft oder den Projektabschlussbericht lesen nicht nur die Entwickler, die mit der unmittelbaren Facharbeit betraut sind. Sie werden auch von einem Projektleiter gelesen, der sich eher interessiert für

- den Arbeitsfortschritt (Halten wir den Termin? Welche Ergebnisse kann ich schon präsentieren?) oder
- den Ressourceneinsatz (Können wir das neue Projekt schon in zwei Monaten starten?).

Mehrfachadressierung

Sie werden zudem auch von der Geschäftsleitung gelesen, die sich interessiert für

- die Marktfähigkeit des Produkts (Wie unterscheidet sich unser Produkt von denen der Mitbewerber? In welchem Zeitrahmen sind unsere Investitionskosten wieder hereingeholt?) oder

scheid über einen Werkstoff durch die Ergebnisse eines Versuchsprogramms wissenschaftlich gestützt ist.

- die Positionierung im Markt (Halten wir mit der Lancierung unsere Marktstellung? Bauen wir unser Image als innovatives und serviceorientiertes Unternehmen aus?).

> Verwendungskette, im Team geschriebene Texte und Mehrfachadressierung (Zielgruppen mit unterschiedlichen Handlungskontexten) – diese Kennzeichen technischer Texte müssen sich in ihrem Aufbau widerspiegeln.

Regeln Textbaupläne

Der technische Text muss sich erstens am Ergebnis orientieren. Zweitens müssen Informationseinheiten voneinander abgegrenzt und Textbaupläne entwickelt werden. Je konkreter die Verabredungen über Textbaupläne sind, umso einfacher können Autoren entscheiden, was in den Text hineingehört und in welcher Weise. So entstehen Texte, die dem Leser den Umgang mit ihnen erleichtern: Er erkennt Regeln, denen sie folgen, und kann aus der Lektüre die angemessene Anschlusshandlung ableiten.

> Regelgeleitetes Texten dient Autoren und Lesern. Deswegen ist es wichtig, diese Regeln zu finden, zu formulieren und einzuhalten.
> Oft müssen diese Regeln für jeden Markt, jedes Unternehmen, jede Aufgabe und jeden Dokumenttyp eigens aufgestellt werden.

7.2 Dokumenttyp

Dokumenttypen Orientierung: Projekt

Dokumenttypen lassen sich auf verschiedene Weisen kategorisieren. Man kann sich am Projektgedanken orientieren und kategorisiert dann alle Dokumenttypen, die im Verlauf eines Projekts erstellt werden:

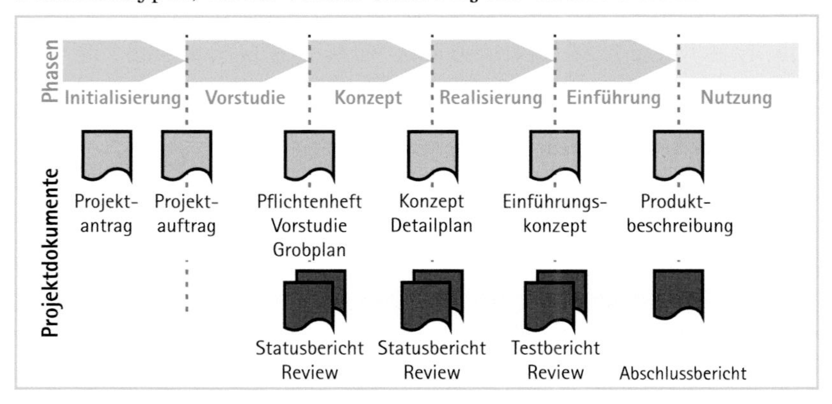

Dokumenttypen im Projektgedanken[4]

4 Nach Kuster, Huber, Lippmann [u. a.], *Handbuch Projektmanagement*.

Dokumenttypen nach VDI 4500 Orientierung: Produktlebenszyklus

Die VDI 4500[5] nutzt eine Kategorisierung für die Technische Dokumentation, sie unterscheidet zwischen internen und externen Dokumenten. Diese Trennung ist sinnvoll, weil einige allgemeine Anforderungen an das externe, mit dem Produkt ausgelieferte Dokument gestellt werden, die für ein nur innerbetrieblich genutztes so nicht gelten.

Externe Dokumente

Solche externen Dokumente nutzen
- Marketing und Vertrieb,
- Anwender,
- Techniker für die Instandhaltung und
- Entsorgung.

Typische Dokumente dieser Art sind Angebote, Werbebroschüren, Kataloge, Gebrauchs- und Bedienungsanleitungen.

Interne Dokumente

Interne Dokumente gibt man üblicherweise nicht heraus. Es sind beispielsweise
- Spezifikationen,
- Planungs- und Produktionsunterlagen,
- Testberichte,
- Risikobeurteilungen,
- Ingenieurberichte und
- Machbarkeitsstudien.

> Abhängig vom Markt und von den vertraglichen Vereinbarungen zwischen einem Hersteller und seinen Kunden werden jedoch oft eigentlich innerbetriebliche Dokumente auch an den Kunden ausgeliefert.

Musterlösungen

Für viele externe Dokumente bietet der Markt Musterlösungen an.[6] Üblicherweise werden solche Lösungen mehr oder weniger übernommen oder es werden eigene entwickelt und im Corporate Design des Unternehmens als Musterdatei für die Textverarbeitung oder dergleichen gespeichert.

Auch komplexe Dokumente wie Gebrauchsanleitungen sind häufig in Redaktionssystemen oder Textprogrammen weitgehend vorgegeben.

Unterschiede zwischen intern und extern

Zu den wesentlichen Unterschieden zwischen externen und internen Dokumenten gehören
- der Grad juristischer Anforderungen,
- der Einfluss des Corporate Design und
- – leider häufig – die Sorgfalt in der sprachlichen Gestaltung.

Juristische Anforderungen

Wer ein Angebot schreibt oder eine Gebrauchsanleitung entwickelt, sollte sich unbedingt juristisch beraten lassen. Viel Geld steht auf dem Spiel, wenn das Angebot unsauber formuliert ist, und die Projektabwicklung zu einer rechtlichen Auseinandersetzung führt.

5 VDI 4500 – Blatt 2, November 2006.

6 Das Literaturverzeichnis nennt die Bände von Bambach-Horst (2010) und Herweg (2008) als Beispiele, ohne sie zu empfehlen. Der Buchhandel und das Internet bieten viele vergleichbare Mustersammlungen.

Legendär sind die rechtlichen und normativen Erfordernisse für produktbegleitende Literatur wie Bedienungs- oder Gebrauchsanleitungen.[7] Die einschlägigen Normen und Richtlinien stehen am Arbeitsplatz jedes Autors oder einer Redaktion: die DIN 82079-1, die VDI 4500, die SIA 260 oder den Tekom-Leitfaden über Sicherheits- und Warnhinweise.

Auch für einige interne Dokumente gelten strenge Regeln, etwa für die Risikobeurteilung nach der Maschinenrichtlinie. Der Grad juristischer und normativer Anforderungen an Texte dieses Typs ist aber etwas geringer als bei jenen, die Kunden in Händen halten. Bei Unfällen oder Rechtsstreitigkeiten sind ordentlich gestaltete und sauber archivierte interne Dokumente jedoch immer ein Nachweis der Sorgfalt.

Corporate Design

Wenn etwas „nach draußen" geht, hält man sich an die Gestaltungsvorgaben des Unternehmens. Satzspiegel, Schriften und Farben sind meist detailliert festgelegt und bieten dem Autor wenig Spielraum, eigene Gestaltungsideen zu verwirklichen. Der Kunde soll auf den ersten Blick das Unternehmen erkennen und durch den Stil des Dokuments wesentliche Botschaften sozusagen unausgesprochen wahrnehmen: Wir sind – wahlweise – jung, qualitätsbewusst, bodenständig ...

Sprachlich

Für interne Dokumente werden die Regeln der Gestaltung und des Sprachgebrauchs oft laxer eingehalten; es gibt nur einen üblichen Gebrauch, nicht aber ein Regelwerk. Das kann dann heikel werden, wenn mit dem Kunden nachverhandelt wird, und der Wunsch auf den Tisch kommt, zusätzliche Dokumente einzusehen.

Typen technischer Dokumentation

Dokumenttypen in der Technischen Redaktion können auch danach unterschieden werden, wie weit man sie sprachlich vereinfachen und damit Kosten für die ständige Aktualisierung und Übersetzung sparen kann:

Typ 1 bis Typ 3 sind schwer zu standardisieren: zu viele Faktoren jenseits der Technischen Dokumentation.

Typ 4 ist für Standardisierungen geeignet.

1. Nachkaufwerbung, Texte mit werblichen Inhalten.
2. Lehrmaterialien, Texte für Schulungen und Selbstlerneinheiten.
3. Texte, die sich an einem besonderen Medium orientieren müssen: Film, Audiotexte, Online-Dokumente.
4. Dokumente für die rein professionelle Nutzung, Service-Handbücher, Texte für Fachleute – vom Narkosearzt bis zum Kfz-Mechatroniker.

Nachkaufwerbung will den Kunden an Produkt und Hersteller binden. Die treibende Idee ist lange bekannt: Der Kunde ist entweder ein Neukunde oder einer, der schon einmal beim Hersteller gekauft hat, ein Stammkunde.[8] Diesen zu halten ist oft kostengünstiger, als jenen zu werben. Ein materiell handfester Grund, den Kunden zufrieden zu stellen.

7 Die Tekom e.V., der Fachverband für technische Kommunikation, unterhält für seine Mitglieder einen eigenen Rechtsdienst unter www.tekom.de.

8 Vgl. Kotler, Bliemel, *Marketing-Management*, S. 37.

Die beste Mittel, für zufriedene Kunden zu sorgen, ist und bleibt die Qualität des Geräts oder der Software und das Verhältnis von Preis und Leistung. Hinzu kommen aber auch andere Aspekte, die man keinesfalls vernachlässigen darf, von der Verpackung bis zur Ansprache.

Typ 1 Werbung

Texte der Nachkaufwerbung können sich nicht damit begnügen, den Umgang mit dem Produkt vollständig und fehlerfrei zu beschreiben. Darüber hinaus werden sie den Anwender in ein besonderes Licht rücken oder ihm weitere Angebote oder Produktergänzungen des Herstellers schmackhaft machen. Wer Küchengerät A für den zehnfachen Preis von B erwirbt, will anders angesprochen werden als die typischen B-Kunden!

Typ 2 Didaktik

Lehrmaterialien verlangen ein didaktisches Konzept. Gelöst von der Funktionsweise des Produkts stehen Lernen und Wissen im Vordergrund. Dafür wendet der Autor eine Strategie der Lehre an.

Typ 3 Medien

Vergleichbar der Nachkaufwerbung und den Lehrmaterialien sind auch medial orientierte Texte nicht nur an der Produktnutzung orientiert. Wer beispielsweise den Text verfasst, den ein Sprecher vorträgt, muss sich daran orientieren, welchen Regeln Vorgelesenes zu folgen hat, damit es optimal verstanden werden kann.[9]

Typ 4 Zwischen Anwender und Produkt

Die vierte Kategorie sind solche Texte, die tatsächlich ausschließlich vermittelnd zwischen dem Anwender und dem Produkt stehen. Weder vertriebliche Interessen noch didaktische Methoden oder Medien bestimmen ihre Gestaltung. Nur Texte dieses Typs sind geeignet für betriebliche Standardisierungen der Sprache – Dokumentationsdeutsch.

Dokumentstrukturen

10 Formen der Strukturierung

Womit beginne ich, wie strukturiere ich das Dokument? Wieder hängt alles davon ab, welche Aufgaben der Text hat, mit welchem Ziel er geschrieben wird und in welchem Umfeld er zum Einsatz kommt. Wir unterscheiden zehn Formen der Strukturierung:[10]

1. Normiert
2. Merkmalsorientiert
3. Aufgabenorientiert
4. Das Wichtigste zuerst
5. Wissenschaftlich
6. Deduktiv
7. Induktiv
8. Ursache-Wirkung
9. Block
10. Alternierend

9 Eine Einführung gibt Wachtel, *Schreiben fürs Hören.*

10 Die Kategorien „Deduktiv" bis „Alternierend" entnehmen wir dem für Studierende sehr lesenswerten Buch von Esselborn-Krumbiegel, *Von der Idee zum Text,* S. 121-129.

Struktur 1
Normiert

Die normierte Struktur ist durch eine Norm oder Richtlinie vorgegeben. Ein prominentes Beispiel ist die Struktur nach DIN 82079:[11]

- Inhaltsverzeichnis
- Identifikationen
- Produktbeschreibung
- Definitionen
- Sicherheitshinweise
- Vorbereitung des Produkts für den Gebrauch
- Betriebsanleitung
- Instandhaltung
- Reparatur und Austausch von Teilen
- Liste der Zubehörteile, Verbrauchsmaterialien, Ersatzteile
- Außerbetriebnahme
- Stichwortverzeichnis

Obgleich diese Struktur von der Norm nur als Vorschlag angeführt wird, ist sie eine nützliche Vorgabe, der etliche Unternehmen folgen. Natürlich kann man ein Dokument so nur strukturieren, wenn Umfang und Zielgruppenadressierung das gestatten.

- Umfang: Erfahrungsgemäß sind Dokumente dieses Typs (alles in einem) auf höchstens ein- oder zweihundert Seiten zu begrenzen. Umfangreichere Dokumente würden verlangen, dass mehrere Teildokumente verfasst werden, etwa *Transport* und *Installation* als Teil des Gliederungspunktes *Vorbereitung*.
- Zielgruppe: Wenn unterschiedliche Lesertypen anzusprechen sind, müssen für diese Leser auch eigene Dokumente angefertigt werden, damit beispielsweise Laien nicht an Maschinenkomponenten zu arbeiten versuchen, für die sie nicht ausgebildet sind.

Struktur 2
Merkmalsorientiert

Traditionell wurden Anleitungen merkmalsorientiert verfasst. Besonders auf dem Softwaremarkt findet man auch heute noch genügend Beispiele dafür: Punkt für Punkt werden die Leistungsmerkmale eines Produkts aufgelistet, an Menüstrukturen zum Beispiel. Für den Leser ist dies oft störend, weil der Aufbau des Dokuments nicht der Handlungslogik entspricht. Die Frage, was als nächster Schritt zu unternehmen sei, beantwortet sich in solchen Texten nicht automatisch.

In Machbarkeitsstudien ist eine Merkmalsorientierung hingegen nicht ungewöhnlich. Ob man diese Strukturierung wählen kann, hängt folglich vom Dokumenttyp ab.

Struktur 3
Aufgabenorientiert

Aufgabenorientierte Dokumente sind Anleitungen, die dem Autor besondere Aufmerksamkeit abverlangen. Er muss sich nämlich von seinem Produkt lösen und die Handlungslogik des Anwenders abbilden. Solche Strukturen sind immer dann nötig, wenn

- besonderer Wert auf eine didaktische Komponente gelegt wird oder

11 DIN EN 82079-1 Kapitel 5, S.20-30.

- dem Anwender nur ein Ausschnitt aus den Handlungsmöglichkeiten angeboten werden soll, beispielsweise bei weniger qualifiziertem Personal, das nur ausgewählte Tätigkeiten mit dem Produkt verrichten darf.

Das Wichtige zuerst. Viele Ingenieurtexte und Projektberichte sind so strukturiert;[12] das Ergebnis steht im Vordergrund. Das sind schließlich die zentralen Wünsche von Managern an Autoren technischer Texte:

Struktur 4
Das Wichtige zuerst

- Sage mir geradeheraus, was für mich am wichtigsten zu wissen ist.
- Lenke meine Aufmerksamkeit auf die Ergebnisse. Verstecke sie nicht im Text, so dass ich danach suchen muss.

Diese Gliederungsform ist der des Nachrichtenjournalismus sehr ähnlich. Die interessantesten Fragen sind in den ersten zwei Sätzen geklärt: Wer hat was wann wo warum wem wie getan?

Aufbau dem einer Nachricht ähnlich

Der folgende wissenschaftliche Zeitungstext veranschaulicht, wie ein solcher ergebnisorientierter Aufbau aussieht:

> Nanosonde misst den Schlag von Herzzellen
>
> Das Innenleben von isolierten Zellen lässt sich dank einer winzigen elektrischen Sonde schonend und vergleichsweise einfach untersuchen.
>
> Das Bauteil, das Forscher von der Harvard University in Cambridge (Massachusetts) entwickelt haben, besteht im Wesentlichen aus einem etwa fünfzehn Nanometer großen, v-förmig gebogenen Siliziumdraht.
>
> Der Draht, an dessen Enden sich Elektroden befinden, funktioniert wie ein Transistor und kann elektrische Signale im Millivoltbereich von Nervenzellen oder Herzmuskelzellen erfassen („Science", Bd. 329, S. 830). Damit sich die Sonde gefahrlos durch die Zellmembran in das Zellinnere befördern lässt, hat man den Nanodraht mit einer Phospholipid-Doppelschicht überzogen, aus der auch die Membran besteht.
>
> Die Forscher haben das Bauteil, das nur ein Tausendstel herkömmlicher Sonden misst, an kultivierten Herzmuskelzellen von Hühner-Embryonen getestet. Das 2,3-Hertz-Signal im Inneren einer schlagenden Zelle ließ sich deutlich ohne Rauschen registrieren. Nun will man die Sonde mit Signalmolekülen versehen, an die sich Substanzen im Inneren der Zelle heften können.[13]

Bei der ergebnisorientierten Darstellung beginnt der Text immer mit der Hauptbotschaft. Darauf folgen Hintergründe und Umstände und danach die Details. Sie liefern die Begründungen und die notwendigen Daten und Fakten.

Am Anfang steht das Ergebnis

12 Vgl. Blicq, Moretto, *Writing reports*. Besonders in den USA ist diese Strukturierungsmethode als das Pyramiden-Prinzip bekannt, entwickelt in Minto, Barbara, *Das Pyramiden-Prinzip*.

13 Frankfurter Allgemeine Zeitung, 18. August 2010, Nr. 190, S. N2.

Hauptbotschaft: Ergebnis	Das Innenleben von isolierten Zellen lässt sich dank einer winzigen elektrischen Sonde schonend und vergleichsweise einfach untersuchen.
Hintergrund: Umstände (was, wer, wo, wann)	Das Bauteil, das Forscher von der Harvard University in Cambridge (Massachusetts) entwickelt haben, besteht im Wesentlichen aus einem etwa fünfzehn Nanometer großen, v-förmig gebogenen Siliziumdraht.
Details: Begründungen, Daten, Fakten (was, wie, warum)	Der Draht, an dessen Enden sich Elektroden befinden, funktioniert wie ein Transistor und kann elektrische Signale im Millivoltbereich von Nervenzellen oder Herzmuskelzellen erfassen („Science", Bd. 329, S. 830). Damit sich die Sonde gefahrlos durch die Zellmembran in das Zellinnere befördern lässt, hat man den Nanodraht mit einer Phospholipid-Doppelschicht überzogen, aus der auch die Membran besteht.
Details: Begründungen, Daten, Fakten (was, wie, warum)	Die Forscher haben das Bauteil, das nur ein Tausendstel herkömmlicher Sonden misst, an kultivierten Herzmuskelzellen von Hühner-Embryonen getestet. Das 2,3-Hertz-Signal im Inneren einer schlagenden Zelle ließ sich deutlich ohne Rauschen registrieren. Nun will man die Sonde mit Signalmolekülen versehen, an die sich Substanzen im Inneren der Zelle heften können.

Ergebnisorientierte Struktur

Die Hauptbotschaft konfrontiert den Leser mit dem Wichtigsten – manchmal enthält sie kritische oder gar kontroverse Punkte: „Die Pumpe X löst die Wasserprobleme auf der Baustelle". Mit dem Wichtigsten zu beginnen, löst sofort Fragen aus: Warum gerade diese Pumpe? Wurden weitere Pumpen geprüft? Wie löst die Pumpe unser Wasserproblem? In welchem Umfang und in welcher Zeit wird unser Problem gelöst? Was genau passiert?

Strukturierungsprinzip auch für Kapitel und Abschnitte geeignet

Diese Struktur ist als Makrostruktur geeignet – der gesamte Text ist so gegliedert, er beginnt mit dem Ergebnis und liefert dann die Details. Sie erfüllt ihren Zweck aber auch in Mikrostrukturen, man kann Kapitel so aufbauen, ja auch einzelne Abschnitte lassen sich vom Wichtigen an abwärts gestalten.

Besonders gut ist diese Gliederung für Topics in Hypertexten geeignet.

Struktur 5 Wissenschaftlich

Wissenschaftliche Arbeiten bestehen meist aus drei Komponenten:

1. der Beschreibung einer Fragestellung, der Hypothese,
2. der Diskussion des Forschungsstandes und
3. einem eigenen Beitrag mit Bewertung der Ergebnisse.

Sie können sich in viele Kapitel unterteilen, können Schwerpunkte auf empirische oder theoretische Erörterungen legen. Auch steht die Reihenfolge zur Disposition. So kann eine Arbeit mit der Diskussion des Forschungsstandes beginnen und daran anschließend eine Frage aufwerfen.

Wie viele Kapitel es auch sein mögen, die Grundstruktur bleibt gleich. Sie ist in dem amerikanischen Akronym IMRaD eingefangen: Introduction, Methods, Results and Discussion.[14]

Projektbericht

Der wissenschaftlichen Arbeit steht der Projektbericht nahe. Ähnlich der wissenschaftlichen Arbeit geht er von einer Fragestellung aus. Beim Projektbericht geht es jedoch oftmals nicht nur um diese Fragestellung oder darum, die Antworten in der wissenschaftlichen Diskussion zu verankern. Vielmehr ist die Aufgabe, ein Problem konkret zu lösen. Beispiele: Wie etwa wollen wir unser Produkt konstruktiv den Wünschen der Kunden anpassen? Oder: Mit welchen Werkstoffen wollen wir künftig unsere RFID-Chips produzieren? Im Vordergrund steht die Klärung, wie das Umfeld des zu lösenden Problems aussieht – etwa auf welche Produkte oder Komponenten man sich für die Problemlösung stützen kann. Statt Methoden generell gegeneinander abzuwägen, muss eine mögliche Methode für die Lösung des Problems erarbeitet werden.

Mit Empfehlungen abschließen

Die IMRAD-Gliederung muss daher für Projektberichte ergänzt werden, und zwar um Schlussfolgerungen und Empfehlungen, die aus der Diskussion der Ergebnisse zu ziehen sind. Und der Projektzusammenhang bedingt, dass vorab ein Projektantrag geschrieben werden muss, in dem erwartete Veränderungen und entstehende Produkte sowie die benötigten Ressourcen und ein Zeitplan beschrieben sein müssen.

Vorher Projektantrag

Gliederung Projektantrag

Eine typische Gliederung für einen Projektantrag enthält daher die folgenden Aspekte:

- Einführung
- Problem und Ziele
- Nutzen und Grund oder Auswirkungen.
  Wozu soll das Problem gelöst werden, warum wird das Ergebnis gebraucht?
- Produkt und Folgen
  Welche Veränderungen sind zu erwarten?
- Methode
  Wie geht man vor?
- Ressourcen und Zeitplan
  Lässt sich das Problem in der geforderten Zeit und mit den vorhandenen Ressourcen lösen?

Gliederung Projektbericht

Die typische Gliederung für einen Projektbericht ist:

- Einführung
- Methoden
- Ergebnisse
- Diskussion
- Schlussfolgerung
- Empfehlung

14 Johnson-Sheehan, *Technical communication*, S. 660 f.

Struktur 6
Deduktiv

Die deduktive Gliederung ist eine Form der wissenschaftlichen Arbeit. Sie stellt die Hypothese an den Anfang, für das ganze Thema oder jedes Kapitel, jeden Abschnitt. Anschließend folgen die Argumente, die diese Hypothese stützen. Aus den Hypothesen ergeben sich Folgerungen und ein Fazit, das entweder eine Frage für beantwortet erklärt oder weitere Forschung einfordert.

Einleitung
- Hypothese 1
  - Argument 1
  - Argument 2
  - Argument 3
- Hypothese 2
  - Argument 1
  - Argument 2
  - Argument 3

Folgerungen aus Hypothesen 1 und 2
Schluss[15]

Struktur 7
Induktiv

Wer seinen Text induktiv gliedert, beginnt mit den Argumenten und entwickelt daraus die These. Diese Struktur ist der deduktiven entgegengesetzt. Welche der beiden Varianten, deduktiv oder induktiv, vorzuziehen ist, hängt vom Forschungsstand und der Kraft der Hypothesen ab:

> Haben Sie mit bislang wenig erforschtem Material zu tun, so liegt der Reiz Ihrer Arbeit in erster Linie in der Erschließung und Interpretation: Entscheiden Sie sich deshalb für die induktive Gliederung. Sie rückt das Material in den Vordergrund. Dagegen lenkt die deduktive Gliederung den Blick primär auf die Hypothesen, die bewiesen werden.[16]

Struktur 8
Ursache-Wirkung

Ereignisse sind auf Ursachen zurückzuführen. Wenn dieser Zusammenhang für einen Text von Bedeutung und hervorzuheben ist, bietet sich eine Ursache-Wirkung-Gliederung[17] an. Mehrere Ursachen können in ihrem Verhältnis zu einer – angenommenen – Wirkung diskutiert werden, oder mehrere Wirkungen als mögliche Folgen einer Ursache.

Ursache	Wirkung
• Wirkung 1	• Ursache 1
• Wirkung 2	• Ursache 2
• Wirkung 3	• Ursache 3

Struktur 9
Block

Wenn man Objekte miteinander vergleichen muss, kann man sie im Ganzen, en bloc, nebeneinander stellen. Für Gegenstände oder Prozesse geringeren Umfangs ist dies oft die angemessene Form, Beispiel: Vergleich möglicher Tagungsorte.[18]

15 Esselborn-Krumbiegel, *Von der Idee zum Text,* S. 121.
16 A. a. O., S. 123.
17 A. a. O., S. 124-126. Vgl. „Ursache/Wirkung" auf Seite 46.
18 Vgl. „Teil und Ganzes" auf Seite 41 und „Varianten-Entscheid/Design-Entscheid" auf Seite 50

Umfangreichere Vergleichsgegenstände verlangen eher eine alternierende Struktur, Beispiel: Redaktionssystem:

Struktur 10 Alternierend

System 1	System 2
• Editor	• Editor
• Datenbank	• Datenbank
• Grafik	• Grafik
• ...	• ...

> In der Praxis nutzt man oft Mischformen dieser Strukturierungstypen. Außerdem kommen weitere Varianten hinzu, wenn Dokumente jenseits des eher technischen Textes zu gestalten sind, zum Beispiel Schulungsunterlagen, Websites, Artikel in Unternehmenszeitschriften ...

7.3 Bekannt und neu

Prägnant starten ...

Der Leser technischer Texte möchte von Anfang an wissen, wohin die Reise geht. Das zeigt ihm die Dokumentstruktur.[19] Dieser Erwartung kann man auch entsprechen zu Beginn eines Kapitels, gelegentlich sogar eines Absatzes oder Abschnitts. Ein Beispiel zeigt, wie man das macht:

> In einer typischen deutschen Tageszeitung lesen wir an einem Tag über hundertmal das Wort „Prozent". [...] — 1. Absatz, 1. Satz
>
> Wohl- und übelwollende Benutzer gleichermaßen schätzen es wegen der Aura mathematischer Neutralität und Sachlichkeit, die es immer noch umgibt. [...] — 2. Absatz, 1. Satz
>
> Einem geübten Prozentrechner fällt es schwer, das zu glauben, aber trotzdem ist es so. [...] — 3. Absatz, 1. Satz
>
> Kein Wunder also, dass mit Prozenten trefflich Schaum zu schlagen ist.[20] — 4. Absatz, 1. Satz

Der erste Satz in jedem Absatz gibt in etwa das Thema vor, geschickt nutzt Walter Krämer, der Autor des Textes, diesen Themensatz, um den Leser in die Materie einzuführen.

Themensatz

Der Themensatz ist die Aussage oder Behauptung, die im folgenden Abschnitt erläutert, erklärt oder begründet wird.

Themensatz am Anfang

In technischen Texten steht der Themensatz typischerweise am Anfang eines Abschnitts. Dafür gibt es zwei gute Gründe:

1. Der Themensatz legt fest, worüber etwas gesagt wird und was darüber gesagt wird. Er legt auch den Fokus eines Abschnitts fest. Der

19 Siehe Seite 139.
20 Krämer, *So lügt man mit Statistik*. S. 42, 43.

Leser erfährt, welche Aussage oder Behauptung der Autor in diesem Abschnitt belegen, erklären, erläutern will. Er steht somit auch für eine ergebnisorientierte Schreibweise.

2. Der Themensatz ist der wichtigste Satz des Abschnitts. Dass er am Anfang platziert wird, hat mit den Lesegewohnheiten zu tun. Insbesondere eilige berufliche Leser „scannen" Texte und lesen nicht Satz für Satz. Die größte Aufmerksamkeit wird dabei dem Beginn eines Abschnitts zuteil.

Der Themensatz braucht Unterstützungssätze. Sie enthalten die Fakten, Gründe, Beschreibungen oder auch Beispiele und Anekdoten, mit denen der Themensatz erklärt, begründet oder veranschaulicht wird.

Themensatz — In einer typischen deutschen Tageszeitung lesen wir an einem Tag über hundertmal das Wort „Prozent".

Unterstützungssatz — Ich habe das mit Unterstützung meiner Mitarbeiter für zwei Ausgaben der *Frankfurter Allgemeinen Zeitung* einmal nachgezählt.

Unterstützungssatz — Am 20. April 1990 erschien „Prozent" genau 126 mal ...[21]

Abschnitte anhand von Themen- und Unterstützungssätzen aufzubauen, wird in amerikanischen Lehrbüchern zur Technischen Kommunikation mit dem Begriff „Paragraph-Writing" bezeichnet.[22] Manchmal enthalten Abschnitte mehr als nur den Themensatz und die Unterstützungssätze. Es können noch Übergangssätze und Abschlusssätze hinzukommen.

Übergangssatz — Ein Übergangssatz verbindet den neuen Abschnitt explizit mit dem vorangegangenen. Das kann dann hilfreich sein, wenn ein völlig neuer Gesichtspunkt in die Diskussion kommt oder die Diskussion (wieder) in eine bestimmte Richtung gelenkt werden soll.

Übergangssätze
5. Absatz, 1. Satz — Darüber hinaus verbergen Prozentsätze, falls auf Stichproben angewandt, auch noch die Unsicherheit, die damit verbunden ist. [...]

6. Absatz, 1. Satz — Natürlich sind Prozente nicht nur für Unfug da.[23]

Abschlusssatz — Ein Abschlusssatz hebt das Wesentliche noch einmal hervor. Das ist hilfreich, wenn der Leser nach einer längeren Textpassage mit viel Informationen eine zusätzliche Orientierung gebrauchen kann.

Abschlusssatz — Kein Wunder also, dass jeder, der Geld von uns will, dies gerne in Prozent einer möglichst großen Summe ausdrückt.[24]

Der Themensatz weckt beim Leser eine klare Erwartung und der Autor tut gut daran, diese Erwartung im weiteren Verlauf des Abschnitts auch zu erfüllen. Dabei kann er sich das Prinzip zunutze machen, nach dem wir auch sonst neue Informationen aufnehmen. Damit das geschehen kann, müssen wir nämlich die neue Information mit einer uns bereits bekannten Information verbinden können.

21 Krämer, *So lügt man mit Statistik*. S. 42.

22 Johnson-Sheehan, *Technical communication*, S. 215-219. Die englischen Termini sind *Transition Sentence, Topic Sentence, Support Sentence* und *Point Sentence*.

23 Krämer, *So lügt man mit Statistik*. S. 43.

24 A. a. O., S. 47.

Bekanntes und Neues verbinden

Seit fast achtzig Jahren[25] weiß die Psychologie, dass Lernen und Verstehen immer auf das im Langzeitgedächtnis Gespeicherte zugreifen müssen. 1982 fasste der Kognitionswissenschaftler Roger Schank diesen Zusammenhang in die Worte:

Lernen Verstehen

> Wir nutzen, was wir wissen, um zu verarbeiten, was wir aufnehmen.[26]

Noch haben wir keine endgültige Gewissheit, wie Lernen und Verstehen im Detail funktionieren. Die Wissenschaft bietet unterschiedliche Theorien, über die Guy Lefrançois sagt:

> Keine dieser Theorien hat alle anderen klar besiegt, vielleicht weil es nicht nur eine Art von Lernen gibt.[27]

Eine Überlegung ist aber gerechtfertigt: Was die Leser verstehen sollen, müssen sie dem Text aktiv entnehmen. Dazu richten sie eine Art Arbeitsgedächtnis ein, um die neue Information zu verwerten. Die bekannte Information unterstützt sie dabei, denn bekannt ist, was das Langzeitgedächtnis gespeichert hat (Abbildung Seite 148).

Neue mit bekannten Informationen verknüpfen

> Genau dieses Prinzip lässt sich unterstützen, wenn ein Text Neues einführt oder Sätze miteinander verbindet. Man kann es bis auf die Satzebene anwenden. An den Anfang stellt man das Bekannte, dann kommt die neue Information.[28]

Am Satzanfang wird auf etwas Bekanntes zurückgegriffen, indem eine Idee, ein Wort oder ein Ausdruck aus dem vorherigen Satz aufgegriffen wird. Darauf schließt sich Neues an:

Bekannt heißt: „bereits eingeführt"

1 Elektromagnetische Bremsen haben eine hohe Bremskraft. Die Höhe der Bremskraft wird durch die Zugkraft des Magneten begrenzt.

Beim ersten Satz im Text kann nicht auf vorher schon Erwähntes zurückgegriffen werden. „Bekannt" am Anfang eines Textes meint daher, etwas für den Leser leicht Zugängliches als „bekannt" zu setzen.

Wenn nicht eingeführt, dann leicht zugänglich

Damit die Übergänge zwischen den Sätzen flüssig werden, muss der Autor beim Schreiben des Textes auf den vorangegangenen Satz zurückblicken:

Flüssige Übergänge

- Mit welchen Wörtern, mit welchem Ausdruck kann der nächste Satz beginnen? Beispiel oben: *Bremskraft.*

---

25 Als Beginn gilt die Arbeit von Bartlett, 1932, Nachdruck 1964: *Remembering.*

26 Schank, *Dynamic memory,* S. 21: We use what we know to help us process what we receive.

27 Lefrançois, *Psychologie,* S. 351.

28 Linguisten bezeichnen oft das Bekannte als *Thema* und das Neue als *Rhema.* Vgl. Kunkel-Razum, Wermke, *Die Grammatik,* S. 1130-1144. In der angelsächsischen Literatur findet man auch *Given* und *New,* vgl. *The Given/New Method* in Johnson-Sheehan, *Technical communication,* S. 219-220.

- Was soll der Satz aufgreifen?
- Kann man Wörter wiederholen oder abwandeln?
  Beispiel oben: *Höhe* und *hohe*.
- Falls sich kein Wort oder Ausdruck anbietet: Wie kann man den Übergang formulieren?

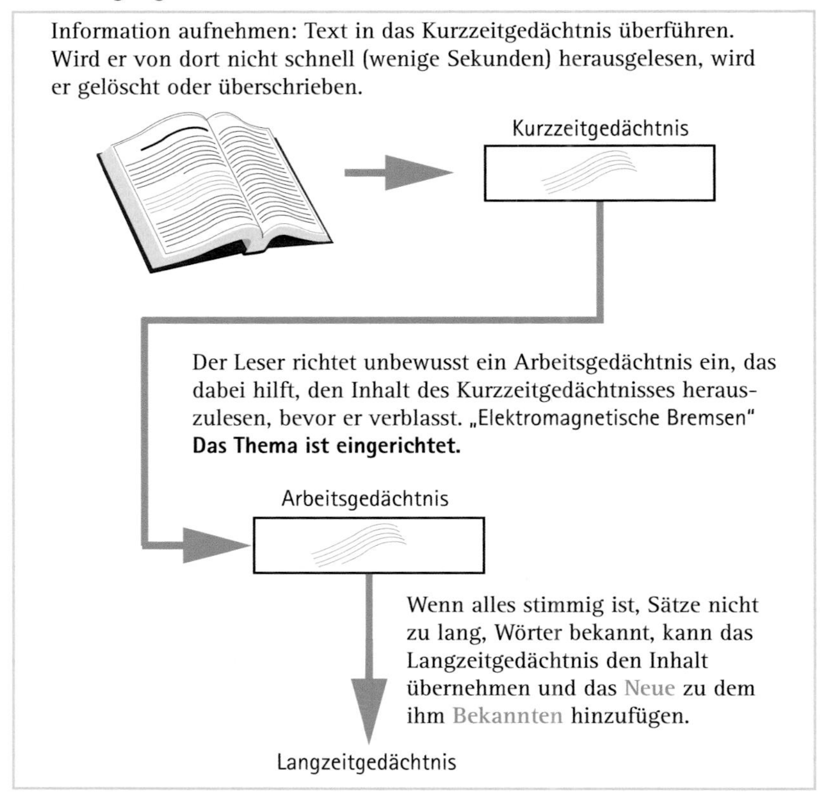

Thema einrichten und Neues hinzufügen.

7.4 Regeln für den Sprachgebrauch

Basic English

So macht Englisch lernen Spaß: Nur 850 Wörter, einfache Grammatik, fertig ist der Sprecher. Ein Scherz? Nein, dieses rudimentäre Englisch gibt es seit 1930, es heißt *Basic English* und ist in 60 Stunden gelernt.[29]

Eine Sprache mit nur 850 Wörtern ist nichts für Philosophen und Literaturwissenschaftler. Aber für alle, die keinen Wert auf den geschliffenen Ausdruck legen, die Sachverhalte einfach wie korrekt kommunizieren wollen. Zum Beispiel für englische Kolonialbehörden in weltweitem Einsatz und für Techniker oder Technische Redakteure als Autoren einer Produktbeschreibung, die überall gelesen und verstanden werden muss – auf Englisch.

Solche Produkte gibt es, an erster Stelle natürlich in der Luftfahrt. Wer Fluggerät betreibt und wartet, muss rund um die Welt Texte in Englisch lesen und verstehen können. Dazu braucht man etwas, das dem Basic English vergleichbar ist.

ASD-STE 100

Gesteuerte Sprache

Seit vierzig Jahren arbeitet man an einer *Controlled Language*: Definierter Wortschatz, Beseitigung aller Mehrdeutigkeiten und einfache Regeln. Die aktuelle Version ist ASD-STE 100, Ausgabe 6.[30] *Controlled Language* hat man lange als *kontrollierte Sprache* übersetzt, ein Fehler, der für Verwirrung sorgte. Denn *to control* bedeutet auch steuern, einschränken, lenken. Es ist also eine gesteuerte, eine eingeschränkte oder gelenkte Sprache, die Untermenge einer natürlichen Sprache, genutzt für Luft- und Raumfahrt, Rüstungswirtschaft und viele andere global vernetzte Industrien und Unternehmen.

65 Regeln

Das ASD-STE 100 besteht aus 65 Schreibregeln (Writing rules) und einer Wortliste (Dictionary). Die Regeln beziehen sich auf:

- Words, Wörter: 17 Regeln
- Noun phrases, Substantive: 3 Regeln
- Verbs, Verben: 8 Regeln
- Sentences, Sätze: 4 Regeln
- Procedures, Handlungen, Anleitungen: 5 Regeln
- Descriptive writing, Beschreibungen: 8 Regeln
- Warnings, cautions, and notes, (Sicherheits-) Hinweise: 6 Regeln
- Punctuation and word counts, Interpunktion, Satzlänge: 11 Regeln
- Writing practices, Ergänzungen: 3 Regeln

29 Vgl. Ogden, *Basic English*. Auch: Das Basic English Institute, http://www.basic-english.org/institute.html.

30 AeroSpace and Defense Industries Association of Europe: Simplified Technical English, Specification ASD-STE 100, hiert auch STE. http://www.asd-europe.org*ASD* ist die Abkürzung von AeroSpace and Defense, *STE*: Simplified Technical English.

Regeln für den Wortgebrauch

Die Regeln greifen auf das Lexikon zu, ein Beispiel:

ASD-STE100

Keyword (part of speech)	Approved Meaning/ ALTERNATIVES	APPROVED EXAMPLE	Not Approved
TEST (n)	The procedure where an object or system is operated to make sure that its performance and/or function is correct	DISCONNECT ALL SYSTEMS WHICH ARE NOT NECESSARY FOR THE TEST.	
test (v)	TEST (n)	DO A FUNCTIONAL TEST OF THE WARNING SYSTEM.	Functionally test warning system.

Dictonary, Eintrag für *Test*[31] – Part of speech = Wortart

Erlaubt

Das Lexikon gestattet (approved meaning), dass *Test* als Substantiv *(n)* verwendet wird. Es verbietet (not approved), *test* auch als Verb *(v)* zu nutzen. Auf diesen Lexikoneintrag verweist die Schreibregel 1.2:

Each approved word in the dictionary has a part of speech. Do not use it as another part of speech for which it is not approved. For example, if a word is given only as a noun, do not use it as a verb.

Example: "Test" is approved as a noun but not as a verb.

Non-STE: *Test the system for leaks.*
STE: Do the leak test for the system.
or
Do a test for leaks in the system.

Example: "Close" is a verb (and not an adverb).

STE: Close the access panel. ("close" is a verb here)

Non-STE: *Do not go close to the test rig during the test. ("close" is an adverb here)*
STE: Do not go near the test rig during the test.

Writing rule 1.2

Verboten

Non-STE heißt: Dieser Wortgebrauch gehört nicht in die Sprache ASD-STE 100. Das Beispiel für *close* (schließen) legt fest, dass dieses Wort nie als Adverb (nahe bei) genutzt werden darf. Mit einigen Ausnahmen – technical names und technical verbs –, die der Hersteller definieren muss, enthält das Lexikon eine vollständige Liste aller Wörter der ASD-STE 100; ein Satz wäre nicht regelkonform, enthielte er ein anderes Wort oder ein Wort in der nicht gestatteten Wortart.

Herbert Kaiser, Experte für den Einsatz der ASD-STE 100, erläutert den Gebrauch des Standards an einem Beispiel:

> Der folgende Text ist ein Originaltext aus einem technischen Handbuch – in diesem Fall ein Sicherheitshinweis:
>
> "The synthetic lubrication oil used in this engine contains additives which, if allowed to come into contact with the skin for prolonged

31 ADS-STE 100, S. 2-1-T3.

periods, can be toxic through absorption."
Wird dieser Satz gemäß den Regeln der STE erstellt, kommt dabei folgendes heraus:
"Do not get the engine oil on your skin. The oil is poisonous. It can go through your skin and into your body."[32]

Texte vom **Typ 4** auf Seite 138 sind für eine gesteuerte Sprache wie die ASD-STE 100 geeignet, wenn sie **in Englisch** verfasst werden. Texte der Typen 1 bis 3 sind ungeeignet.

Gesteuerte Sprache auch auf Deutsch?

Kann man im Deutschen Ähnliches erreichen? Das Deutsche unterscheidet sich vom Englischen,[33] worüber der Amerikaner Mark Twain verzweifelte:

> Der Erfinder dieser Sprache scheint sich ein Vergnügen daraus gemacht zu haben, sie in jeder Form, die er sich nur ausdenken konnte, zu komplizieren.[34]

Erlaubte Wörter

Obgleich die Regeln unserer Sprache anders – nicht unbedingt komplizierter – sind, kann man auch für das Deutsche eine gesteuerte Sprache konstruieren. Man muss dazu die Zahl der Wörter reduzieren, vielleicht auf 1000 oder 1500. Das wäre schon eine beachtliche Einschränkung, rechnet doch die Dudenredaktion allein für die Alltagssprache mit etwa 500.000 Wörtern „und einer nach oben unbegrenzten Zahl von fachsprachlichen Fügungen".[35] Das zehnbändige Wörterbuch des gleichen Verlages kommt immerhin auf mehr als 200.000 Wörter.[36] Ein halbes bis ein Prozent der deutschen Wörter wäre folglich schon mehr als einer solchen Sprache zuständе.

Regeln für die Verwendung

Dann muss für viele dieser Wörter die Verwendung geklärt werden. Darf beispielsweise eine Präposition wie *auf* mehrere Kasus regieren? Wie im ASD-STE 100 muss auch die Zuordnung zu Wortarten restriktiv gehandhabt werden: *Schrauben* ist entweder der Plural von *Schraube* oder der substantivierte Infinitiv des Verbs.

Zwar bietet das Deutsche durch die Großschreibung der Substantive gegenüber dem Englischen einen Vorteil für das Erkennen einer Wortart; Schwierigkeiten könnten jedoch an Satzanfängen oder in Aufzählungen entstehen. Auch die Nutzung von Komposita wäre stark eingeschränkt. Schließlich wird eine rudimentäre Grammatik benötigt.

Eine Sprache dieses Typs ist eine Herkules-Aufgabe, bislang konnte sich keine Entwicklung durchsetzen.

32 Kaiser, *Kreativ schreiben*, S. 273.
33 Vgl. „9.2 Übersetzungsgerecht texten" auf Seite 174.
34 Twain, *Die schreckliche deutsche Sprache*, S. 12 f.
35 Duden, *Deutsches Universalwörterbuch*, S. 13.
36 Scholze-Stubenrecht, *Duden*, S. 5.

Leitlinie der Tekom

Deutsch der Technischen Redaktion

Einen moderaten Weg geht die Tekom, der Fachverband Technischer Redakteure. Sie ließ von Experten des Verbandes gemeinsam mit den Herstellern von Prüfsoftware die Leitlinie für ein Deutsch der Technischen Redaktion entwickeln. Dieses Werk erhebt nicht den Anspruch auf Vollständigkeit:

> Die Leitlinie ist jedoch keine fertige Regelsammlung. Vielmehr trägt die Leitlinie dem Umstand Rechnung, dass Unternehmen angesichts unterschiedlicher Branchen, Zielgruppen und Informationsprodukte die Regeln an den unternehmensspezifischen Bedarf anpassen. Zudem hängen Regeln für die Textproduktion von der Art der gegebenen Information ab: So können für handlungsanleitende, beschreibende oder orientierende Informationen unterschiedliche oder sogar sich widersprechende Regeln erforderlich sein. Damit ist zunächst der Informationsentwickler im Unternehmen gefragt, der die Regeln auf ihren Nutzen für seine spezifischen Informationsarten einzeln prüft und an den Bedarf anpasst.[37]

Nützliche Sprachwerkzeuge

Diese Initiative hat sich dafür entschieden, kein monolithisches Werk nach Art der ASD-STE 100 zu schaffen. Im Prinzip ist die Leitlinie ein Arbeitsplatz mit einigen nützlichen Sprachwerkzeugen, der für jede Umgebung angepasst und erweitert werden kann. Sie enthält insgesamt 170 Regeln, davon 39 Textregeln, 42 Satzregeln und 49 Wortregeln. Ergänzend dazu werden seit der zweiten Auflage Regeln für spezielle Fragen von Rechtschreibung und Zeichensetzung sowie für Platz sparendes und übersetzungsgerechtes Schreiben formuliert.

Prüfung durch Software

Viele dieser Regeln können in eine Prüfsoftware implementiert werden, die Autoren während des Schreibens darüber in Kenntnis setzt, ob ihr Text regelkonform ist oder Korrekturen nötig sind. Redakteure können, wenn sie die Regeln erlernt haben und anwenden wollen, ihre Texte auch ohne Programme anpassen, ähnlich wie Nutzer kontrollierter Sprache in der Luftfahrtindustrie.

Leicht erlernbar

Das System ist so aufgebaut, dass man es leicht erlernen kann, wie ein Beispiel zeigt: „S 204 Keine Wortteile weglassen."

Handlungsanweisung: Verwenden Sie die Wörter vollständig.

Negativbeispiel	Positivbeispiel
Das Gerät zunächst auf- und nach Einlegen der Batterie wieder zuschrauben.	a) – Das Gerät aufschrauben. – Die Batterie einlegen. – Das Gerät zuschrauben. b) – Das Gerät aufschrauben. – Wenn die Batterie eingelegt ist, das Gerät zuschrauben. [...]

37 Gesellschaft für technische Kommunikation, *Regelbasiertes Schreiben,* S. 14.

Entscheidungshilfe
Das Verständnis kann erschwert sein. Eine solche Konstruktion ist insbesondere für die Übersetzung in Fremdsprachen ungünstig.
Maschinelle Prüfbarkeit
Verfügbar[38]

Mit einem eigenen Kapitel *Zugangshilfen* unterstützt die Leitlinie Redakteure bei der Auswahl von Regeln. In kurzer Zeit ist eine Regel dieser Art „in Fleisch und Blut" übergegangen. Mit dem Ergebnis, dass die Texte konsistent werden und leichter zu übersetzen sind.

Damit dieses oder ein anderes Regelwerk in Kraft gesetzt werden kann, benötigt man einen Rahmen, der die Gestaltung von Dokumenten regelt, eine Gestaltungsrichtlinie oder einen Redaktionsleitfaden.

Redaktionsleitfaden, Gestaltungsrichtlinie

Spätestens nach einigen Jahren Erfahrung ist es für die Leitung eines kleinen Unternehmens keine Frage mehr: Man darf den öffentlichen Auftritt der Firma nicht allein dem Geschick der Mitarbeiter überlassen. Großunternehmen, multinationale Konzerne und auch Behörden haben längst Regeln dafür bestimmt.

Firmeninterne Regelwerke

Man spricht von *Gestaltungsrichtlinien, Corporate Design Manual, Redaktionsleitfaden, -handbuch, Style Guide* oder einer Kombination dieser Wortelemente, *Corporate Style Manual* und dergleichen. Eine allgemein anerkannte Benennung gibt es nicht.

Style Guides

Leser können etliche Style Guides im Internet finden, beispielsweise die von APN, Apple oder der Europäischen Union.[39] Einiges ist über den Buchhandel oder direkt von den Redaktionen zu beziehen. Prominent sind die Leitfäden des Economist oder der New York Times.[40] In den USA wird wohl die Mehrzahl aller Software-Redakteure den Style Guide der Firma Microsoft auf dem Schreibtisch haben, viele auch den von Sun.[41]

Einführung: Inhalt und Gestaltung von Redaktionsleitfäden

Ein in den Inhalt und die Gestaltung von Redaktionsleitfäden einführendes Buch ist kostenlos im Internet erhältlich.[42] Wir wollen hier zwei Gesichtspunkte ergänzen, deren Bedeutung bei Erscheinen dieses Buches 1998 nicht vorhergesehen wurde.

38 Gesellschaft für technische Kommunikation, *Regelbasiertes Schreiben*, S. 68.
39 Associated Press: http://www.apstylebook.com/.
Apple (2009): *Apple Publications Style Guide.*
European Commission (2010), *English Style Guide.*
40 *The Economist style guide.*
Siegal, Connolly, *The New York Times manual of style and usage.*
Ein Beispiel aus der Wissenschaft ist Horatschek, Schubert, *Richtlinie.*
41 Microsoft Corporation, *Microsoft manual of style for technical publications.*
Sun Technical Publications, *Read me first!*
42 Baumert, *Gestaltungsrichtlinien.*
http://nbn-resolving.de/urn:nbn:de:bsz:960-opus-3196.

Nicht vorhersehbar waren:

- Formen elektronischer Publikation und
- Sprachregeln.

Formen elektronischer Publikation
Dem klassischen Textverarbeitungsprogramm stehen neue Systeme zur Seite, deren Leistungsmerkmale besonders im Redaktionsbetrieb die Oberhand zu gewinnen scheinen. Es sind Redaktionssysteme auf XML-Basis.[43]

Redaktionssystem auf XML-Basis

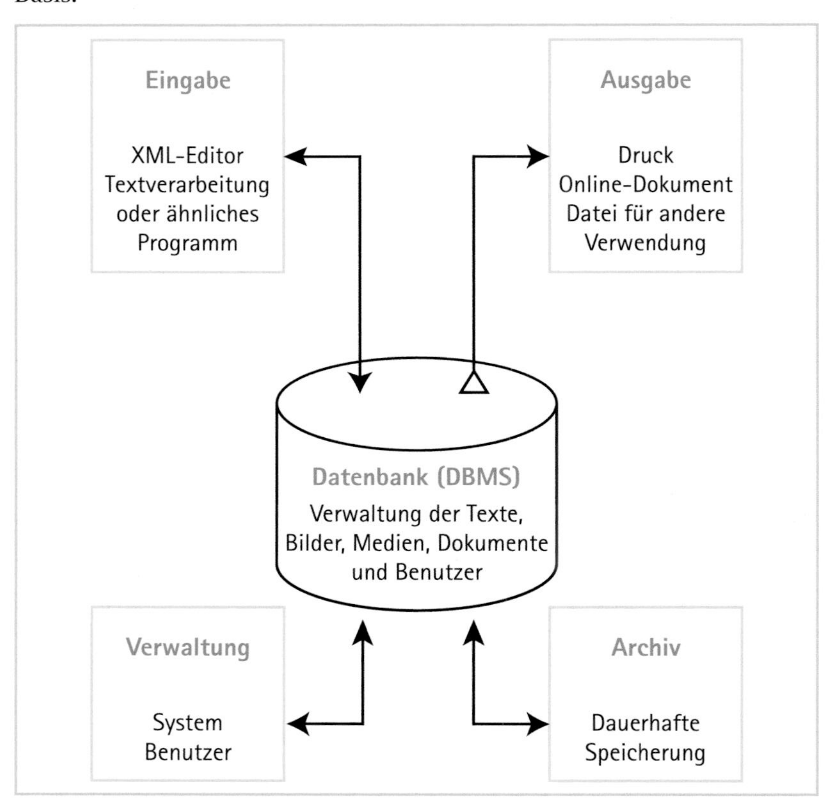

Grobstruktur eines Redaktionssystems

Datenbank als Kern

Kern des Systems ist die Datenbank (DB), sie verwaltet alle Komponenten der Publikationen. Erstellt und administriert wird sie in einem Datenbank-Management-System (DBMS). Redakteure haben Zugang zu ihr

43 Empfehlenswerte Einführungen in XML sind die Texte von Becher, *XML*, Erlenkötter, *XML* und Vonhoegen, *Einstieg in XML*. Vgl. „Smartphone" auf Seite 200.

über Eingabeprogramme, die den Text Bilder, Medien und Dokumente aufnehmen und bearbeiten lassen. Die DB garantiert durch ihr Transaktionsmanagement und die Benutzerverwaltung, dass die Eingaben konsistent bleiben, nicht zwei Nutzer gleichzeitig einen Datensatz bearbeiten.

Eingabe

Als Eingabeprogramme kann man an viele Redaktionssysteme sowohl XML-Editoren wie auch Textverarbeitungsprogramme und Autorensysteme andocken. Wie eine Konfiguration im Detail aussieht, lässt sich wegen der vielen denkbaren Kombinationsmöglichkeiten nicht voraussagen.

Vorgegebene Strukturen

Den Editor füttern Autoren mit Inhalt. Sie müssen dabei der vorgegebenen Struktur[44] folgen. Ihre Texte werden als Module, auch: Topics, in der DB verwaltet. Wie die Dokumente später aussehen, ob die Topics im Internet präsentiert oder als Druck realisiert werden, ist für die Texter nicht wichtig. Die Software übernimmt die Details.

Ausgabe

Das System steuert Programme an, die für die Ausgabe der Dokumente zuständig sind; sie erzeugen PDF-Dateien, Internetdokumente, Online-Hilfen oder irgendein anderes Informationsprodukt.

Redaktionssystem

Weil eine Datenquelle mehrere Ausgabemöglichkeiten bedienen kann, spricht man von *Single-Source-Publishing*. Legt man größeren Wert auf die unterschiedlichen Ausgaben, wird eher der Begriff *Cross-Media-Publishing* gewählt. Eine Datenbank-zentrierte Sichtweise nennt das Ganze *Content-Management-System*. Auf Deutsch kann man die Sichtweisen vernachlässigen und von einem *Redaktionssystem* sprechen.

Leitfaden und System gehören zusammen

Der Redaktionsleitfaden verhält sich auf zweierlei Weise zu diesem Redaktionssystem:

1. Seine Vorgaben für die Dokumentgestaltung und das Projektmanagement bestimmen die Arbeitsweise des Redaktionssystems. Es muss beispielsweise die Ausgabe so ansteuern, dass die Dokumente der vom Leitfaden vorgeschriebenen Gestaltung entsprechen.
2. Gleichzeitig kann man Komponenten des Redaktionssystems wie die Document Type Definition (DTD) auch als Bestandteil des Redaktionsleitfadens bezeichnen.
   Die DTD zwingt den Autor, einer vorgegebenen Struktur zu folgen; hatte man früher die Struktur einer Dokumentation auf Papier beschrieben („Jedes Kapitel beginnt mit ..., gefolgt von ...“), so findet sich diese Bestimmung heute in den trockenen Worten der EDV als DTD oder XML-Schema.

44 Diese Struktur ist in einer DTD (Document Type Definition) oder jetzt häufiger in XML-Schema bestimmt. Einige Branchen, vor allem die Rüstungsindustrie, verwenden die vorgegebene Struktur des Standards S1000D: http://public.s1000d.org/. Wer sich noch nie mit den Auszeichnungssprachen auf der Grundlage der SGML (Standard General Markup Language) befasst hat, sei auf eine stark vereinfachte Einführung hingewiesen: Baumert, Andreas, *SGML-Grundlagen*, http://www.recherche-und-text.de/wwwpubls/sgml01.html.

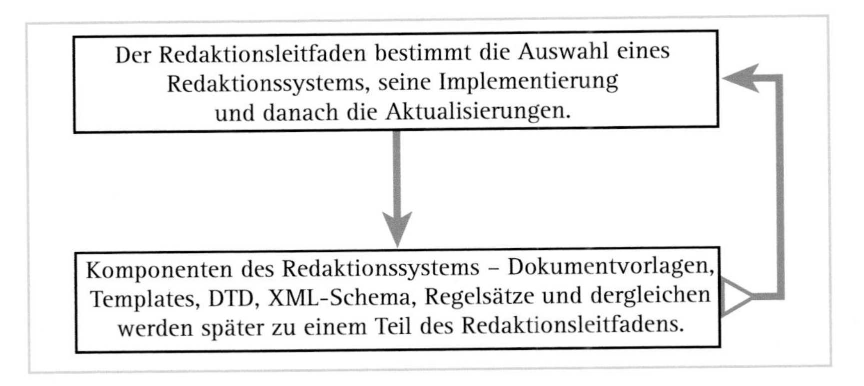

Redaktionsleitfaden und Redaktionssystem gehören zusammen.

> Einige haben den Fehler begangen, erst ein Redaktionssystem anzuschaffen und anschließend die betrieblichen Prozesse und Anforderungen am System zu orientieren. Das schafft Reibungsverluste.
> Der bessere Weg: Wer ein Redaktionssystem installieren will, geht in erster Linie von den Erfordernissen des Unternehmens aus, nicht von den werblichen Aussagen der Hersteller. Der Redaktionsleitfaden ist auch ein Instrument, diese Erfordernisse zu formulieren.

Regeln für die Struktur und den Wortgebrauch

Redaktionssysteme enthalten Sprachregeln in Form von Strukturregeln und Regeln für den Wortgebrauch. Wenn sie an eine Terminologiedatenbank gekoppelt sind, kann der Autor schon beim Schreiben die richtige Benennung auswählen. Dieser Gewinn an Zeit und Qualität setzt jedoch nicht geringe Investitionen voraus:

- Regelwerk aufstellen,
- Systeme anschaffen und implementieren,
- Mitarbeiter schulen,
- Betrieb des Systems kontrollieren.

Sprachregeln

Wortgebrauch nicht dem Zufall überlassen

„Wir haben nur Mitbewerber, Konkurrenten kennen wir nicht!" Schon lange vor der XML-Zeit haben viele Unternehmen Wert auf Wörter gelegt und Mitarbeiter zu – in diesem Sinn – korrekten Wortgebrauch angehalten. Redaktionsleitfäden und Terminologiedatenbanken sind dafür das geeignete Mittel. Ein Wort kann viel bewirken:

1. Das Ansehen des Produkts und des Herstellers wird auch von Wörtern geprägt.
2. Die Nutzung des falschen Wortes kann rechtliche Konsequenzen für ein Unternehmen haben.
3. Die einheitliche Wortwahl trägt zur Verständlichkeit der Texte bei und verhindert Irritationen beim Leser.

4. Qualität und Kosten der Übersetzung hängen von einem durchgängigen und transparenten Wortgebrauch ab.[45]

Apple® und Microsoft® bestimmen in ihren Style Guides den Gebrauch von Wörtern. Ein Beispiel ist das Wort *allow*, *erlauben*. Wie im Deutschen könnte man es im Sinne von *können* verwenden und Sätze bilden wie „Programm xy erlaubt Ihnen …" statt „Sie können mit Programm xy …". In dieser Verwendung von *erlauben* ist die Technik Akteur, nicht der Nutzer. Dieser Wortgebrauch ist nicht erwünscht. Nur in den wenigen Fällen, die Erlaubnis und Verbot betreffen – Datensicherheit, Datenschutz, Betriebssicherheit –, gestatten diese Hersteller *allow* zu nutzen. Sonst ist der Nutzer Akteur und ein Wort wie *can* vorgeschrieben.

Erlauben und können

allow Use *allow* only to refer to features, such as security, that permit or deny some action. To describe user capabilities that a feature or product makes easy or possible, use *you can*. In content for software developers or system administrators that does not involve permissions or user rights, use *the user can* or *enables the user* when it is necessary to refer to the end user in the third person.

Correct

Windows XP allows a user without an account to log on as a guest.

With Microsoft Word 2000, you can save files in HTML format.

Incorrect

Microsoft Word 2000 allows you to save files in HTML format.

See Also: can vs. may; enable, enabled; let, lets

Microsoft®[46]

allow Avoid using *allow* when you can restructure a sentence to make the reader the subject.

Weak: FileMaker Pro allows you to create a database.

Preferable: You can create a database with FileMaker Pro.

See also **enable (v.), enabled (adj.); let.**

Apple®[47]

„Erhält" das Werkstück „eine Schicht aus X", oder wird es nicht besser „mit X beschichtet"?[48]

Auch in diesem Fall ist der Gegenstand grammatisch der Handelnde – das Subjekt –, wenn man *erhalten* nutzt. Die Verwendung dieses Verbs ist kein Fehler, allerdings ist *eine Schicht erhalten* eine Art Funktionsverbgefüge.

Subjekt ≠ Agens

Das Verb *erhalten* hat seine ursprüngliche Bedeutung verloren: *emp-*

45 Vgl. Baumert, *Gestaltungsrichtlinien*, S. 60.
46 Microsoft, *Manual oft Style*, S. 206.
47 Apple, *Apple Publications Style Guide*, S. 15.
48 Ebel, Bliefert, Greulich, *Schreiben und Publizieren*, S. 546.

fangen, gewinnen („das Turnen erhält eine große Bedeutung"), *ernähren, unterhalten, bewahren.*[49] Es ist auf dem Weg zu einem blassen Funktionsverb und mit *bekommen* austauschbar.[50]

Redaktionen und Unternehmen müssen nach Schwachstellen in ihren Dokumenten suchen und daraus Regeln entwickeln, unter welchen Bedingungen ausgewählte Wörter zu nutzen sind.

> Schon eine einfache Tabelle kann in solchen Fällen helfen. Für Fachwörter empfiehlt sich eine Terminologiedatenbank oder deren Vorstufe.[51]
> Gehen Sie Ihre Texte durch und suchen Sie nach kritischem Wortgebrauch. Treffen Sie eine Entscheidung, wie diese Wörter zu nutzen sind und tragen Sie das Ergebnis in dem Datenblatt ein. Diese Liste wird zu einem Teil des Redaktionsleitfadens.
> Im Zweifelsfall ist die Hilfe von Fachleuten gefragt.

Jammer, Elend und Desaster

Einige Wörter verbietet der Redaktionsleitfaden, weil sie ein schlechtes Licht auf die Firma, den Auftraggeber oder den Autor werfen: *Problem, Dilemma, kaputt* ... Damit will man nicht identifiziert werden.

> Erfolg oder Mißerfolg von geschriebenen Botschaften werden in erheblichem Maße von der Wortwahl bestimmt. Worte erzeugen Wirkungen, können emotionale Impulse auslösen. Inhalt und Klangfärbung lösen positive oder negative Assoziationen aus. So wirken Wörter mit den Vorsilben *sym-, syn-, gut-, ideal-* oder *wohl-* positiv. Wörter mit Silben wie *ab-, anti-, dis-, ex-, fehl-, irr-, miß-, un-, weg-* und *zer-* oder mit der Endung *-los* klingen negativ.[52]

Juristisch relevant

Alles lesen und die auffälligen Passagen für den Redaktionsleitfaden bearbeiten? Mit juristischen Fragen kann man so nicht umgehen. Kaum jemand wird einen Juristen erst alle Texte lesen lassen, bevor sie das Haus verlassen. Allerdings gibt es Ausnahmen, etwa die Technische Redaktion eines führenden Herstellers von Kettensägen und vergleichbaren Geräten, die eine große Verletzungsgefahr bergen. Auch von anderen Unternehmen ist bekannt, dass sie einen Teil ihrer Dokumente aufwändig juristisch prüfen lassen, bevor diese zum Kunden gelangen.

Vorsicht Versprechen!

Dass bei einigen Wörtern Vorsicht angebracht ist, gehört zum Alltagswissen. „Wir garantieren Ihnen, dass ..." wird vermutlich niemand schreiben, ohne genau über die rechtlichen Konsequenzen nachgedacht zu haben.

Ähnliche Schwierigkeiten können bei Wörtern wie *alt, neu, defekt* und *Mangel* entstehen. Auch *Fehler* kann Kandidat einer rechtlichen

49 Helbig, Schenkel, *Wörterbuch zur Valenz,* S. 325 f.
50 Helbig, Buscha, *Deutsche Grammatik,* S. 71-75.
Kunkel-Razum, Wermke, *Die Grammatik,* S. 425-428.
51 Vgl. Seite 171.
52 Förster, *Corporate Wording,* S. 124.

Würdigung sein, die nicht im Sinne des Herstellers ist. Im Zweifel wird es nicht ohne eine juristische Beratung gehen. Mitglieder der Tekom können deren Rechtsdienst im Webforum[53] befragen.

Wörter beibehalten

Soll man immer die gleichen Wörter verwenden oder besser ab und zu im Thesaurus der Textverarbeitung oder einem Synonymwörterbuch[54] nachsehen? *Synonym* bedeutet eigentlich: unterschiedliche Wörter – Benennungen[55] – mit gleicher Bedeutung. Eine vollständige Synonymie hieße, dass zwei Wörter immer durch einander ersetzbar wären. Sieht man vom Gebrauch des Bindestrichs ab – Redaktions-Leitfaden = Redaktionsleitfaden – , wird man völlig bedeutungsgleiche Wörter vergeblich suchen.

In der Schule lernt man, das Wort zu wechseln:

> Es waren die Deutschlehrer, die uns einst auf die Suche nach dem Synonym, den Wechsel im Ausdruck, die lexikalische Varianz eingeschworen haben, und zunächst taten sie recht daran: Kinder sollten auf diese Weise in den Wortschatz ihrer Sprache hineinwachsen.[56]

Man kann es auch übertreiben. Ständiger Wechsel nervt den Leser, entweder wird der Text ungenau, weil unterschiedliche Wörter auch oft unterschiedliche Bedeutungen oder Bedeutungsnuancen haben, oder die vermeintliche Beredsamkeit und Literaturkenntnis des Autors drängt sich in den Vordergrund.

Deswegen empfiehlt ein Redaktionsleitfaden: Wortwechsel ja, aber nur gemäßigt, und:

> Für Dokumente, die juristische Konsequenzen haben – zum Beispiel: Angebot, Vertrag, Sicherheitshinweis, Gebrauchsanleitung – gilt die Regel: Gleicher Gegenstand, gleicher Sachverhalt, gleiches Wort![57]

Wenn ein Text übersetzt werden muss, spielen Wortwahl und Satzbau eine Rolle für Kosten und Qualität.[58] Kein anderer Grund lässt Unternehmen Terminologiemanagement betreiben und Prüfsoftware[59] anschaffen.

Sprachregeln für den Redaktionsleitfaden entwickeln

In den Leitfaden gehören nur Regeln, die nicht im Duden oder in einer Norm stehen. Dieses Material steht im Literaturbestand der Redaktion oder auf einem Server, den Redakteure über das Intranet erreichen.

---

53 www.tekom.de.

54 Synonymwörterbücher sind beispielsweise Bulitta, Bulitta, *Das große Lexikon* oder Band 8 der Reihe *Der Duden in 12 Bänden.*

55 Seite 170.

56 Schneider, *Deutsch!*, S. 167.

57 Baumert, *Professionell texten,* S. 49.

58 „9 Texten für internationale Märkte“ auf Seite 169.

59 Seite 167.

Wenn man sich in der Redaktion darauf einigt, die Regeln peu à peu einzuführen, mit festem Revisionszeitraum, vielleicht von sechs Monaten, dann hat jeder Redakteur die Gelegenheit, jede Regel zu erlernen und auch – mehr oder weniger – praktisch zu erproben. Dieses Vorgehen ist besser als eine Komplettlösung, von der man schon zu Beginn alles erwartet.
Als Grundlage für die Regelentwicklung bieten sich die Kapitel fünf und sechs dieses Buches an.
Vergleichen Sie Texte, die an Ihrem Arbeitsplatz entstanden sind, mit den Empfehlungen dieser Kapitel und finden Sie die gravierendsten Abweichungen von unseren Ratschlägen. Überzeugen Sie unsere Argumente, die diese Abweichungen kritisieren? Dann haben Sie die wichtigsten Regeln.

Vom Redaktionsleitfaden zum Dokumentationsdeutsch

Regeln mit erheblicher Wirkung

Eine Sprache wie das Basic English oder die ASD-STE 100 ist zwar auch für das Deutsche möglich[60], sie zu entwickeln ist jedoch wenig attraktiv. Sprachregeln mit geringerem Anspruch, aber erheblicher Wirkung können sich jedoch nahezu automatisch ergeben.

Anregungen für Dokumentationsdeutsch

Terminologiepflege und ein Redaktionsleitfaden, der sich an Empfehlungen der Tekom[61] oder dieses Buches[62] orientiert, schaffen bereits eine eingeschränkte Sprache. Sie ist nicht so stark vereinfacht wie die „kontrollierten“ Sprachen, wird aber ihre Aufgabe erfüllen.

Im Aktiv: 8 Formen statt 84

Die Vereinfachung ist erheblich, wie das Beispiel auf Seite 161 zeigt: Das Wort *fahren* flektiert im Aktiv in 84 Formen. Die Einschränkung in Person, Tempus und Modus reduziert diese 84 auf nur 8 Varianten. Wenn nur 9,5% der tatsächlich vorhandenen Möglichkeiten genutzt werden dürfen, ist der Sprachumfang drastisch reduziert.

Die Qualität des Redaktionsleitfadens kann auch – aber keinesfalls ausschließlich – daran gemessen werden, welche Einschränkungen des Sprachumfanges er bewirkt. Die Messgröße ist eine Art Kennzahl in der Technischen Dokumentation.[63]

60 Seite 151.
61 Gesellschaft für technische Kommunikation, *Regelbasiertes Schreiben*.
62 Kapitel 5 und 6.
63 Vgl. Gesellschaft für Technische Kommunikation, *101 Kennzahlen*, Kapitel 7.6.

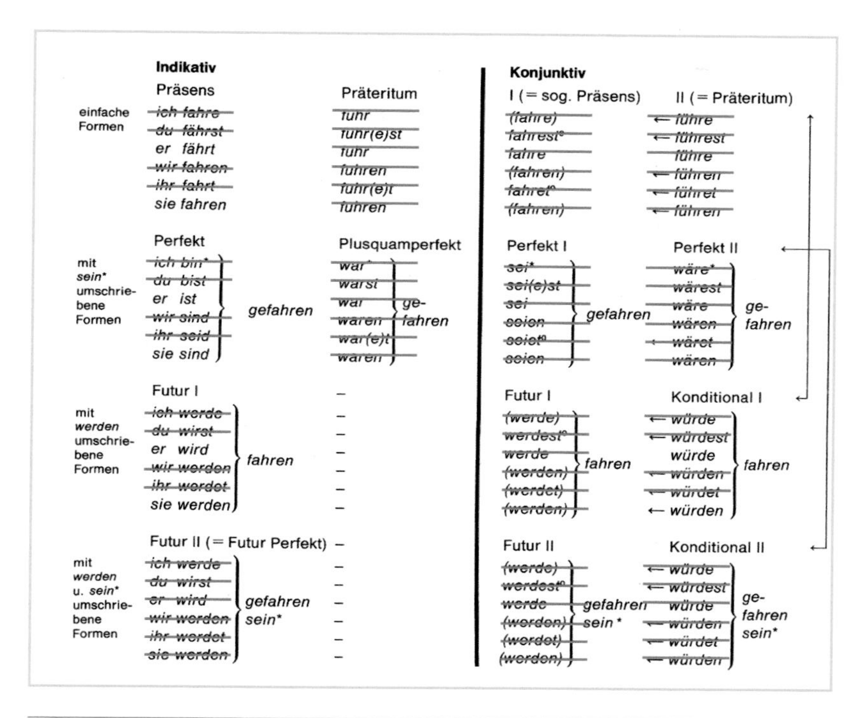

Verbflexion im Aktiv, Beispiel *fahren.*[64] Nur acht Formen sind erlaubt.

7.5 Bewährte Methoden

Unternehmenstypische Dokumente

Jedes Unternehmen hat seine spezifischen Dokumenttypen entwickelt – oft über Jahre und Jahrzehnte. Ähnlich wie bei der Terminologie passiert das in der Regel „einfach so", ohne Planung und System. Am ehesten findet man noch ausformulierte Regeln für die Dokumentkennung[65] – Probleme beim Suchen und Identifizieren von Dokumenten machen sich nämlich vergleichsweise schnell bemerkbar. Oftmals gibt es auch Dokumentvorlagen für besonders häufig genutzte Dokumenttypen, für Angebote, Pflichtenhefte, Briefe, Präsentationen und andere.

Systematische Analyse von Dokumenttypen

Diese Situation ändert sich schlagartig, wenn Software ins Spiel kommt – sei es, dass die Dokumentenablage verbessert, die Prozesssteuerung für das gesamte Unternehmen vereinheitlicht oder ein Redaktionssystem eingeführt werden soll. Dann wird in der Regel auch systematisch analysiert, welche Dokumenttypen vorhanden sind.

64 Die Tabelle ist entnommen: Jude, *Deutsche Grammatik,* S. 52. Farbige Markierung: Baumert/Verhein-Jarren.
65 Vgl. „Exkursion: Dokumentkennung" auf Seite 19.

Standardisierungsmethoden

Insbesondere in der Technischen Redaktion wird dann nach Möglichkeiten gesucht, Inhalte und Struktur der Dokumente zu standardisieren. Es gibt eine Reihe bewährter Verfahren.[66]

Information Mapping®

Eine schon lange existierende Methode ist das Information Mapping®. Ihr „Erfinder", Robert Horn, hat sich bereits in den 1960er Jahren dafür interessiert, wie ein Leser schnell die wesentlichen Informationen aus einem Text entnehmen kann. Seine Antwort – aus kognitionspsychologischer Sicht – lautet, dass der Text aus klar abgrenzbaren Informationseinheiten (Blöcken) bestehen müsse. Die Art und Weise, wie sie in einem Text präsentiert werden, erleichtert auch vom Layout her die Aufnahme der Information. Horn hat sich diese Herangehensweise markenrechtlich geschützt; Texte im Unternehmen mappen und standardisieren zu lassen, ist daher nur über lizenzierte Trainer oder Agenturen möglich.

Informationseinheiten abgrenzen

Selektives Lesen

Information Mapping® unterstützt selektives Lesen – und kommt daher bei Sachtexten einer durchaus sinnvollen und verbreiteten Lesehaltung entgegen. Online-Medien und damit die Verbreitung von Hypertexten haben der Methode nochmals Schub gegeben.[67]

Das Funktionsdesign® wurde in den 1980er Jahren von Jürgen Muthig und Robert Schäflein-Armbruster entwickelt.[68] Basis ist die Sprechhandlungstheorie oder Sprechakttheorie. Kommunikation wird in ihr als regelbasiertes sprachliches Handeln beschrieben. So lassen sich für technische Dokumente typische Sequenzmuster unterscheiden. Besonders Handlungsaufforderungen und Sicherheitshinweise sind mit dieser Methode zu bewältigen.

Funktionale Einheiten

Die Sequenzmuster sind aus einer Abfolge Funktionaler Einheiten aufgebaut. Die kommunikative Funktion legt jeweils auch eigene Formulierungsmuster nahe, die unternehmensspezifisch präzisiert werden.

Zwei Ebenen im Text

Informationseinheiten hier, Funktionale Einheiten dort – ein verbindendes Element beider Methoden ist, dass zwischen Inhalt einerseits, sowie Struktur und/oder Funktion von Texten andererseits, unterschieden wird.

Im Zweifel: klein anfangen

Ob eine der bewährten Methoden eingesetzt oder eine eigene Herangehensweise festgelegt wird: Sprachregelungen verlangen Kenntnisse, Entscheidungen und – abhängig vom Vorwissen einer Redaktion – zum Teil erheblichen Schulungsaufwand. Klein- und Mittelunternehmen, die vor den damit verbundenen Kosten zurückschrecken, können mit den Empfehlungen dieses Buches auch klein anfangen:

- Einen Redaktionsleitfaden entwickeln,
- aktuelle Texte untersuchen und
- daraus Regeln ableiten.

---

66 Einen Überblick gibt der Band von Muthig, *Standardisierungsmethoden für die Technische Dokumentation.*

67 Horn, *Mapping Hypertext.*

68 Muthig, Schäflein-Armbruster, *Funktionsdesign®.*

8 Feinschliff

Wenn der Text überarbeitet ist, beginnen die Korrekturläufe. Stimmen die Fakten, ist das Dokument auch sprachlich vorzeigbar? Ist das Layout in Ordnung? Das ist der letzte Arbeitsschritt, bevor Texte freigegeben und verteilt werden können. Danach hat der Leser das Wort – und der sollte unbehelligt von Fehlern, formalen Unstimmigkeiten oder verletzten Konventionen den Text auf sich wirken lassen können.

Autoren formulieren für diesen Arbeitsschritt manchmal auch: Ich muss den Text „nochmal durchlesen“ oder „redigieren“ oder auch „korrigieren“ oder „ich muss einen Text gegenlesen“. Was also passiert in diesem Arbeitsschritt und wie kommt man zu einem guten Ergebnis?

8.1 Korrekturen

Mit dem Feinschliff stellen Autoren die Qualität des Textes sicher, indem sie wichtige Sachverhalte überprüfen und letzte Fehler korrigieren.

Sachliche Korrekturen

Stimmen die Beträge, die im Text stehen? – wird sich der Autor fragen, bevor er seinen Planungsbericht an die Geschäftsleitung schickt. Oder er wird nochmals prüfen wollen, ob ein für die Konstruktion benötigtes Teil auch wirklich schon lieferbar ist – und erst danach seinen Projektierungsbericht an die Fertigung weiterleiten. Wenn das Projekt sich verzögert oder wesentlich teurer wird, weil ein Text falsche Angaben enthält, ist das extrem ärgerlich. Sachliche Fehler im Text machen auf mangelnde Sorgfalt aufmerksam.

Wer prüft?

Diese Prüfungen übernehmen entweder Abteilungen, die darauf spezialisiert sind, Kollegen, Manager oder der Autor selbst. In Technischen Dokumentationen wird der Text zur sachlichen Überprüfung meist den Entwicklern vorgelegt.

Die sachliche Korrektur ist juristisch relevant. Sie muss in Technischen Dokumentationen deswegen selbst dokumentiert werden: Wer hat welches Kapitel wann gelesen und für in Ordnung befunden.
Auch für andere technische Texte sind die Korrekturläufe oft vorgeschrieben, wenigstens für solche Texte, die Kunden und Vertragspartnern übergeben werden.
Zu Ihrer eigenen Sicherheit: Geben Sie niemals ein Dokument an Kunden weiter, ohne dass dieses sachlich überprüft **und** nach den sprachlichen Korrekturen auch **freigegeben** worden ist.

Freigabe, heute selten: das Imprimatur: es werde gedruckt, Druckerlaubnis

Sprachliche Korrekturen

Ein voller Saal, die Präsentation läuft, Folie für Folie bildet der Beamer auf der Wand ab. Nach kurzer Zeit grinsen die ersten Teilnehmer, einige tuscheln. Was unser Experte vorträgt, erreicht nicht Hirn noch Herz: Stattdessen sucht man bei jeder neuen Folie nur die Rechtschreibfehler. Viel Arbeit war vergeblich, der Eindruck ist denkbar schlecht. Wenn der Referent irgendwann seine Fehler bemerkt, ist es zu spät.

Deswegen: Ob Kundendokument, Präsentation, Projektantrag oder sonst irgendein Dokument, das nicht nur der Autor liest: Nichts ohne Prüfung auf sprachliche Richtigkeit!

Rechtschreibung
Zeichensetzung
Grammatik

Die Korrekturen der Rechtschreibung,[1] Zeichensetzung und Grammatik folgen meist, wenn die sachliche Richtigkeit überprüft worden ist. Vorher ist es zwar sinnvoll, immer wieder die Rechtschreibprüfung zu nutzen, es reicht aber nicht. Sachliche Korrekturen veranlassen stets aufs Neue, dass Sätze und Absätze eingefügt werden und andere verschwinden. Damit ändern sich dann oft auch grammatische Beziehungen, was vor der Korrektur noch in der Mehrzahl stand, ist jetzt Einzahl. Wurde auch das Verb angepasst, oder steht es noch im Plural? Ein häufiger grammatischer Fehler ist die mangelnde Übereinstimmung zwischen Subjekt und Prädikat. Auch lohnt es sich, den richtigen Gebrauch der Fälle anzuschauen.

Jeder Autor sollte seine „üblichen Verdächtigen" kennen, also die Bereiche, in denen er besonders häufig Fehler macht.

Einheitliches Layout

Nicht alle Informationen in Texten werden über Sprache oder Bild vermittelt. Dokumente stellen auch Wahrnehmungsmuster zur Verfügung, vor allem mit dem Layout. Damit der Leser Überschriften eindeutig als Überschriften einer bestimmten Hierarchiestufe identifizieren kann, müssen die Überschrift, Schriftart, -größe, -schnitt, Auszeichnung und Platzierung immer gleich sein.

Seitenformate, Schriften, Überschriften, Gestaltung von Kopf- und Fußzeilen, Kästen, Abbildungen, Marginalien – all diese Elemente übermitteln Informationen. Sie zeigen an, wie der Text zu lesen ist, wie der Leser sich in ihm orientieren kann. Alle Layout-Elemente müssen daher durch das ganze Dokument hindurch einheitlich eingesetzt werden.

Unternehmensrichtlinien beachtet?

Zum Feinschliff gehört deswegen auch die Überprüfung, ob alle Vorgaben, die ein Unternehmen für die Gestaltung verwenden will, auch tatsächlich genutzt wurden. Sind Farben, Schriftarten und andere Gestaltungsmittel den Richtlinien entsprechend eingesetzt?

Einheitliche Form

Einheitlichkeit wird aber nicht nur mit dem Layout erreicht. Ebenso muss sichergestellt sein, dass der Text auch im Hinblick auf Quellen, Abbildungen und Verweise in sich stimmig ist. Deswegen prüft man, ob

1 Professionelle Korrekturen verwenden die Korrekturzeichen nach DIN 16511. Sie finden eine Zusammenfassung im Rechtschreibduden und auf vielen Seiten im Internet. Wegen der häufigen Präsenz dieser Regeln verzichten wir hier auf eine Darstellung.

- alle im Text zitierten Quellen auch im Literaturverzeichnis genannt sind,
- die Nachweise einheitlich aufgebaut sind,
- die Nummerierung von Tabellen und Abbildungen im Text und in den Verzeichnissen übereinstimmen und die Seitenhinweise stimmig sind, und ob
- die Seitenverweise in Index und Glossar auf die richtigen Stellen im Text führen.

> In Redaktionsumgebungen unterscheidet man oft zwischen *redigieren* (sprachlich, inhaltlich) und *korrigieren* (Rechtschreibung, Zeichensetzung, Grammatik). Einige Redaktionen verwenden auch das Wort *lektorieren*, das oft beide Tätigkeiten beinhaltet.

8.2 Nachsichtige und weniger nachsichtige Leser

Kollegen als Leser

Abhängig von der Zielgruppe kann der Feinschliff wichtiger oder weniger wichtig sein. Bei den Kollegen aus der eigenen Abteilung kann ein Autor sicher mit mehr Verständnis rechnen als im Management. Dort unterscheidet man sehr genau zwischen internen Texten und solchen, die das Haus verlassen.

Autoren sollten keine Angriffsfläche an der falschen Stelle bieten. Sie sollten Kollegen keine Gelegenheit geben, ihre Ideen abzuwerten, weil fehlerhafte oder nicht einheitliche Texte verteilt werden.

> Mancher dachte, dass sein Text nur im engen Kollegenkreis gelesen wird, und war erstaunt, als er ihn dann auf dem Schreibtisch eines Kunden liegen sah. Nicht nur die löchrige Rechtschreibung wird dann peinlich, auch Bemerkungen, die keinesfalls das Haus hätten verlassen sollen, werden zu Tretminen in der Kundenpflege.

Vorgesetzte als Leser

Sehr viel wichtiger ist der Feinschliff, wenn die Texte auch von der Unternehmensleitung gelesen werden. In einem größeren Betrieb leitet das Management den persönlichen Eindruck vom Autor auch aus der Qualität seiner Texte ab – weil es sonst nicht so viele Gelegenheiten für einen persönlichen Eindruck gibt.

Kunden als Leser

In der schriftlichen Kommunikation mit Kunden oder sogar möglichen neuen Kunden ist der Feinschliff besonders wichtig. Jetzt geht es nicht mehr nur um die Reputation nach innen, sondern auch um die nach außen. Ein Text, der Fehler enthält, oder durch inkonsistentes Layout wenig sorgfältiges Arbeiten offenbart, beeinträchtigt die Glaubwürdigkeit. Das kann richtig teuer werden, wenn der mögliche Neukunde den Auftrag doch lieber anderweitig vergibt, weil er die mangelnde Sprachkompetenz, die er dem Text entnimmt oder glaubt entnehmen zu können, auf die Sachkompetenz überträgt.

Je stärker die Glaubwürdigkeit der Inhalte vor allem vom Text abhängt, umso mehr Zeit sollten Sie für die Korrekturen einsetzen.

8.3 Verfremdungseffekte

In der Regel reichen zwei Korrekturläufe aus, um dem Text den letzten Schliff zu geben.

Aufmerksamkeit fokussieren

Auch Profitexter schaffen es selten, beim Korrigieren alles auf einmal zu berücksichtigen: Fakten, Stil, Rechtschreibung ...
Prüfen Sie deswegen immer nur einen Aspekt – höchstens zwei –, damit Sie die Aufmerksamkeit aufrecht erhalten können.

Betriebsblindheit

Ein anderes Problem entsteht, wenn man als Autor oder als Autorenteam die Texte überprüfen und korrigieren muss, die man selber geschrieben hat. Automatisch übersieht man Fehler oder formale Unstimmigkeiten. Man hat sich schon viel zu lange mit dem Text beschäftigt und liest mehr, was man sich denkt, als das, was dasteht.

Verfremdungseffekt Zeit

Rückwärts lesen

Dieser Betriebsblindheit lässt sich begegnen, indem der eigene Text verfremdet wird. Ein möglicher Verfremdungseffekt ist Zeit. Der Autor lässt den Text eine Weile liegen. Falls die Zeit fehlt, sind andere Techniken gefragt. Kürzere Tete kann man von hinten nach vorn lesen: *Lesen vorn nach hinten von man kann Tete Kürzere.* Das ergibt keinen Sinn, man trickst so sein Gehirn aus, das immer auf ein korrektes Ganzes aus ist, und zwingt es, sich auf die Wortgestalt zu konzentrieren. Spätestens jetzt entdeckt es den Fehler: *Tete,* statt *Texte.*

Manchmal hilft auch eine andere Formatierung, die das Erscheinungsbild des Textes komplett ändert. Der Text ist dann ungewohnt und entspricht nicht dem Erscheinungsbild, das als positiv gespeichert ist.

Externe Leser

Der notwendige Verfremdungseffekt lässt sich auch durch einen externen Leser erreichen. Wenn man einen Text das erste Mal liest und auch nicht so sehr durch die Inhalte gefangen genommen ist, fallen Fehler und formale Unstimmigkeiten eher auf. Ein solcher externer Korrekturleser muss die allgemeinen Regeln kennen. Er muss aber auch wissen, welche der allgemeinen Regeln unternehmensspezifisch präzisiert wurden. So haben viele Unternehmen eigene Regeln, wie Zahlen und Maßeinheiten geschrieben werden sollen.

Professionelles Korrekturlesen

Man kann das Korrekturlesen auch professionalisieren. Der Experte im Korrekturlesen kann seine Kenntnis der Regeln aktuell halten und gezielt ausbauen. Ihm werden die Fehler und Unstimmigkeiten vollständig auffallen. Fängt der Autor allerdings an, sich zu sehr auf den nachfolgenden Experten zu verlassen, wird er womöglich nachlässiger und macht mehr Fehler. Der Feinschliff wird dann viel mehr Zeit beanspruchen – und die ist am Ende immer noch knapper als ohnehin schon von Anfang an angenommen. Und: Je mehr Fehler am Ende zu korrigieren sind, umso größer ist bei aller Professionalität die Gefahr, dass doch etwas übersehen wird.

Sorgfalt trotz Korrekturlauf

Vermeiden Sie gleichzeitige Korrekturen desselben Textes durch unterschiedliche Leser. Diese stimmen eventuell nicht überein in ihren Vorstellungen, wie man es besser machen muss. Als Folge müssen Sie dann viel Zeit vergeuden, um telefonisch zwischen den Korrektoren zu vermitteln.

Lassen Sie die Korrekturen immer sequentiell durchführen, eine nach der anderen. Bevor eine Korrektur weitergegeben wird, entweder
- den Text entsprechend verändern oder
- ihn mit den Korrekturzeichen weiterreichen.

8.4 Softwarelösungen

Manche Autoren nutzen eine Software, die den Text vorliest. Sie können ihn dann anders verstehen, als wenn sie ihn mit den Augen am Bildschirm beurteilen müssten.[2]

Auch andere elektronische Korrekturhilfen sind durchaus nützlich. Sie unterstützen beim Aufspüren von Rechtschreib- und Zeichensetzungsfehlern. Je nach Software erkennen die elektronischen Helfer auch einige grammatische Fehler. Sie ersetzen aber mangelnde Kenntnis der Regeln nur teilweise. Oft muss über alternative Schreibweisen entschieden werden. Manchmal lässt sich eine Schreibweise erst aus dem Kontext erschließen. Und da ist dann nach wie vor die Regelkenntnis des Autors gefragt. Einen Text mit einer elektronischen Korrekturhilfe vollständig zu überprüfen, kann daher sehr zeitaufwendig werden.

Software kein Ersatz für Regelkenntnis

Je nach Machart kann Prüfsoftware auch anderes leisten. Einige Programme berücksichtigen Aspekte der Verständlichkeit, Lesefreundlichkeit oder Struktur auf der Basis des Hamburger Verständlichkeitsmodells oder von Lesbarkeitsformeln. Sie prüfen dann unter anderem Wort- und Satzlänge, Geläufigkeit von Wörtern oder ob der Text häufig genug durch Überschriften gegliedert wird.

Prüfung Lesbarkeit Verständlichkeit

Sehr ausgefeilte Software macht überprüfbar, ob die Regeln einer eingeschränkten (kontrollierten) Sprache eingehalten oder Termini ein-

Sprachbegrenzungen

2 Im Internet finden Sie über Suchmaschinen Angebote unter *vorlesen* und *Software*.

heitlich verwendet werden. Beides setzt voraus, dass aus der Fülle der Möglichkeiten eine unternehmensspezifische Auswahl getroffen wird. Software dieser Art ist damit weniger für einen einzelnen Autor gedacht. Sie setzt den Unternehmenskontext voraus, und sorgt dafür, dass die definierten Regeln eingehalten werden.

Basisregeln und Ergänzungsregeln

Dieser Regelsatz muss zunächst im Unternehmen eingeführt werden. Man kann dazu eine Grundversion von Software-Herstellern erwerben. Nach einiger Schulung werden Mitarbeiter diese Regeln erweitern und verändern, damit sie schließlich in der alltäglichen Textproduktion genutzt werden können.

Große Spanne bei Kosten, Nutzen und Aufwand

Software dieser Art reicht von preisgünstigen Programmen, die vor allem auszählbare Elemente des Textes bewerten, bis zu Produkten der Künstliche-Intelligenz-Forschung. Entsprechend unterschiedlich sind Kosten, Nutzen und Aufwand für die Implementation.

Besonders geeignet für eine einfache elektronische Prüfung sind Texte vom Typ 4[3].

Die Kontrolle kann aber immer noch durchaus zeitaufwendig sein. Denn in vielen Fällen muss an der jeweiligen Textstelle entschieden und „von Hand“ korrigiert werden.

Kenntnis der Regeln ist die wichtigste Voraussetzung

> Prüfsoftware kann allgemeinsprachliche oder firmenspezifische Regelkenntnis nicht ersetzen, sondern lediglich die einheitliche Anwendung unterstützen.

3 „Typen technischer Dokumentation“ auf Seite 138.

9 Texten für internationale Märkte

Technische Dokumente, die in andere Sprachen zu übersetzen sind, kann man als Variante betrachten. Sie unterscheiden sich nicht wesentlich von denen, die nur innerhalb eines Sprachraumes gelten. Für Unternehmen ist allerdings von einiger Bedeutung, dass zum Autor nun auch der Übersetzer tritt, eine Art erster Leser.

Gute Übersetzer finden Fehler und machen den Autor darauf aufmerksam. Sie sind Experten nicht nur in der fremden Sprache, meist ihrer Muttersprache, sondern sie kennen sich auch in dem Fachgebiet aus, für das sie ihre Dienstleistung anbieten.

Dennoch gibt es oft genug Missverständnisse und Irrtümer, die unnötig verteuern, was problemlos funktionieren müsste.

Dagegen ist ein Kraut gewachsen: Bei 24 Amtssprachen allein in der Europäischen Union kann die fachkundige Arbeit der Autoren erheblich zur Kosteneinsparung beitragen; sie können so schreiben, dass kaum Rückfragen des Übersetzers nötig sind und auch die Fremdsprachversion schnell und korrekt ergänzt oder verändert werden kann. Ganz nebenbei werden Texte qualitativ besser, und können Leser auf der Seite des Kunden eher überzeugen.

Terminologie

1. Kosten sparen und Qualität steigern – das hört sich verlockend an. Mit etwas Aufwand ist dieses Ziel zu erreichen. Multinationale Konzerne praktizieren es längst. Dazu ist ein kleiner Ausflug nötig:
   Zwischen den Dingen in dieser Welt und den Wörtern, mit denen wir sie benennen, gibt es keine 1-zu-1-Entsprechung. Was hier Semmel heißt, ist dort Schrippe, Rundstück, Weggli oder Weckerl. Im Auto denkt man an den Blinker und findet den Fahrtrichtungsanzeiger. Selbst wenn die richtige Verwendung eines Wortes genormt oder durch Gesetze vorgegeben ist, heißt das noch nicht, dass sich jeder daran hält.
   Unterschiedliche Wörter für einen Gegenstand oder einen Vorgang stiften Verwirrung beim Leser; da auch die Übersetzer zunächst einmal Leser sind, werden ihre Texte so fehleranfälliger und vor allem teurer.
   Wenn jeder Autor die Wörter verwendet, wie es ihm gerade in den Sinn kommt, kann man die Texte schwer aktualisieren, indem einer weiterschreibt, was ein anderer begonnen hat.
   Man braucht also Regeln, wie welche Wörter zu verwenden sind, um keine kostspieligen Qualitätseinbrüche zu riskieren. Diese Regelwerke nennt man oft *Terminologie*.

Übersetzungsgerecht texten

2. Die Terminologiepflege ergänzen Empfehlungen oder sogar Vorschriften für den Satzbau. Einiges, das in diesem Lehrbuch für Texte in der Technik möglich ist, hat in einem Techniktext selbst nichts

zu suchen. Die beiden voranstehenden Sätze wären beispielsweise ungeeignet, wie wir im Abschnitt *Übersetzungsgerecht texten* zeigen.

Lokalisierung

3. Manche Komödie enthüllt, wie man als Ostfriese in Bayern, als Preuße in Sachsen oder als Schwabe an der Nordsee anecken kann. In einigen Gegenden sind schon die Leute in der Nachbargemeinde gelegentlich komisch. Bräuche und Denkweisen unterscheiden sich eben, mal nur ein wenig, dann wieder so deutlich, dass der Unterschied die Kommunikation beeinträchtigt.
   Was schon im eigenen Land unangenehm auffällt, wird zu einer echten Spaß- und Verständnisbremse, wenn man Texte jenseits seiner Grenzen anbieten will, in Europa und erst recht in anderen Kontinenten. Solche Themen behandelt die *Lokalisierung.*

9.1 Terminologie

„Immer das gleiche Wort für den gleichen Gegenstand oder Sachverhalt nutzen", heißt die Empfehlung für Texte in der Technik. Autoren wollen eben nicht mit Literaturkenntnis oder blumiger Sprache protzen; stattdessen zählen die Leser und der Arbeitsaufwand für die Aktualisierung des Textes sowie seine Übersetzung. Also entweder *Personenkraftwagen* oder *Auto* oder *Kfz,* aber niemals alles durcheinander. Daraus folgt, dass man zunächst die Objekte, Vorgänge oder Ereignisse bestimmen muss, über die man redet: Man findet die Begriffe.

Ein Beispiel: Die deutsche Straßenverkehrs-Zulassungs-Ordnung (StVZO) regelt in §54, welche Fahrzeuge mit einem Fahrtrichtungsanzeiger ausgestattet sein müssen, wie dieser beschaffen sein muss, die Blinkfrequenz und einiges mehr.

Begriff

Diese juristische Festlegung ist ein Begriff. Wir wissen, dass – vereinfacht gesagt – jeder heute produzierte PKW einen solchen Fahrtrichtungsanzeiger enthält, den der Lenker beim Abbiegen, vor dem Spurwechsel und zu einigen anderen Gelegenheiten betätigen muss.

Objekt

Was dieser Begriff bezeichnet, kann man sehen oder hören. Es ist im weitesten Sinne das Objekt oder der Vorgang, von dem wir reden. Gleich getaktete Blinksignale an der Vorder- und Rückfront des Fahrzeugs, die im Innern auf einer Kontrollleuchte erscheinen und akustisch untermalt sind. Früher war dies das Klacken eines Blinkrelais.

Benennung

Nun fehlt noch ein Wort, mit dem wir darüber reden können. Die deutsche Sprache stellt Alternativen bereit: *Blinker* und *Richtungsanzeiger* oder *Fahrtrichtungsanzeiger.* Dieses Wort heißt Benennung.

Diese drei Elemente stehen in einer Dreiecks-Beziehung zueinander, man nennt sie das semiotische Dreieck.[1]

1 Ogden, Richards, *Die Bedeutung der Bedeutung.*

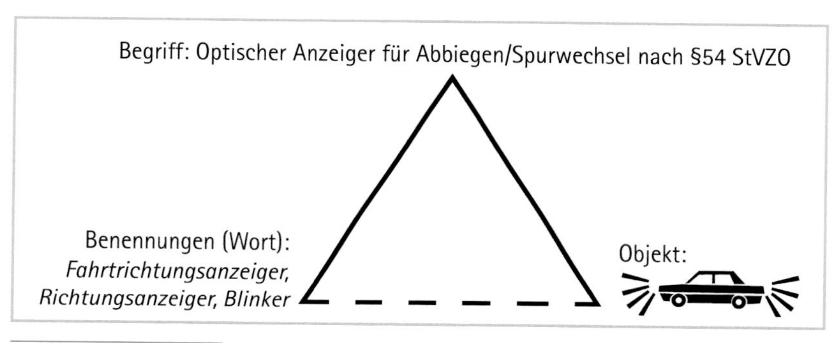

Semiotisches Dreieck

Dass zwischen Wörtern und – im weitesten Sinne – Objekten eine Art Dreiecksbeziehung besteht, ist nicht neu, schon Aristoteles wusste es. Umberto Eco spricht vom „Konsensus des gesunden Menschenverstandes ... über die Dreiteilung".[2]

Auf der Grundlage des semiotischen Dreiecks können wir nun einen Datenbankeintrag generieren:

- Begriff: Optischer Anzeiger § 54 ...
- Objekt: Blinkendes Fahrzeug, blinken
- Benennung:

Fahrtrichtungsanzeiger	**Vorzugsbenennung**	Nutzung Im Text
Blinker	**Verweis auf Vorzugsbenennung**	Eintrag im Index
Richtungsanzeiger	**verbotene Benennung**	Nicht genutzt

Anwender, die es nicht so genau nehmen müssen wie die Autoren, benennen auch den Blinkschalter, der meist an der Lenkradsäule befestigt ist, als Blinker – „Wo ist denn in diesem Auto der Blinker?".

Vorzugsbenennung

Technikautoren können sich das nicht erlauben, die Übersetzer kämen durcheinander und die Aktualisierung des Dokuments könnte fehlerhaft werden. Sie gehen folglich vom Begriff aus und weisen ihm eine Vorzugsbenennung zu.

Die Datenbank listet für jeden Begriff jede mögliche Benennung auf. Dieser Benennung weist man einen Status zu:
Bevorzugte Benennung – muss verwendet werden,
mögliche Benennung – kann verwendet werden – (selten),
verbotene Benennung – darf nicht verwendet werden.
Terminologiedatenbanken enthalten oft Beispielsätze.

Verwendung:
muss
kann
darf nicht

Da die Leser unter Umständen eine andere Benennung verwenden und – in diesem Fall – unter *Blinker* im Index nachschlagen, muss dort der Verweis stehen:

2 Eco, *Zeichen*, S. 30.

- Blinker *siehe* Fahrtrichtungsanzeiger
  siehe auch Blinkschalter

Das Wort *Richtungsanzeiger* verschwindet völlig, ebenso der *Winker,* der bis Anfang der sechziger Jahre verbaut wurde und heute nur noch Oldtimer schmückt. Also: „Einschalten des Fahrtrichtungsanzeigers mit dem Blinkschalter".

Entscheidungen

Mit welchen Argumenten wird über den Status einer Benennung entschieden? Terminologiemanagement sorgt nicht nur dafür, dass die Begriffe einheitlich verwendet werden – es soll auch dabei helfen, Missverständnisse zu vermeiden. Daher bietet sich an, als Vorzugsbenennung diejenige zu bestimmen, die am weitesten verbreitet ist.

Norm / Richtlinie und Benennung

Dieses einleuchtende Verfahren hat zwei Fallstricke. Zum einen kann es sein, dass die am weitesten verbreitete Benennung terminologisch nicht korrekt ist. Daraus folgt manchmal Streit, wie ein bekanntes Beispiel zeigt:

Den Schraubenzieher benutzt man zwar, um Schrauben in Holz festzuziehen, man löst sie aber damit auch. Also empfand man die Notwendigkeit, dieses Werkzeug umzubenennen. Der Fachausdruck ist nun *Schraubendreher.* Darüber hinaus aber erfreut sich der *Schraubenzieher* auch in Fachkreisen weiterhin größter Beliebtheit.

Schraubenzieherregel

> Wenn ein Konflikt zwischen alltagssprachlichem Wortgebrauch und Fachsprache besteht, muss man abwägen, ob sich die Vorzugsbenennung an der (fach-) terminologischen Korrektheit oder am Verbreitungsgrad orientieren soll.

Abteilung und Benennung

Zum anderen kann es sein, dass Benennungen die Sicht unterschiedlicher Abteilungen auf ein Objekt widerspiegeln. Was für die Konstruktion die *Glasscheibe* ist, mag für die Fertigung die *Frontscheibe* und den Vertrieb die *Windschutzscheibe* sein. Welcher Benennung – und damit welcher Abteilung soll der Vorzug eingeräumt werden? In einem solchen Fall muss man abwägen, ob tatsächlich eine Vorzugsbenennung bestimmt wird und allen anderen Benennungen lediglich der kann-Status zugewiesen wird.

Typisches Entstehen einer Benennung: Nicht geplant

Benennungen werden in der Regel eben nicht vorrangig systematisch am grünen Tisch entwickelt, sondern sie entstehen zufällig aus dem Arbeitsalltag heraus. Und das produziert dann genau die Inkonsistenzen und Ungenauigkeiten, die mit Hilfe eines Terminologiemanagements wieder bereinigt werden.

Heißt es *Horizontalachswindkraftanlage* oder *Windkraftanlage mit horizontaler Achse? Rotorbremsenabdeckung* oder *Abdeckung der Ro-*

torbremse? Ist es ein *Gummituchzylinder* oder ein *Gummizylinder?* Die einheitliche Benennung im gesamten Unternehmen vermeidet Brüche, vereinfacht die Pflege von Dokumenten und senkt die Kosten für Übersetzungen. Nicht zuletzt hilft sie dem Leser, der hinter unterschiedlichen Wörtern auch unterschiedliche Begriffe vermuten muss.[3]

Brüche vermeiden

Die Bildung von Benennungen verlangt auch Klarheit über die Begriffe. Legt man Wert auf die Beschaffenheit eines Tisches oder auf seinen Ort in der Wohnung: aus Holz gefertigt oder in der Küche platziert? Wenn die Beschaffenheit wichtig ist, empfiehlt sich die Benennung *Holztisch,* ist es der Ort, *Küchentisch.*

Begriffe klären

Tische kann man nach Merkmalen unterscheiden: der Form, dem Stoff, der Farbe, der Veränderbarkeit, der Verwendung, dem Standort, dem Herstellverfahren, dem Erfinder oder Hersteller, dem Herkunftsland und der Herkunftszeit (Beispiel: Renaissancetisch).[4]

Die Auswahl der Merkmale lässt eine Ordnung entstehen: Um das Benennungssystem konsistent zu halten, stehen um den Holztisch die Holzstühle und um den Küchentisch die Küchenstühle.

Ordnung der Begriffe

Die eindeutige Beziehung zwischen Benennung und Begriff schafft Klarheit. Ein Beispiel: Die Benennung *Workflow-Beratung* verwendet das Unternehmen xyz für ein Szenario oder eine Folge von Dienstleistungen, deren Leistungsumfang zuvor bestimmt worden ist. Man kann nun genau angeben, was zur Workflow-Beratung gehört und was nicht.

Begriff und Benennung

Das Terminologiemanagement kümmert sich auch um die Schreibweisen. Hat man sich beispielsweise entschieden, statt *Buchhaltung* das englische *Back Office* zu verwenden, muss festgelegt werden, ob es *Backoffice, Back-Office* oder eben *Back Office* heißt. Nur eine Form wird künftig gestattet sein.

Schreibweise

Das Terminologiemanagement hilft folglich,

- die Verständlichkeit des Dokuments abzusichern,
- Missverständnisse zu minimieren,
- die Qualität der Übersetzung zu verbessern und
- die Übersetzungskosten zu senken.

Inhalt einer Terminologie

Was muss in der Terminologie enthalten sein? Alle Begriffe, die für Einheitlichkeit und Verständlichkeit des Dokuments wesentlich sind. Es kann notwendig sein, fachspezifische Begriffe für die Terminologie auszuwäh-

3 Beispiele aus: Deutscher Terminologie-Tag, *Terminologiearbeit,* M3-3, 5.
In dieser Loseblattsammlung geben die Autoren 60 Argumentationshilfen für die Entwicklung einer Terminologie.
Der Deutsche Terminologie-Tag e. V. ist der Verband der Terminologen in Deutschland. http://www.dttev.org/

4 Beispiel nach Wüster, *Einführung in die allgemeine Terminologielehre,* S. 16f.

len – *federvorgespannte Rutschkupplung* –, wie auch produktspezifische – *Rutschkupplung* – oder unternehmensspezifische – *Kupplung FK3*.

Dabei geht es aus der Sicht des Terminologiemanagements nicht ausschließlich um die Definition des Begriffs. In vielen Unternehmen haben einzelne Abteilungen unterschiedliche Benennungen für den gleichen Begriff, die einheitliche Vorgehensweise des Unternehmens als Ganzes fehlt. Daher ist die Zusammenstellung aller Benennungen, die man verwendet, und die Festlegung ihres Status so wichtig: So beginnt die Firma mit „einer Stimme" zu sprechen.

Vorgehensweise

Wenn sich ein Unternehmen entscheidet, mit der Terminologiepflege zu beginnen, muss man einen Weg, Ziele und Werkzeuge auswählen. Oft wächst so ein Projekt nahezu organisch und wird ständig neuen Gegebenheiten angepasst. Man kann auch den Rat erfahrener Terminologen suchen und deren Vorgehensweise übernehmen, einen Fahrplan stellt Drewer vor:[5]

Ziele, Projektplan
Sammeln
Systematisieren
Bereinigen
Neu oder Import
Datenbank
System öffnen
Aktualisieren
Kontrollieren

1. Ziele bestimmen, Projektplan festlegen.
2. Die im Unternehmen genutzten Termini sammeln.
3. Systematisieren, Begriffe und Benennungen sauber trennen.
4. Konkurrenz zwischen Benennungen bereinigen – *Blinker, Fahrtrichtungsanzeiger.*
5. Wenn Termini fehlen, neue schaffen oder existierende importieren.
6. Ein EDV-System (vorzugsweise Datenbank) einrichten und füttern.
7. Den Autoren Zugang zu dieser Datenbank gewähren.
8. Daten ständig aktualisieren, korrigieren und erweitern.
9. Prüfen, ob das Terminologiesystem korrekt genutzt wird.

9.2 Übersetzungsgerecht texten

Weiter oben hatten wir darauf hingewiesen, dass der Satz „Die Terminologiepflege ergänzen Empfehlungen oder sogar Vorschriften für den Satzbau." für einen Techniktext nicht besonders geeignet ist. Die Ursache dafür ist der Satzbau, vereinfacht:

1 Die Terminologiepflege ergänzen Empfehlungen.

Dieser grammatisch korrekte Satz lässt den Leser zweimal hinschauen, typisch wäre:[6]

2 Empfehlungen ergänzen die Terminologiepflege.

Wer tut was?

Subjekt (*Empfehlungen* – WER), Prädikat (*ergänzen* – TUT), Akkusativ-

5 Hier angepasst, nach Drewer, Ziegler, *Technische Dokumentation*, S. 164 ff.
6 Siehe auch „Reihenfolge von Satzgliedern" auf Seite 121.

objekt (*die Terminologiepflege* – WAS) ist ein Satzbau, der das Lesen in unserer Sprache etwas vereinfacht.

Synthetische Sprache

In stark flektierenden Sprachen wie dem Lateinischen ist die Wortstellung im Satz recht frei. Im einfachsten Fall zeigt das Verb (Prädikat) schon durch seine Flexionsform an, welche Wörter zu erwarten sind, welche Rollen sie besetzen werden. Die anderen Beteiligten im Satz verraten durch ihre Wortendung, in welchem Kasus sie stehen und welche Aufgabe sie haben.

Man nennt solche Sprachen synthetisch. Die typische Analyse eines lateinischen Satzes beginnt mit dem Finden des Prädikats, das sich irgendwo inmitten der Wörter aufhalten kann.

Analytische Sprache

Eine kaum flektierende Sprache wie das Englische darf hingegen keine freie Wortstellung zulassen. Subjekt, Prädikat, Objekt: Das ist die ideale Anordnung der Satzglieder im Englischen. Sprachen dieser Art nennt man analytisch.

Die typologische Gruppierung der Sprachen (analytisch, synthetisch) ist in der Sprachwissenschaft umstritten. Für unsere Zwecke reicht aber der Hinweis, dass das Deutsche eine eher schwach flektierende Sprache ist, in der ein typischer Satzbau das Verständnis unterstützt.

Die Schwierigkeit in Satz 1 entsteht, weil *Terminologiepflege* und *Empfehlungen* keine Kasusmarkierung tragen, die das Substantiv eindeutig als Nominativ oder Akkusativ erkennen lassen. Im Femininum hilft auch der in beiden Kasus gleiche Artikel *die* nicht. Nur das Verb im Plural schafft Klarheit.

Die Variation im Satzbau, das Spiel mit der Sprache kann in der Literatur oder der Poesie, in der Werbung oder sonstwie aufregenden Texten attraktiv wirken, weil es den Leser zum Nachdenken zwingt und vielleicht ein Aha-Erlebnis oder ein Schmunzeln auslöst. In Techniktexten ist es ein überflüssiges Hindernis.

15 Regeln für übersetzungsgerechtes Texten

Zusammenfassung der Empfehlungen aus unterschiedlichen Bereichen dieses Buches

Wer sich an den Formulierungsempfehlungen dieses Buches orientiert, unterstützt die Übersetzung und Lokalisierung. Da in den Randbereichen des technischen Textens oft ungeübte Autoren schreiben, fassen wir die wesentlichen Empfehlungen an dieser Stelle zusammen und ergänzen sie:

Terminologie einrichten

1. Terminologiemanagement einrichten oder vorhandenes nutzen. Wenn die Mittel für den Erwerb einer professionellen Terminologiedatenbank nicht ausreichen, kann man sich mit Excel oder einer einfachen selbstgestrickten Datenbank helfen. Nicht ohne Terminologiemanagement schreiben, deswegen auch:

Keine mehrdeutigen Wörter

2. Keine Mehrdeutigkeiten in der Wortwahl erlauben. Jede Benennung ist einmalig.

Wenn *der Halter* des Fahrzeuges, dann nicht *der Halter* der Sicherung, *der Halter* für Getränke ...

Genitiv

3. Vorsicht mit Häufungen des Genitivs: *Die Befestigung der Schelle des Kabels* ... Auf Doppeldeutigkeiten bei diesem Kasus achten:
   Die Charakterisierung der Mitarbeiter ist falsch.
   Haben die Mitarbeiter etwas charakterisiert, oder wurden sie charakterisiert? Dieser Satz lädt zu Missverständnissen ein.

Neue Wörter erklären

4. Neue Wörter und Abkürzungen immer erklären. Was neu ist, bestimmt jedoch der Leser. Dafür eventuell ein Glossar nutzen – oder mit einem Hyperlink arbeiten.

Füllwörter Blähwörter

5. Füllwörter und Blähwörter meiden. Darunter versteht man völlig überflüssige Wörter wie das Wort *völlig* in diesem Satz.

Bindestriche

6. Bindestriche nutzen. Sie bringen Ordnung in Komposita, erleichtern das Erkennen besonders von Wörtern mit mehr als drei Komponenten: Statt *Vorglühkontrollleuchte Vorglüh-Kontrollleuchte.*
   Die Bindestrichregeln des Rechtschreibwörterbuchs nutzen.[7]

Satz und Text

7. Immer den gleichen Satzbau für den gleichen Handlungskontext verwenden, auf Variantenreichtum verzichten. Subjekt-Prädikat-Objekt-Stellung bevorzugen.

Form und Funktion

8. Immer die gleiche Form für die gleiche sprachliche Funktion verwenden. Beispiel Handlungsaufforderung:
   Drücken Sie den Schalter
   oder
   Schalter drücken
   Andere Formen sind unzulässig.

Keine mehrdeutigen Sätze

9. Keine Mehrdeutigkeiten im Satzbau erlauben, nicht:
   Wenn das Lämpchen am Gerät leuchtet, schalten Sie es aus.
   Sondern:
   Wenn das Lämpchen am Gerät leuchte, schalten Sie das Gerät aus.

Präsens

10. Als grammatische Zeit das Präsens verwenden.

Bekannt und neu

11. Immer das Bekannte zuerst.[8] Schreibt man über die Arbeitshöhe einer Spindel, so ist dies das Bekannte. Dass man diese Höhe an den Spindelfüßen einstellt, ist neu. Also:
    Die Arbeitshöhe an den Spindelfüßen einstellen.
    Nicht:
    An den Spindelfüßen die Arbeitshöhe einstellen.

Satzlänge
Nebensatz zweiter Ordnung

12. Sätze im Durchschnitt auf 15 Wörter begrenzen. Auf Nebensätze zweiter Ordnung verzichten. Keine eingeschobenen Nebensätze wie zu Beginn dieses Kapitels „Einiges, das ... , hat in einem Techniktext selbst nichts zu suchen."

---

7 Tipps geben auch: Deutscher Terminologie-Tag, *Terminologiearbeit,* M3-21 f., Drewer, Ziegler *Technische Dokumentation,* S. 174 f.

8 „Bekannt und neu" auf Seite 145.

13. Das Prädikat nach vorne stellen, Verben möglichst nicht teilen.
14. Auf Sprachlänge achten: Sätze in Spanisch und Finnisch sind zum Beispiel meist länger als gleichbedeutende in Deutsch. Deswegen Bilder immer „verigeln" und Bezugsziffern verwenden.
Die Abbildung des Igels[9] rechts ist ein Beispiel: Die Bezugslinien sind im Uhrzeigersinn angeordnet, sie überkreuzen sich nicht und sind parallel, was man nicht in jeder Zeichnung schafft. Wenigstens ist nun unerheblich, wie lang eine Benennung in der Übersetzung ist, die Erklärungen für 1 bis 5 stehen im Text und nicht im Bild.

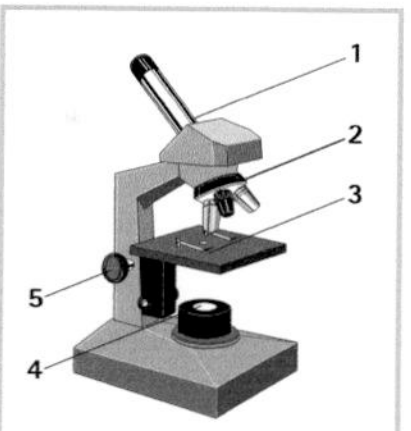

15. Textbeispiele kulturneutral wählen.[10]

Prädikat

Unterschiedliche Satz- und Textlängen in den Sprachen

Igel

Kulturneutrale Beispiele

Exkurs: Wie Übersetzer arbeiten

Profis verwenden neben Fachwörterbüchern und Glossaren eine Terminologiedatenbank und ein Translation Memory System (TMS) oder vergleichbare Software.
Im einfachsten Fall enthält das TMS Sätze vorangegangener Übersetzungen und vergleicht diese mit denen des neuen Textes. Das Ergebnis ist ein n%-Match. Bei n=100 ist der Fall sofort gelöst, sonst muss der Übersetzer von Hand nacharbeiten. Je weiter n von 100 entfernt ist, desto zeitaufwendiger wird die Übersetzung dieses Satzes.

Translation-Memory-System TMS

9.3 Lokalisierung

Mit der Übersetzung ist es nicht getan. Die Dokumente müssen auch an andere Lebensräume und die dort vorherrschenden Gepflogenheiten angepasst werden. Man nennt diese Anpassung *Lokalisierung*.

Je weiter der Ausgangstext von den Gegebenheiten der Zielkultur entfernt ist, desto mehr muss geändert werden, umso teurer wird es.

Offenkundige Unterschiede

In Amerika sieht manches anders aus. Briefkästen, Mülleimer und sogar die Handwerkzeuge unterscheiden sich von den in Deutschland üblichen. Dezimalzahlen stellt man anders dar, und die Papierformate passen nicht zu unseren DIN-Größen.

Vermutlich sind diese Unterschiede durch die Software-Industrie weitgehend kommuniziert. Viele Programme sind amerikanischen Ursprungs

9 *Igel* nennt man etwas salopp Zeichnungen, aus denen die Bezugslinien herausragen.
10 Siehe Seite 178.

und haben europäischen Nutzern andere Formate und von den hier geltenden Normen abweichendes Äußeres vertraut werden lassen.

Unterschiede beachten ...

Doch schon in Europa sind die Unterschiede zum Teil beträchtlich. Ein Beispiel sind die unterschiedlichen Stecker für die Stromversorgung.[11] Sie sehen in Großbritannien, Frankreich und weiteren Ländern anders aus als in Deutschland oder der Schweiz, weswegen für den Urlaub mancher vorsorgt und Adapter im Gepäck mitführt.

... Kosten vermeiden

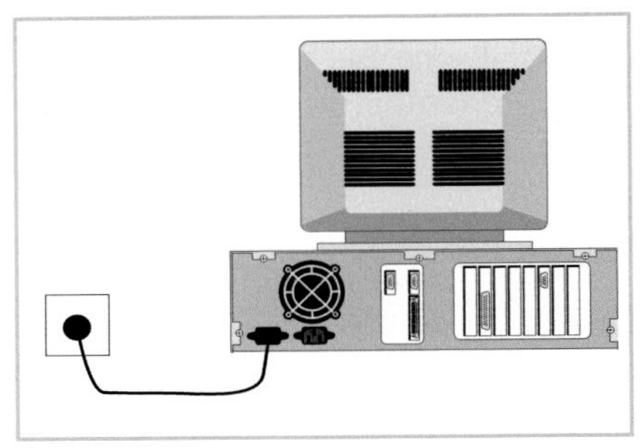

Jede Abbildung eines Steckers, die nicht absolut notwendig ist, wird die Produktionskosten folglich erhöhen, weil sie in der Lokalisierungsphase durch ein anderes Bild ersetzt werden muss. Deswegen vermeidet man solche Illustrationen und ersetzt sie zum Beispiel durch eine neutrale Draufsicht auf den Stecker in der Steckdose.

Kulturelle und religiöse Eigenarten

Zu den offenkundigen Unterschieden gehören auch jene, die durch religiöse und kulturelle Eigenarten bedingt sind. Wenn geplant ist, ein Dokument für ein islamisches Land anzupassen, vermeiden die Autoren besser von vornherein die Abbildung von Personen: In einigen Ländern wird man Dokumente nicht akzeptieren, die Bilder von Menschen enthalten. Wer nicht auf den letzten Drücker alles umstricken will, denkt besser rechtzeitig daran.

Kultur

In Techniktexten, die lokalisiert werden müssen, empfiehlt sich, jeden kulturellen Bezug zu vermeiden, soweit das möglich ist. Fragen Sie bei lokalen Vertriebsorganisationen oder außenwirtschaftlichen Beratungsstellen Ihres Landes nach, was zu berücksichtigen sein wird, bevor Sie mit der Detailplanung eines umfangreichen Dokuments beginnen.

Versteckte Unterschiede

Natalie Martinez Hernandez ist Psychologin, sie ist Deutsche und mit einem Mexikaner verheiratet.[12] Wie viele Menschen, die in einer bi-kulturellen Partnerschaft leben, spricht sie über die Unterschiede zwischen den Kulturen. Das allerdings mit wissenschaftlichem Hintergrund.

11 Vgl. Sun Technical Publications; *Read me first!*, S. 176 ff.

12 Martinez Hernandez, *Sorry, Schatz.*

Unterschiedliche Verhaltensmuster

Mexikaner und Deutsche sehen vieles anders. Ihre Werte und Verhaltensmuster unterscheiden sich. Wenn beispielsweise beide einen Termin vereinbaren, so ist dies für die Deutsche ein Eintrag auf der Zeitachse, der – je nach Bedeutung – zum Teil nur mit erheblichem Aufwand verschoben werden kann. Der Kinobesuch, den Frau Martinez mit ihrem Mann vereinbart hat, ist ein Ereignis, das sie freudig erwartet.

Umgang mit der Zeit

Auch der Mexikaner freut sich darauf, für ihn ist es aber eher eine Option in einer Verzweigung mehrerer möglicher Zeitachsen. Trifft er auf dem Weg zum Kino einen alten Bekannten, plaudern die beiden, gehen vielleicht etwas essen und trinken; er ruft zu Hause an und fragt seine Frau, ob sie nicht auch in die Bar kommen wolle. Natürlich gibt es Probleme: „Ihr Deutschen müsst immer alles vorausplanen wollen." versus „Ihr Mexikaner seid unzuverlässig."

Das Problem ist nicht in den beiden begründet, es liegt in den soziokulturellen Voreinstellungen. Die Psychologin und ihr Mann können das aufgrund ihres Wissens über kulturelle Unterschiede in den Griff kriegen, andere tun sich damit schwerer.

Übrigens liegt es auch nicht nur an der großen Entfernung zwischen Deutschland und Mexiko, sehr ähnliche Unterschiede finden wir bereits mitten in Europa.[13]

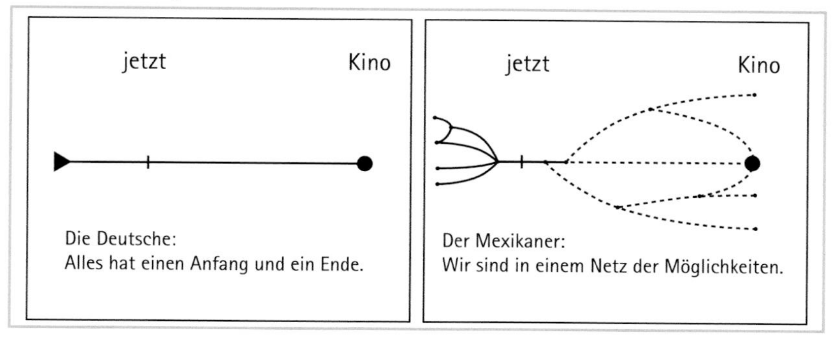

Deutsches und mexikanisches Zeitverständnis

Den Umgang mit der Zeit haben Edward T. Hall und Mildred Reed Hall untersucht. Sie fanden heraus, dass zwei grundverschiedene Zeitverständnisse in Gebrauch sind, eines nannten sie monochron, das andere polychron.

Monochron

Nach dieser Sichtweise sind Schweizer, Deutsche, Briten und US-Amerikaner monochron (mono = ein, einfach; chronos = Zeit). Ihr Umgang mit der Zeit hat sich den Erfordernissen der frühen Industrialisierung angepasst: Sie nehmen eins nach dem anderen wahr, planen punktgenau

13 Mit Dank an Gilberto Rodrigo Caballero Abraham und seine lehrreiche Veranstaltung im Wintersemester 2010.

auf einer Zeitachse und behandeln Zeit wie Geld, sie können sie verlieren, sparen, verschwenden.[14]

Polychron

Andere Kulturen, die polychronen (poly = viel), können das nicht nachvollziehen. Sie sehen sich inmitten eines Zeitnetzes, nehmen mehrere Entscheidungsmöglichkeiten wahr und disponieren schnell um.

Ausnahme: Monochron

Die beiden Zeitverständnisse sind wie „Öl und Wasser",[15] sie können sich nicht vermischen. Deswegen fällt es der Deutschen ausgesprochen schwer, die Art zu ertragen, mit der ihr mexikanischer Ehemann Zeitfragen behandelt und vice versa. Das gleiche Problem hätte sie mit einem Italiener, Spanier, Franzosen oder Araber. Nur wenige Kulturen sind monochron.

Monochroner Umgang mit Projekten

Die Konsequenzen sind erheblich, allein durch unterschiedliche Zeitverständnisse entstehen unzählbare wirtschaftliche Schäden. Wenn ein monochroner Mensch ein Ziel erreichen will, wird er planen, Zeitpunkte setzen. Man nennt sie Meilensteine, als wäre ein – und nur ein – Weg zu gehen, auf dem man diese Markierungen passiert.

Polychroner Umgang mit Projekten

Der polychrone Mensch denkt anders. Er wird zunächst sein Netz erweitern, in dem das Ziel erreicht werden kann. Um beim Beispiel zu bleiben, könnte man sagen: Er kann die Meilensteine umgehen. Damit sind deutsche Vorstellungen über Projektmanagement gründlich ausgehebelt. Der Italiener kommt trotzdem ans Ziel. Dabei hat er – im Unterschied zum Deutschen – neue Freunde gefunden und neue Beziehungen geknüpft, sein Netz hat sich erweitert.

Der Umgang mit Zeit ist nur ein Aspekt des menschlichen Lebens, der andere anders macht als uns. Seit Anfang der achtziger Jahre sind Geert Hofstedes Ergebnisse einer bei IBM betriebenen Befragung innerhalb und außerhalb des Konzerns bekannt. Die fast sechshundert Seiten der englischsprachigen Studie[16] geben genügend Material, kulturelle Eigenarten und Unterschiede zwischen Kulturen zu bewerten.

Hofstedes Untersuchung liefert Material zu den Positionen, die eine Kultur in vier Fragen favorisiert:

1. Die Machtdistanz.
2. Vermeiden von Unsicherheit.
3. Das Verhältnis zwischen Individualismus und Kollektivismus.
4. Femininität und Maskulinität.

Im Detail – zusammengefasst:

Machtdistanz

1. Wie geht man mit Unterschieden in der sozialen Hierarchie um? Der PDI (Power Distance Index) gibt Auskunft darüber, wie das Machtgefälle in der sozialen Organisation verstanden und wie stabil es be-

---

14 Hall, Hall, *Understanding cultural differences.*

15 A. a. O., S. 13.

16 Hofstede, *Culture's consequences,* deutsch (mit Hofstede, Gert Jan; Mayer, Petra): *Lokales Denken, globales Handeln.* In der deutschen Version stehen die Indizes in etwas anderer Reihenfolge: 1-3-4-2.

wertet wird. Das Ausgeliefertsein gegenüber der Autorität bei hohem PDI steht in direktem Gegensatz zur Forderung nach diskursiver Einigung bei niedrigem Index.
Von der Organisation des Lernens über den Wert und die Stabilität politischer Demokratie bis zum Umgang mit moderner Technik beansprucht der Index Aussagen zu treffen. Er reicht von 11 (Österreich) bis 104 (Malaysia). Deutschland (BRD vor 1991) liegt mit 35 gerundet 22 Punkte unter dem Mittelwert von 57.
Da auch die Schweiz sehr ähnlich positioniert ist (34), darf man festhalten, dass die deutschsprachigen Länder eine liberale und unautoritäre soziale Organisation in diesem Index vertreten. Oder: Wo der deutsche Text argumentieren und begründen muss, reicht andernorts oft die Anweisung.

Umgang mit Unsicherheit

2. Wie wichtig ist es den Menschen, Unsicherheit zu vermeiden (UAI: Uncertainty Avoidance Index)? Die Befragung ermittelte das subjektive Empfinden über Stress am Arbeitsplatz, die Bereitschaft Regeln im Unternehmen gegen die eigene Überzeugung einzuhalten und die Karriereplanung in der Firma. Jedes ist ein Indikator der Ungewissheit: Stress entsteht durch Unsicherheit, die Einhaltung betrieblicher Regeln ist der sichere Weg, die Karriere im eigenen Haus sucht, wer die Unsicherheit des Marktes scheut. Das Ergebnis ist nicht auf der Ebene der Personen relevant, dafür umso mehr auf der eines Landes oder einer Region.
   Die deutschsprachigen Länder liegen im mittleren Bereich. In Europa haben Griechenland und Portugal den höchsten UAI, Großbritannien, Irland, Schweden und Dänemark den geringsten. In diesen vier Ländern sieht man alles etwas entspannt.

Individuum oder Gruppe

3. Favorisiert eine Kultur die Individualität oder die Gruppenzugehörigkeit (IDV, Individualism Index Value)? Wen wundert es, dass die USA, Australien, Großbritannien und Kanada den IDV anführen. Mit Ausnahme Griechenlands und Portugals liegen die europäischen Länder in der oberen Hälfte der Wertschätzung der Individualität und der damit verbundenen geringeren Achtung der Kollektivität.

Maskulin oder Feminin

4. Der Maskulinitätsindex (MAS) hat nur im übertragenen Sinn mit den Unterschieden zwischen Männern und Frauen zu tun. Gefragt wurde nach einigen Faktoren, denen die Interviewten Bedeutung beimessen sollten. Dabei stellte sich heraus, dass Männer anders bewerten als Frauen. Männer legen besonderen Wert auf Anerkennung, Herausforderung, Geld und Aufstiegsmöglichkeiten. Frauen schätzen eher die freundliche Atmosphäre und die kommunikative Situation. Zwischen dem höchsten MAS in Japan und dem niedrigsten in Schweden liegen 90 Punkte, die deutschsprachigen Länder liegen im oberen Drittel.

Kulturen unterscheiden sich erheblich in ihrem Verhältnis zu Autorität, in ihrer Neigung zu Gruppendenken versus individueller Entscheidung und in der persönlichen Wertschätzung wirtschaftlicher Einflussfaktoren.

Migration und Veränderung kultureller Disposition

Die Analysen Hofstedes müssen genau im Auge behalten werden, denn Migration und Globalisierung würfeln vieles gründlich durcheinander. Selbst im Mutterland der IBM sind durch Immigration aus Lateinamerika so viele Veränderungen eingetreten, dass die ehemaligen Werte der (ehemaligen?) Elite erschüttert wurden.[17]

17 Ein Beleg für die resultierenden Irritationen findet sich in Huntington, *Who are we?*

10 Die Navigation unterstützen

Technische Texte sind keine Unterhaltungsliteratur. Man liest sie, weil sie eine Informationsquelle sind. Der Leser will schnell erfassen, was er von dem Text erwarten kann. Vielleicht hat er eine klare Vorstellung, welche Informationen ihn interessieren oder er ist sogar auf der Suche nach einem konkreten Detail, also ist die Frage: Wo finde ich das benötigte Detail in diesem Meer aus Buchstaben?

Wie im wirklichen Meer muss man navigieren, den gegenwärtigen Aufenthaltsort bestimmen und eine Route finden. Jeder Leser eines Sachtextes steht vor dieser Aufgabe; von Ausnahmen abgesehen liest man solche Dokumente nicht von der ersten bis zur letzten Seite.

Je mehr Seiten zusammenkommen, desto dringender wird der Wunsch nach einer helfenden Hand. Die muss der Autor reichen. Er gestaltet die aussagekräftigen Überschriften, das Inhaltsverzeichnis, den Index, das Glossar, die Marginalien, Kolumnentitel und Kurzfassungen sowie die Navigationshilfen für elektronische Dokumente.

10.1 Das Inhaltsverzeichnis

Strukturinformation

Die erste Orientierungshilfe für den Leser wird häufig automatisch von der Textverarbeitung erstellt. Das Inhaltsverzeichnis gibt Auskunft über die Struktur des Dokuments, das Thema einzelner Kapitel und – oft ungewollt – über die Sorgfalt des Autors.

Lassen Sie das Inhaltsverzeichnis vom ersten Tag an automatisch erstellen. Legen Sie deswegen leere Kapitel an, die von der Software in das Verzeichnis integriert werden. Sie stellen damit sicher, dass sich nicht im letzten Moment unbemerkt Inkonsistenzen im Dokument einschleichen, falsche Kapitelnummerierung oder strukturelle Defizite.

Kapitelnummerierung

Die Strukturebenen werden durch einen Punkt voneinander abgetrennt, hinter der letzten Ziffer steht jedoch nie ein Punkt. Kapitel 10, Unterkapitel 1 „Das Inhaltsverzeichnis", wird zu:
10.1 Das Inhaltsverzeichnis und nicht zu *10.1. Das Inhaltsverzeichnis.*[1]

Strukturelles Defizit

Das folgende Beispiel zeigt ein Gliederungsproblem, es ist dem Entwurf einer Bachelorarbeit entnommen:

1.3 Praktische Problemstellung ...
1.3.1 Aktuelle Situation ...
1.4 Zielsetzung ...

1 DIN 1421 *Gliederung und Benummerung in Texten.*

Wenn es kein Zweitens gibt (hier fehlt: 1.3.2), dann kann auch ein Erstens nicht sein. In diesem Fall muss der Autor an der Struktur arbeiten und den Inhalt von 1.3.1 in das übergeordnete Kapitel integrieren. Wenn es nötig ist, kann man auch einen nicht-nummerierten Abschnitt in den Text einfügen.

Gliederungsebenen

Wie viele Ebenen sinnvoll sind, entscheiden Ziel und Leser des Dokuments. In wissenschaftlichen Arbeiten und technischen Texten für Fachleute sind fünf Gliederungsebenen (2.1.3.4.1) nicht ungewöhnlich. In anderen Umgebungen werden mehr als drei Ebenen wahrscheinlich für eine leserunfreundliche Strukturierung gehalten.

Dieses Buch verwendet vier Ebenen, verzichtet aber mit der dritten auf eine Nummerierung. Beim Lesen tritt der Unterschied zutage, Überschriften der dritten Ebene sind nicht-nummeriert in Rot gesetzt, solche der vierten Ebene in Schwarz.

Layout zeigt die Struktur

Auch im Layout spiegelt ein gut gestaltetes Inhaltsverzeichnis die Struktur wider: Es fasst optisch zusammen, trennt durch Weißraum und hebt Kapitelüberschriften hervor, halbfett oder farbig. Halbfette Hervorhebung verlangt Handarbeit. Achten Sie darauf, dass die Führungspunkte und die Seitenzahlen nicht ebenfalls ausgezeichnet sind.

3 Fragen 66
3.1 Fragen in der Recherche 66
3.2 Informationsfragen 68
3.3 Fragen mit zusätzlichen Funktionen 72
3.4 Fragefolgen und Fragestrategien 77
Zusammenfassung 89
Zitierte Literatur 89

4 Mit Plan zum Erfolg 90
4.1 Vorbereiten 90
4.2 Durchführen 107

Inhaltsverzeichnis, Ausschnitt[2]

10.2 Der Index

Sorgfalt bis zum Schluss

Verschiedene Arten von Indizes sind gebräuchlich: *Sachregister, Stichwortregister, Autorenregister;* für *-register* wird oft auch *-verzeichnis* verwandt. Der Haken bei diesen Verzeichnissen ist, dass der Autor sie gern zum Schluss in Angriff nimmt und mehr oder weniger lieblos erstellt. Für den Leser sind sie aber oft der Einstieg in ein Dokument. Dessen Reputation kann ein schludriger Index auf Anhieb ruinieren.

Ähnlich dem Inhaltsverzeichnis bieten Textverarbeitungen auch für den Index eine automatische Funktion an. Der Nutzen dieses Merkmals

2 Baumert, Reich, *Interviews*, S. 5.

führt aber nicht automatisch zu einem guten Index, eher das Gegenteil ist zu erwarten.

Handarbeit

> Ein guter Index verlangt viel Handarbeit und ist nicht ohne konzeptionelle Überlegungen zu erstellen.

Fragen des Lesers

Das Problem des Indizierens ist: Der Autor muss seine Rolle aufgeben und sich in den Leser hineinversetzen. Der Index soll eben nicht alphabetisch auflisten, was sich im Dokument befindet, sondern er soll die Fragen des Lesers aufgreifen und diesen zu genau der Seite bringen, die seine Fragen beantwortet.

Denotation, Denotat **164f.**, 169, 171
Dentes, dental 186f.
Dependentien → Valenz (des Verbs)
Determinativkompositum **104**, 116
diachron 96, 168
Dialekt, Mundart 107, 132, **140ff.**, 143, 146, 156, 171, 230

Beispielindex[3]

Das Beispiel zeigt einen Index, der in wissenschaftlichen Dokumenten üblich ist. *f* steht für die folgende, *ff.* für mehr als eine folgende Seite. Der Pfeil *Dependentien → Valenz (des Verbs)* bedeutet: Wenn Sie etwas über Dependentien erfahren wollen, sehen Sie bitte unter „Valenz (des Verbs)" nach. Halbfett sind die Seiten markiert, auf denen das gesuchte Wort – das Fachwort für solche Einträge ist *Lemma* (Plural: Lemmata) – ausführlich behandelt wird.

Anstelle des Pfeils verwendet man als Querverweis oft kursiv *siehe*, ergänzt durch *siehe auch*, wenn zusätzliche Seiten von Interesse sein könnten.

> In Bedienungsanleitungen und ähnlichen Texten verzichtet man auf f., ff. und den Pfeil; man verwendet stattdessen Klartext.

Querverweise

Mit Querverweisen können sich Autoren beim Leser besonders verdient machen. Sie dienen dazu, außer der Vorzugsbenennung[4] auch solche Wörter als Einstieg für den Leser zu bieten, die man eigentlich nicht verwenden will: *Blinken siehe Fahrtrichtungsanzeiger.*

Mehrfacheinträge

Die Frage, wo der Leser nachsehen wird, führt auch zu Mehrfacheinträgen. Das Beispiel *Keilriemen prüfen* belegt, dass die Autoren des

3 Kessel, Reimann, *Basiswissen*, S. 274.
4 Siehe Kapitel 9.1.

Index sowohl diejenigen Anwender bedienen wollen, die unter K – wie Keilriemen – nachsehen, als auch jene, die bei W – wie Wartungsarbeit – suchen.

	Wartungsarbeiten, 260
	Aggregate auf Dichtheit prüfen, 271
Keilriemen Hydropumpe, 186	Batterien prüfen, 270
Keilriemen prüfen, 267	Druckluftbehälter auf Wasseransammlung prüfen, 275
Keilriemenspannung prüfen, 267	Flüssigkeitsstand des hydrostatischen Lüfterantriebes prüfen, 273
	Keilriemen prüfen, 267

Mehrfacheinträge unterstützen den Leser.[5]

Index und Inhaltsverzeichnis

Gestaltungsspielraum für Experten

Verzeichnisse befriedigen selten den Wunsch eines Autors nach Individualität und Kreativität, sie sehen sich trotz aller Unterschiede sehr ähnlich. Deswegen versuchen manche auch das Besondere, die etwas ungewöhnliche Gestaltung. Manfred Siemoneit, Schriftsetzermeister und Typographie-Experte geht so einen anderen Weg, er setzt die Seitenzahl vor den Eintrag:

7	**Einführung in das Thema**
13	**Organisatorische Planung**
23	Welches Medium für welche Zwecke?
29	**Grundlagen der Wahrnehmung**
31	Kommunikationsmodelle
33	Bildzeichen (Piktogramme)
35	Aspekte der Wahrnehmung
41	Aspekte zur Informationsaufnahme
45	Der Lesevorgang
47	Sprachliche Regeln
49	Sinneinheiten in Zeilen
51	Die Informationsmenge
55	Gestalterische Aspekte
63	Wiedererkennung schaffen

Inhaltsverzeichnis Siemoneit[6]

Ein gelungenes Design, doch: Was der Experte schafft, gelingt anderen selten. Wer sich an einem solchen Beispiel orientiert, darf auf keinen Fall auch den Index so gestalten, erst Seitenzahl, dann Eintrag.

5 MAN, *Betriebsanleitung Reisebus Fahrgestelle A67, R33, R37*, S. 321, 324.
6 Siemoneit, *Von Overhead bis Internet*, S. 5.

10.3 Die Überschrift

Alles ist möglich. Beim ersten Versuch wirft der BILDBlog-Schlagzeil-O-Mat[7] die neue Headline aus: Käse-Luder frisst Hund. Kurz, witzig, anregend. Das will mancher lesen. So sehen viele gelungene Überschriften in Boulevard-Zeitungen aus. Damit erklärt sich aber teilweise ein Problem dieser Sorte Zeitung: Man kauft sie auf der Straße, am Boulevard, weil ihre Aufmachung attraktiv bis schrill ist. Jede Schlagzeile ruft auch „Kauf mich", „Lies mehr davon".

Überschriften im Journalismus

Wolf Schneider und Detlef Esslinger haben dem Thema *Überschrift im Journalismus* ein ganzes Buch gewidmet. Fünf Forderungen stellen sie an Überschriften:

Fünf Forderungen an jede Überschrift

I. Die Überschrift muss eine klare Aussage haben.
II. Diese Aussage sollte die zentrale Aussage des Textes sein.
III. Sie darf den Text nicht verfälschen.
IV. Sie muss korrekt, leichtfasslich und unmissverständlich formuliert sein.
V. Sie sollte Lese-Anreiz bieten.[8]

Der Wolf und die schönen Frauen

➤ Journalisten-Preis mit Slomka, Joop und Co. im Schauspielhaus
➤ Star-Publizist Wolf Schneider (86) für Lebenswerk ausgezeichnet

Sprachpapst Wolf Schneider (86)

Generationen von Journalisten fürchten und verehren ihn Wolf Schneider. Sprachpapst, Bestseller-Autor (verkaufte 1,3 Millionen Sachbücher), langjähriger Leiter der renommierten Hamburger Schreiber-Schmiede, der „Henri-Nannen-Schule". Gestern erhielt der scharfsinnige Sprachwolf den „Henri-Nannen-Preis" für sein Lebenswerk. Ein vorzeitiges Geburtstagsgeschenk: Heute wird er 86! 1200 Gäste pilgerten zur Gala des Verlagshauses „Gruner + Jahr" ins Schauspielhaus.

„Wolf Schneider prägte mit seiner Arbeit eine ganze Journalisten-Generation. Wir möchten ihn ehren als Verfechter des Qualitätsjournalismus und als unerbittlichen Hüter der deutschen Sprache", sagte „Stern"-Chefredakteur Andreas Petzold.

„Informativ, aber knapp" lautete die Devise des Autors von 20 Sachbüchern (u.a. „Deutsch für Profis"). Seinen Überzeugungen blieb Wolf immer treu: Beim Axel Springer Verlag flog er als Chefredakteur der „Welt" raus, weil er einen Kommentar gegen den chilenischen Diktator Pinochet drucken ließ, obwohl er wusste, dass Springer Pinochet schätzte.

Seine Schüler wiederum fürchteten ihn: „Er war der witzigste, gemeinste und scharfsinnigste Lehrer, den ich je hatte", erinnert sich die Publizistin Petra Reski im „Stern".

Mächtig Kontra erhält er nur von Ehefrau Lilo (seit 45 Jahren verheiratet), mit der er am Starnberger See lebt. Gestern Abend achtete der Wolf aber hoffentlich mal weniger auf die Schönheit der Sprache, sondern mehr auf die der anwesenden Damen – darunter die TV-Ladys Marietta Slomka und Maybrit Illner, Film-Star Karoline Herfurth und Designerin Jette Joop. Unter den Laudatoren: Arbeitsministerin Ursula von der Leyen.

Laura Sophie Brauer & Jane Masumy
Tel. 040/80 90 57-330
Handy 0172/408 19 57
l.brauer@mopo.de
LOUNGE

Kluge Köpfe und schöne Ladys: Schauspielerin Karoline Herfurth (26, l.) und Designerin Jette Joop (43)

„Heute Journal"-Moderatorin Marietta Slomka (42) feierte unter den 1200 Gästen.

Schlechtes Beispiel: Der Leser wird in den Artikel gelockt und liest darin etwas anderes als von der Überschrift versprochen.

Boulevard-Blätter halten sich oft nur an die fünfte Forderung, die Überschrift bietet Lese-Anreiz, unterstützt von Fotos und Farben. Als Schneider am 5. Mai 2011 für sein Lebenswerk ausgezeichnet wurde, konnte sich die Hamburger Morgenpost das Spiel mit seinem Vornamen und den weiblichen Gästen der Feier nicht verkneifen.[9]

Mit dem Inhalt des Artikels, der tatsächlich Schneiders Lebenswerk hervorhebt, hat dieser Unfug nichts zu schaffen.

7 http://www.bildblog.de/schlagzeilomat.html [27. August 2015].
8 Schneider, Esslinger, *Die Überschrift,* S. 13 f.
9 Hamburger Morgenpost, 7. Mai 2011, S. 12.

Zielgruppe

Für den technischen Text gelten die Forderungen Schneiders und Esslingers ebenfalls. Nur stellt sich der Anreiz zum Lesen etwas anders dar. Je fachlicher die Zielgruppe, je formeller der Lesezusammenhang, umso mehr schlägt das Pendel in Richtung „sachlich treffende Überschrift" aus:

1 Zusammenfassung für das Management
2 Einführung
3 Multimedia im Maschinen- und Anlagenbau
4 Der heutige Stand der Technischen Dokumentation im Maschinen- und Anlagenbau
5 Die zukünftige Rolle der Technischen Dokumentation im Maschinenbau
6 Moderne Strukturen für multimediale Dokumentation
7 Werkzeuge zur Erstellung, Verwaltung und Nutzung der technischen Dokumentation
8 Anforderungen an die technische Dokumentation
9 Anwendungsbeispiele aus mumasy[10]

Treffend und genau

Die Überschriften der Kapitel des zitierten Leitfadens sind nicht mehr nur treffend, sondern sie sind genau. Der Leser kann sich sofort den Details widmen, die ihm im folgenden Text präsentiert werden. Dafür sind einige aber nicht mehr kurz – und interessant sind sie auch nur für den Fachmann, den die Details interessieren.

> Die Überschrift signalisiert den Wechsel eines Gegenstandes, als Kapitelüberschrift oder innerhalb eines Kapitels.

Das Beispiel oben zeigt interessante Wechsel: Das erste Kapitel, die Zusammenfassung für das Management, wendet sich an eine besondere Lesergruppe. Die Verfasser rechnen mit Lesern, die an den Details nicht interessiert sind, aus diesem Grund kündigt die Überschrift eine Art Executive Summary[11] an.

Das zweite Kapitel ist dann hilflos mit *Einführung* überschrieben, eine rein formale Überschrift, die manchen Leser veranlassen wird, das Kapitel schnell zu überschlagen. Danach wird es interessant, folgen thematische Überschriften nach dieser Typisierung:

Typen:

Typen von Überschriften

Formal

Formale Überschriften. Sie zeigen nur einen Gliederungspunkt an, aber offenbaren nichts über die Inhalte. Beispiele: Einleitung, Schlussbemerkung, Zusammenfassung usw. [...]

Thematisch

Thematische Überschriften. Sie sprechen das Thema des nachfolgenden Abschnitts mit zentralen Wörtern oder Kernaussagen an. Thema-

10 Hudetz, Friedewald, Harnischfeger, *Innovation durch Multimedia im Maschinenbau.*
11 Vgl. Seite 197.

tische Überschriften unterstützen die Bildung einer Zusammenfassung (Makrostruktur) für das Langzeitgedächtnis. [...]

Perspektivische Überschriften. Hier kommt die Sichtweise, Meinung und Position des Autors thesenartig zum Ausdruck.

Perspektivisch

Fragen. Die Überschrift stellt eine Frage, die zur Lektüre animieren soll.[12]

Fragen

Als perspektivische Überschrift könnte das Beispiel 3 lauten: *Multimedia – die Zukunft im Maschinen- und Anlagenbau.* Als Frage: *Multimedia: eine Zukunft im Maschinen- und Anlagenbau?*

Überschriften bestehen nur im Notfall aus einem ganzen Satz. Nebensätze sind in Überschriften selten angemessen.

Für einen technischen Bericht muss die Überschrift das Untersuchungsfeld, das Spezielle an der Untersuchung angeben:

Technischer Bericht

- Machbarkeitsstudie zur Herstellung von Pipettierspitzen aus Kunststoff oder
- Spritzgießen – ein geeignetes Verfahren zur Herstellung von Pipettierspitzen aus Kunststoff
- Carbon Horns. Entwicklung eines Fertigungsprozesses zur Produktion hochwertiger Trompetenbauteile in Faserverbundbauweise.

In der Technischen Dokumentation sind zwei Typen von Überschriften üblich:

Technische Dokumentation

1. Handlungsbezogene
2. Gegenstandsbezogene

Wenn es sinnvoll und möglich ist, wird die Überschrift sich auf eine Handlung beziehen:

Handlung

...
Benutzer verwalten
    Neuen Benutzer einrichten
    Benutzer einer Gruppe zuweisen
    Benutzerrechte festlegen
...

Gegenstandsbezogene Überschriften wählt man, wenn keine Handlung des Lesers mit dem Thema des Abschnitts oder Kapitels verbunden ist:

Gegenstand

...
Allgemeine Sicherheitshinweise
Bestimmungsgemäßer Gebrauch
CE-Konformitätserklärung

Wählen Sie handlungsbezogene Überschriften, wenn Leser angeleitet werden.

12 Ballstaedt, *Wissensvermittlung*, S. 48 f.

10.4 Das Glossar

Nachschlagewerk

Ein Glossar ist ein Nachschlagewerk. Es stellt sicher, dass Leser nicht ständig in andere Quellen eintauchen müssen, sondern im Text selber fündig werden.

Es enthält wichtige Begriffe und Aussagen, von denen der Autor meint, dass sie den Lesern nicht bekannt sind. Manchmal muss auch lediglich erklärt werden, in welcher Weise der Autor die Begriffe und Aussagen gerade in diesem Text verstanden wissen will.

Das Glossar hilft also einerseits, Wissenslücken beim Leser zu schließen, und andererseits beim Leser vorhandenes Wissen mit dem Wissensraum des Textes zu verbinden.

Alphabetischer Aufbau

Es ist alphabetisch aufgebaut. Das Lemma, der zu erklärende Begriff, darf selbst für die Erklärung keine Rolle spielen. Entscheidend für die Qualität des Glossars ist die angemessene Auswahl von Begriffen und Aussagen.

> **Dateninsel (data island)** Ein XML-Dokument, das in eine HTML-Seite eingefügt wurde. Dazu wird das Tag `<XML>` verwendet. Auf die Informationen dieser Dateninseln können Skripte angewendet werden. Die andere Möglichkeit ist die der Datenbindung, bei der HTML-Elemente gezielt mit XML-Elementen verknüpft werden.

Glossareintrag in einem Fachbuch[13]

Lernhilfe

Ein Glossar ist in technischen Texten immer dann empfehlenswert, wenn es um fachliches, produkt- oder unternehmensspezifisches Lernen geht.

> **Pufferspeicher**
> Der Pufferspeicher ist ein mit Heizwasser gefüllter Speicher zur Lagerung von überschüssiger Wärme z. B. von Sonnenkollektoren. Über die Wärmemenge wird die zeitliche Differenz zwischen Wärmeerzeugung und Wärmeabnahme ausgeglichen.

Glossareintrag in einer Anleitung[14]

Das kann für Schulungsunterlagen zutreffen, für Lernanleitungen oder für technische Berichte zu Forschungsprojekten. In Bedienungsanleitun-

13 Vonhoegen, *Einstieg in XML*, S. 563.

14 Bosch, *Cerapur Solar, Gas-Brennwertgerät*, S. 46. Tekom Dokupreis 2008.

gen ist das Glossar unverzichtbar, wenn die Anleitung Fachwörter verwendet und auch von Lesern verstanden werden muss, die diese Terminologie nicht beherrschen.

10.5 Die Marginalie

Das ist eine Marginalie

Dieses Buch arbeitet mit Marginalien. Sie bieten dem Leser eine zweite Lese-Ebene, eine Art Schnellspur an und lassen ihn wichtige Schritte der Gedankenführung auf einen Blick erfassen.

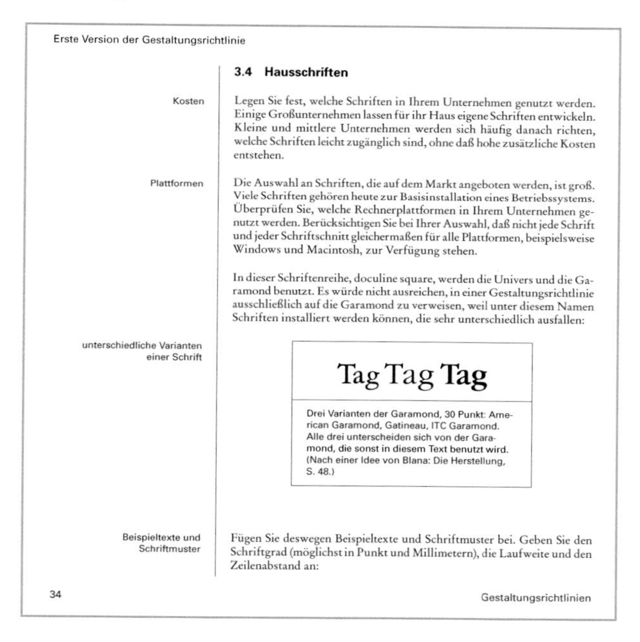

Erste Version der Gestaltungsrichtlinie

3.4 Hausschriften

Kosten

Legen Sie fest, welche Schriften in Ihrem Unternehmen genutzt werden. Einige Großunternehmen lassen für ihr Haus eigene Schriften entwickeln. Kleine und mittlere Unternehmen werden sich häufig danach richten, welche Schriften leicht zugänglich sind, ohne daß hohe zusätzliche Kosten entstehen.

Plattformen

Die Auswahl an Schriften, die auf dem Markt angeboten werden, ist groß. Viele Schriften gehören heute zur Basisinstallation eines Betriebssystems. Überprüfen Sie, welche Rechnerplattformen in Ihrem Unternehmen genutzt werden. Berücksichtigen Sie bei Ihrer Auswahl, daß nicht jede Schrift und jeder Schriftschnitt gleichermaßen für alle Plattformen, beispielsweise Windows und Macintosh, zur Verfügung stehen.

In dieser Schriftenreihe, doculine square, werden die Univers und die Garamond benutzt. Es würde nicht ausreichen, in einer Gestaltungsrichtlinie ausschließlich auf die Garamond zu verweisen, weil unter diesem Namen Schriften installiert werden können, die sehr unterschiedlich ausfallen:

unterschiedliche Varianten einer Schrift

Tag Tag **Tag**

Drei Varianten der Garamond, 30 Punkt: American Garamond, Gatineau, ITC Garamond. Alle drei unterscheiden sich von der Garamond, die sonst in diesem Text benutzt wird. (Nach einer Idee von Blana: Die Herstellung, S. 48.)

Beispieltexte und Schriftmuster

Fügen Sie deswegen Beispieltexte und Schriftmuster bei. Geben Sie den Schriftgrad (möglichst in Punkt und Millimetern), die Laufweite und den Zeilenabstand an:

34 Gestaltungsrichtlinien

Seite mit Marginalien[15]

Inhalt oder Form

Marginalien müssen nicht immer inhaltlich Auskunft geben. Sie können auch auf formale Aspekte hinweisen. So gehört zu jedem Laborbericht eine Beschreibung zum Aufbau des Versuchs oder der Durchführung des Versuchs; in ein Angebot gehört eine Kostenaufstellung und ein Zeitplan. Entsprechende Marginalien orientieren den Leser, an welcher Stelle im Text er die gewünschte Information findet.

Funktion eines Abschnitts

Manchmal machen Marginalien auch Aussagen zur Funktion eines Abschnitts im Text. Das ist der Fall, wenn mit der Marginalie eine „Einführung“ oder eine „Zusammenfassung“ angekündigt wird.

15 Baumert, *Gestaltungsrichtlinien*, S. 34.

Funktionen

Die wesentlichen Funktionen von Marginalien sind
- Inhalte schnell erfassbar machen,
- Details schnell auffinden lassen.

Die Marginalien sind nur eine ergänzende Hilfe. Der Text muss auch ohne sie verständlich sein.

Platzbedarf

Nebenbei entlasten sie das Seitenlayout, indem sie Weißraum schaffen. Daraus erwächst ein Problem, denn Marginalien brauchen Platz, der sonst für den Fließtext genutzt werden könnte. Dokumente mit Marginalien benötigen für den gleichen Textinhalt mehr Seiten als solche ohne.

Marginalien stehen an den Außenrändern eines Dokuments. Zwar findet man heute auch häufig Texte, die sie auf der geraden oder ungeraden Seite in den Innenbereich verbannen, das ist aber wenig sinnvoll. Schließlich ist es die Aufgabe dieser Randbemerkungen, dass man sie beim schnellen Durchblättern liest und so findet, was man sucht. Der Innenbereich ist dafür nicht geeignet.

Die Marginalie steht nur mit ihrer ersten Zeile auf der gleichen Zeilenhöhe wie der Fließtext.

In diesem Buch sind die Marginalien erster Ordnung in einer 8 Punkt Rotis Sans Serif halbfett (Bold) gesetzt. Der Zeilenabstand beträgt 120 %, also 9,6 Punkt. Der Fließtext – Text in diesem Absatz – ist eine Rotis Serif in 10 Punkt mit einem Zeilenabstand von ebenfalls 120 %, 12 Punkt. Dieser Abstand definiert den Grundlinienraster.[16] Daraus ergibt sich, dass eine mehrzeilige Marginalie nur auf der ersten Zeile mit dem Absatz, den sie begleitet, auf gleicher Zeilenhöhe stehen kann. Mehrzeilige Marginalien sind daher nicht registerhaltig.[17]

10.6 Kolumnentitel

Kopfzeilen nutzen

Die Kopfzeilen – Fachausdruck: Kolumnentitel – unterscheidet man in lebende und tote. Der Titel lebt, wenn er sich verändert und man daraus etwas entnehmen kann. Einige Unternehmen packen jedoch das Signet – oder Logo – der Firma dort hinein, was zuverlässig dafür sorgt, dass diese Navigationshilfe entfällt; schließlich steht immer dasselbe im Kopf der Seite: Der Kolumnentitel ist tot.[18] Nur in kurzen Dokumenten werblichen Inhalts ist es gerechtfertigt, diese Navigationshilfe zu verschenken.

Lebende Kolumnentitel

Lebende Kolumnentitel sind eine wirkliche Navigationshilfe. In diesem Buch finden Sie auf der linken, der geraden, Seite die Kapitelüberschrift erster Ebene. Rechts steht jene der zweiten Ebene. Nach kurzem Einlesen ist diese Orientierungshilfe leicht zu nutzen.

16 Korrekt ist in der grafischen Gestaltung tatsächlich **der** Raster.

17 *Registerhaltig* ist der Fachausdruck dafür, dass sich die Texte auf einer Vorder- und Rückseite am gleichen Grundlinienraster orientieren. Wenn man ein Blatt gegen das Licht hält, decken sich die Schriftzeilen beider Seiten.

18 In einer typographisch strengen Sicht des Ausdrucks *lebend* werden auch am Kopf stehende Seitenzahlen oder Kapitelnummern als toter Kolumnentitel bezeichnet.

Weil sich die Überschriften bis zur Korrektur und Freigabe noch ändern, nutzt man für lebende Kolumnentitel Variablen. Fest verdrahteter Text würde mit einiger Wahrscheinlichkeit dazu führen, dass der Autor Änderungen in letzter Minute nicht korrekt nachführt. Diese Variablen werden an Absatzformate oder Formatvorlagen gebunden, die Bezeichnung ist abhängig von der genutzten Software.

Mit Variablen arbeiten

Wie diese Variablen definiert werden, ist ebenfalls programmabhängig. Stichwörter, nach denen man in der Online-Hilfe suchen kann, sind Variable, Textvariable, Feld ...

10.7 Kurzfassungen

Positionierung oder eigenes Dokument

Verschiedene Formen der Kurzfassung stehen vor Kapiteln, manchmal auch dahinter, oder sie leiten ganze Bücher ein. Einige erhält man als eigenständiges Dokument oder als eine Sammlung.

Überblick

Die Kurzfassung komprimiert einen Inhalt auf das Wesentliche. Sie gibt dem Leser einen schnellen Überblick, ohne dass der gesamte Text angesehen werden muss. Wir unterscheiden

- den didaktisch motivierten Advance Organizer,
- den Abstract,
- die einfache Zusammenfassung und
- die Executive Summary.

> Jeder Gedanke der Kurzfassung muss – ausführlich – auch in der Langversion enthalten sein.

Visualisierungen

Mit Ausnahme der Executive Summary enthalten Kurzfassungen weder Bilder noch Grafiken und Tabellen. Davon sind werbliche Kurzfassungen ausgenommen. Werbend sind beispielsweise Kurzfassungen einer Bachelorthesis, mit der Absolventen oder Hochschulen das Interesse für ihre Projekte wecken wollen.

Advance Organizer – Vorstrukturierung

Im vorangehenden Abschnitt haben Sie erfahren, was alle Zusammenfassungen auszeichnet. Dieser Absatz führt Sie in den Advance Organizer ein.

Lernfortschritt

So sieht er aus, der Advance Organizer, eigentlich ein Text, mit dessen Hilfe ein Leser seinen Lernfortschritt organisiert. Der Organizer steht immer am Beginn einer Studieneinheit oder eines Kapitels und klärt darüber auf, was den Leser oder Kursteilnehmer nachfolgend erwartet, was er jetzt lernen wird; er ist eine Zusammenfassung, die vorab eine Struktur anzeigt.

Drei Schritte

Das „Erfinden“ einer wirksamen Vorstrukturierung ist nicht einfach. Drei Schritte sind notwendig:

1. Zusammenstellen der zentralen Begriffe, die das Lernmaterial vermittelt.
2. Suche nach dazu übergeordneten Begriffen im (vermuteten) Vorwissen der Adressaten.
3. Herstellen einer Verbindung von den übergeordneten Begriffen im Kopf der Adressaten zu den neuen Begriffen im Text.[19]

Nützlich in Schulungsmaterial und bei komplexen Sachverhalten

Advance Organizer sind ein sehr auffälliges Element, das in zwei Dokumentarten nützlich ist,

1. in Schulungsmaterialien und
2. in Texten, die sehr komplexe Sachverhalte erklären, die zudem sequentiell gelesen werden müssen.

Die Vorstrukturierung holt den Leser dort ab, wo er sich befindet, sie bereitet sein Gedächtnis auf das Kommende vor und hilft, die neuen Lerninhalte zu verankern.[20]

Jedoch: Viel hilft nicht immer viel. Mancher Leser mag ungehalten reagieren, wenn ihm zu viele Orientierungshilfen angeboten werden. Er nimmt dann weniger das Nützliche wahr, sondern mehr eine Bevormundung.

Abstract – Kurzreferat

Das Wesentliche
Keine Wertung

Der Abstract[21] wird dem Text meist vorangestellt. Er gibt einen Überblick über seine wesentlichen Elemente, verzichtet allerdings auf Wertungen. Abstracts werden auch getrennt vom Hauptwerk publiziert, damit sich Leser vorab informieren können und eine Entscheidung treffen, ob sie den Aufsatz oder das Buch durcharbeiten werden.

> Der Kurzfassung kommt eine große Bedeutung zu. Sie dient der Redaktion als Anhaltspunkt bei der Entscheidung darüber, ob eine Veröffentlichung berücksichtigt wird. Für den Leser ist sie die erste und oft einzige Informationsquelle (z. B. bei Recherchen in Bibliotheken, in Datenbanken oder im Internet).[22]

Abstracts sind auch typisch für die Ankündigung von Vorträgen auf Kongressen und Tagungen.

> Das Kurzreferat muß für den Fachmann des jeweiligen Bereichs ohne Rückgriff auf das Originaldokument verständlich sein. Alle wesentlichen Sachverhalte sollen – auch im Hinblick auf die maschinelle Re-

19 Ballstaedt, *Wissensvermittlung*, S. 58.
20 „... the selective mobilization of the most relevant existing concepts ...“ und „... the provision of optimal anchorage ...“, Ausubel, *The use of advance organizers*, S. 271.
21 Auch: Das Abstract.
22 Horatschek, Schubert, *Richtlinie*, S. 11.

cherche – im Kurzreferat explizit enthalten sein. ... (Es) soll genau die Inhalte und die Meinung der Originalarbeit wiedergeben, d.h. es soll weder die Akzente des Originals verschieben noch im Original nicht enthaltene Angaben bringen.[23]

Redaktionelle Vorgaben

Einige wissenschaftliche Zeitschriften verlangen von den Autoren, dass der Abstract in einer vorgegebenen Struktur verfasst ist und die automatische Verschlagwortung unterstützt. Üblicherweise verschicken Redaktionen eine Autoreninformation, in der die Regeln erklärt sind. Ein einfaches Beispiel zeigen die Richtlinien für geowissenschaftliche Publikationen:

Die Kurzfassung ist mindestens in deutscher und/oder in englischer Sprache abzufassen (Kurzfassung und Abstract). Versionen in weiteren Sprachen (z. B. Résumé) können zusätzlich erstellt oder gefordert werden.
Der Titel von deutschsprachigen Arbeiten ist ins Englische zu übersetzen und dem Abstract in eckigen Klammern voranzustellen.
Der erste Teil der Kurzfassung sollte Informationen liefern über: • zentrale Aussage der Arbeit • Dokument-Typ (z. B. Forschungsbericht, Lehrbuch) • Art der Thema-Behandlung (z. B. Fallstudie, Statistik) Der Titel der Arbeit wird in der Kurzfassung nicht wiederholt.
Alle wesentlichen Sachverhalte der Arbeit müssen wiedergegeben werden. Dies sind u. a.: Hypothese, Ziel, Gegenstand, Verfahren, Ergebnis, Schlussfolgerung (ggf. Fundorte).
Die Kurzfassung darf nicht mehr als 15 Druckzeilen (ca. 300 Worte) umfassen.[24]

Einfache Zusammenfassung

Das Wichtige eines längeren Abschnitts, Kapitels oder Dokuments wird hervorgehoben, Schritt für Schritt werden die Themen verdichtet.

Eine Zusammenfassung ist die Darstellung der wesentlichen Ergebnisse und Schlussfolgerungen eines Dokuments oder von Teilen eines Dokuments. Sie ist Teil des Dokuments und steht meist am Ende des Textes, den sie im allgemeinen zu ihrem Verständnis voraussetzt.[25]

Zentrale Begriffe und Aussagen

Zusammengefasst werden die zentralen Begriffe und Aussagen aus Beschreibungen, Erklärungen oder Argumentationen. Anleitungen hingegen kann man nicht zusammenfassen; für anleitende Texte benötigt man Details.

23 DIN 1426, *Inhaltsangaben von Dokumenten,* S. 2-3.
24 Horatschek, Schubert, *Richtlinie,* S. 11.
25 DIN 1426, *Inhaltsangaben von Dokumenten,* S. 2.

Eine gute Zusammenfassung zeichnet sich dadurch aus, dass sie dem ursprünglichen Text nichts Neues hinzufügt und aus einer einheitlichen Perspektive geschrieben wird. Statt der Detailperspektive im ausführlichen Text wählt der Autor in einer Zusammenfassung die Wanderer- oder sogar die Kirchturmperspektive.

Perspektive wählen

Das folgende Beispiel macht Unterschiede in der Wortwahl auf der begrifflichen Ebene deutlich:

- Detail — Detailperspektive: Beine, Sitzfläche, Rückenlehne, Seitenlehnen
- Direkt — Wandererperspektive: Stuhl
- Von oben — Kirchturmperspektive: Sitzmöbel

Die veränderte Perspektive bei der Zusammenfassung von Details zeigt sich auch in folgendem Text, der Zusammenfassung eines Kapitels, die schon den Übergang zum folgenden einleitet:

> 1.5 Zusammenfassung
> SGML steht für *Standard Generalized Markup Language*. Auf die Frage, was SGML ist, gibt es verschiedene Antworten:
> - SGML ist eine Lösung des Problems, Struktur und Daten eines Dokuments portabel und flexibel wiederzugeben.
> - SGML ist ein standardisiertes Dateiformat zum Austausch von Dokumenten.
> - SGML ist ein ISO-Standard zur Beschreibung von Dokumentstrukturen.
> - SGML ist eine (Programmier-)Sprache zur Beschreibung von Dokumentstrukturen.
>
> Jede dieser Antworten ist zumindest teilweise richtig. Wir werden jedoch SGML in erster Linie als Sprache zur Beschreibung von Dokumentstrukturen sehen. Dazu muss man sich jedoch klarmachen, was zur Struktur eines Dokumentes gehört und was nicht. Das ist Aufgabe des nächsten Kapitels.[26]

Kirchturm

Der Autor geht nicht in die Tiefe, behandelt das Thema sozusagen aus der Kirchturmsicht. Für den Leser ist diese Zusammenfassung sehr hilfreich, bei Bedarf liest er sie zuerst und geht anschließend in die Details.

Zusammenfassungen komplexer Sachverhalte können für den unkundigen Leser durchaus schwer verständlich werden. Dagegen hilft, die Zusammenfassung zu portionieren, sie kapitelweise anzubieten.

26 Rieger, *SGML für die Praxis*, S. 22.

Executive Summary – Entscheidungshilfe

Die Kurzfassung für den Chef, der keine Zeit hat, sich ordnerweise durch Berichte und andere Materialien zu wühlen.[27]

Eine Executive Summary enthält oft auch Grafiken und Tabellen. Sie kann sogar eine kleine Broschüre sein, in der man die Forschungsergebnisse und Argumente nachlesen kann, um sich auf ein Treffen unter Entscheidern, mit Lieferanten oder Kunden und eine Sitzung in der Projektplanung vorzubereiten.

Leser sind keine Spezialisten

Beim Schreiben dieser Dokumente muss der Technikautor daran denken, dass die Leser mitunter keine Techniker sind. Die Textgestalt hat sich dem unterzuordnen.

Entscheidungshilfe liefern

Der Leser hat es eilig, will schnell zum Ziel kommen, vielleicht über Fortführung und Finanzierung eines Projekts entscheiden können. Bei allem Tempo darf Wichtiges aber nicht übersehen werden.

> Strukturieren Sie die Entscheidungshilfe vom Wichtigen zum Unwichtigen. Nutzen Sie grafische Hervorhebungen und Navigationshilfen. Verzichten Sie auf technische Fachwörter, wenn das möglich ist, fügen Sie sonst ein kurzes Glossar hinzu.

- Empfehlung, Alternative A
- Empfehlung, Alternative B
- Verwerfen, Alternativen C, D, ...
- Argumente, Abwägen
- Untersuchungsergebnisse, Verfahren, Hintergründe (technisch, juristisch, wirtschaftlich ...)

10.8 Elektronische Dokumente

Das Internet, Onlinehilfen und andere elektronische Formate bieten zusätzliche Navigationshilfen. Zu berücksichtigen sind

- der Seitenaufbau, gefolgt von
- Linklisten, Buttonleisten und Menüs,
- Smartphones,
- Teasern,
- Brotkrümeln und
- der Seitenübersicht.

27 *Executive Summary* wird im Deutschen auch ein Dokument genannt, das die Geschäftsidee in der Gründungsphase vorstellt. In multinationalen Unternehmen denkt man eher an eine Wortbedeutung in der hier genutzten Weise.

Seitenaufbau

Gestaltgesetze Psychologie der Wahrnehmung

Ob sich die Leser auf einer Internetseite zurechtfinden oder nicht, ist keine Frage des guten Geschmacks. Es hängt davon ab, ob die Gestaltung der Seite den Regeln folgt, nach denen Menschen visuelle Objekte wahrnehmen, gruppieren und auswerten. Einige dieser Regeln sind seit bald einem Jahrhundert unter dem Namen Gestaltgesetze bekannt.

Drei dieser Gesetze sind für das elektronische Dokument entscheidend, man kann ihre Wirkung auf der abgebildeten Website des Statistischen Bundesamtes beobachten; ihre Autoren haben sie so gestaltet, dass sie eine einfache Navigation unterstützt:

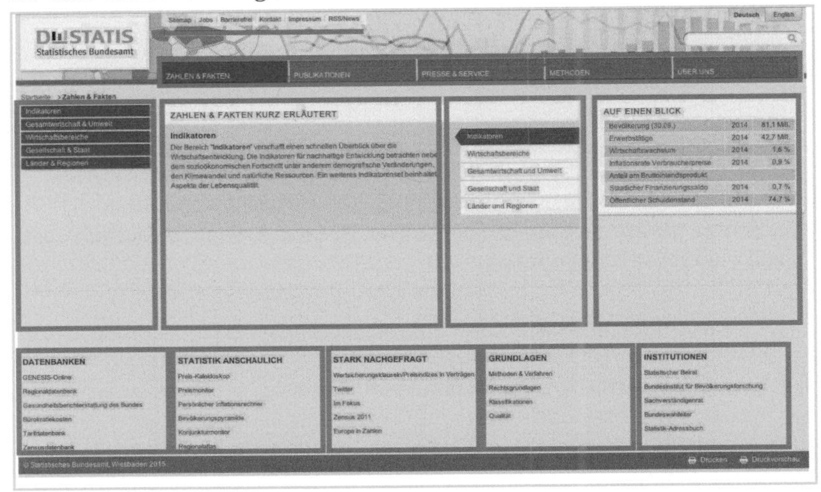

Statistisches Bundesamt[28]

Das Gesetz der Nähe

Zusammengehöriges gruppieren

> Nahe beieinander befindliche Elemente werden vom Betrachter als zu einer Gruppe zugehörig wahrgenommen.[29]

Auch auf dieser stark verkleinerten Abbildung sieht man das Zusammengehörige, weil thematisch verwandte Links im Block angeordnet sind. Was verwandt ist, wird analog auf der Seite so gruppiert, dass der Leser sich leicht orientieren kann. So ist genügend Raum gelassen, den untergeordnete Seiten vielleicht beanspruchen.

Einrahmen und/oder abgrenzen

Die Website kann als ein Dokument verstanden werden, in dem oder auf dem Strukturelemente voneinander unabhängig darstellbar sind. Damit ist der von Hand gestrickte Code für Firmen und Institutionen

28 https://www.destatis.de/DE/ZahlenFakten/ZahlenFakten.html [28. August 2015] Rote Rahmen hier zum Verständnis eingefügt.

29 Böhringer, Bühler, Schlaich, *Kompendium,* S. 42.

Vergangenheit. Wenn die abstrakte Struktur definiert ist und die Inhaltselemente eingegeben sind, können Programme und Datenbanken den Rest übernehmen.

Das Gesetz der Geschlossenheit

Am Wissen und/oder der Erfahrung des Lesers orientieren

> Geschlossene Flächen, z. B. Rahmen, werden vom Betrachter als Einheit angesehen.[30]

Die Verknüpfungen sind häufig durch farbigen Hintergrund eingerahmt und fassen so in Blöcke, was zusammen gesehen werden muss. Wenn die farbliche Gruppierung nicht nötig ist, übernimmt Weißraum diese Aufgabe, Beispiel: die fünf unteren Blöcke auf der Website destatis.de.

Das Gesetz der Erfahrung

> Wahrnehmen ist auch Wiedererkennen.[31]

Links

Zur Erfahrung des Webnutzers gehört, dass der Kontakt, eine Verknüpfung auf die E-Mail und das Impressum entweder ganz oben stehen, unten oder rechts, niemals aber inmitten des Bildschirms. Er erkennt „wieder", wenn er eine neue Website öffnet, die diesen Erfahrungen nicht widerspricht (rote Linie).

Linklisten, Buttonleisten und Menüs

Diese Elemente mögen statisch sein, müssen es aber nicht, Programme können sie auch kontextabhängig generieren. Der Leser wird es schätzen, wenn alle Links ansatzweise auf einem Standardbildschirm gesehen werden, wie auf der Seite des Statistischen Bundesamtes.

Diese Seite enthält auch keine Buttons mehr, sie beschränkt sich auf Links und Menüs.

Aktivierbares Menü

Das Menü wird aktiv, wenn der Cursor auf eine definierte Stelle der Seite geführt wird. Daraufhin öffnet sich eine Auswahl ähnlich den Linklisten. Menüs müssen also – ähnlich den Kopfzeilen der gängigen Betriebssysteme – vom Benutzer erst aktiviert werden, um alle Optionen anzuzeigen.

> In elektronischen Dokumenten gehen die Benutzer ihren eigenen Weg. Damit sie sich nicht verirren, entwerfen Autoren favorisierte Wege, die sich über Links oder Menüs und die Abfolge der Topics in den Vordergrund drängen. So kann man leidlich sicherstellen, dass der Leser die Inhalte zur Kenntnis nimmt, derentwegen er auf die Seite gelangt ist.

30 A. a. O., S. 44.

31 Böhringer, Bühler, Schlaich, *Kompendium*, S. 45.

Smartphone

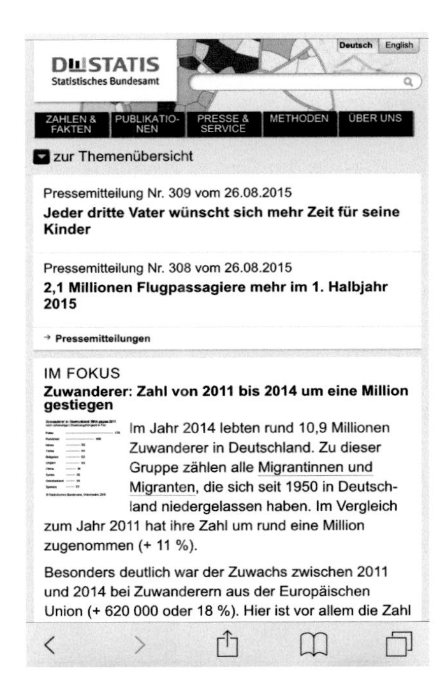

Für die Kleinsten unter den Computern sind die Empfehlungen zur Gestaltung nicht anders als für ihre großen Geschwister:

Gestaltgesetze

1. Fasse Verwandtes in Blöcken zusammen und
2. positioniere Wichtiges an prominenter Stelle, wo man es erwartet.

Der Designer muss die Website für das Smartphone also nicht neu gestalten, sondern er muss lediglich Filter definieren und nutzen, die den Inhalt der großen Schwester für den kleinen Familienangehörigen überträgt.

Wischen statt Überblick

Die horizontal angeordneten Objekte sind nun beispielsweise über vertikales Wischen erreichbar. Diese Prozesse wurden längst automatisiert: Sind die Regeln definiert, wird der Inhalt in einer XML-Datei dem Redaktionssystem übergeben. Dieses bereitet ihn automatisch für unterschiedliche Geräte auf, für Websites, Smartphones mit unterschiedlichen Betriebssystemen oder Drucker.[32]

Redaktionssystem XML

Damit ist die optimale Lösung eine Trennung der Ausgabegeräte von Struktur und Inhalt vollzogen, ein Dokument ist immer nur virtuell; erst die Verbindung zwischen ihm und den Geräten schafft das reale Dokument. Diese Aufgabe übernehmen die programmierten Filter des Redaktionssystems.

Teaser

Neckeffekt: Der Kick zum Klick≠

Wie bringt man Inhalte zum Leser, denen dieser zunächst gar nicht begegnen will, die der Autor oder Herausgeber aber für wichtig hält? Verlage brauchen Klicks und Verweildauer für ihre Anzeigenkunden. Deswegen muss man Besucher motivieren. Das ist die Aufgabe des Teasers: ein oder zwei Sätze mit Überschrift und – manchmal – Bild. Teaser sind Navigationshilfen mit Neckeffekt. Ein Beispiel aus der Zeitschrift Cicero zeigt, wie es geht:

32 Siehe „Grobstruktur eines Redaktionssystems“ auf Seite 154.

CICERO IM SEPTEMBER

Die Wohlstands-Illusion

VON CHRISTOPH SCHWENNICKE

Deutschlands Wirtschaft brummt, es herrscht kaum Arbeitslosigkeit, den Menschen geht es gut. Fragt sich nur, wie lange noch. Lesen Sie in der Cicero September-Ausgabe, warum unser Wohlstand in Gefahr ist.

Das[33] will man sich genauer ansehen: Ein Klick – und schon ist man „drin". Zweifelsohne sind die Teaser der Tagespresse und besonders der Boulevard-Blätter reißerischer. Bei unserer Suche nach Belegen am 28. August 2015 konnte die Wiener Kronenzeitung überzeugen:

Held auf vier Pfoten 12

Polizeihund erschnüffelte Kinderporno-USB-Stick

Auf den ersten Blick ist "Bear" ein normaler schwarzer Labrador. Doch der Schein trügt: Dieser Hund ist Mitglied einer Polizeihunde-Spezialeinheit, die sich auf das Erschnüffeln von Speic...

Was heute alles möglich ist ...[34]

Wenn der Teaser dann auf eine Seite verlinkt, die Anzeigen enthält, gibt es vielleicht den Extra-Klick, der etwas Geld in die Kasse spült.

Brotkrümel

Wegmarkierung

Hänsel und Gretel streuten Brotkrümel auf ihrem Weg, um aus dem Wald zu finden. Im Märchen klappt es bekanntlich nicht so gut. Auf Internetseiten sind die Krumen nur eine Liste aus Links, die den Weg bis zur gegenwärtigen Stelle aufzeigen, ein Beispiel:

Ihre gegenwärtige Position: Robert Koch Institut[35]

---

33 http://www.cicero.de/ [28. August 2015] Schrift und Farbe sind nachempfunden.

34 http://www.krone.at/ [28. August 2015]

35 http://www.rki.de/DE/Content/Infekt/Biosicherheit/Schutzmassnahmen/Kontakt/Kontakt_node.html [28. August 2015] Rahmen und Schrift in Rot hier zur Verdeutlichung.

Die Brotkrumen zeigen die Position der Seite im Netz des Robert Koch Instituts. Damit ist die Gefahr beseitigt, dass für den Leser nicht mehr nachvollziehbar ist, wie er auf eine Seite gekommen ist.

Seitenübersicht

Mischung aus Inhaltsverzeichnis und Index

Die Sitemap, Inhaltsübersicht oder Seitenübersicht ist eine Mischung aus Inhaltsverzeichnis und Index im Internet. Hilfreich wird diese Übersicht, wenn sie redaktionell überarbeitet ist. Das ist sehr selten der Fall. Ohne Überarbeitung enthält eine Seitenübersicht nur eine einfache Liste aller Topics auf der Basis ihrer Verlinkungen.

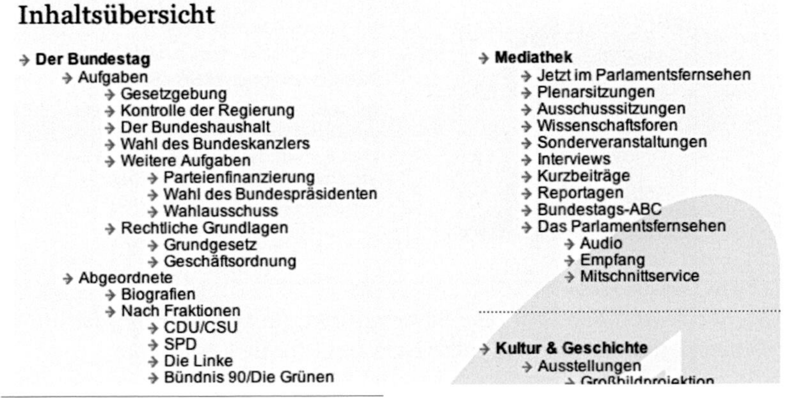

Gelungene Sitemap des Bundestages[36]

36 http://www.bundestag.de/service/sitemap/index.html [28. August 2015]

11 Literatur

Wir unterscheiden zwischen Titeln, die in dieses Literaturverzeichnis hineingehören, weil wir uns auf sie berufen, und jenen, die wir darüber hinaus unseren Lesern empfehlen wollen. Diese Empfehlungen haben wir besonders markiert:

a für alle oder jeden, der mehr über das Schreiben erfahren will,
i für Ingenieure,
r für Technische Redakteure.

Im Anschluss finden Sie ein Verzeichnis derjenigen Texte, denen wir ausschließlich Beispielsätze entnommen haben.

a Aberle, Siegfried; Baumert, Andreas (2002): Öffentlichkeitsarbeit. Ein Ratgeber für Klein- und Mittelunternehmen. Kostenlos unter: http://nbn-resolving.de/urn:nbn:de:bsz:960-opus-3614

Admoni, Wladimir Grigorjewitsch (1982): Der deutsche Sprachbau. 4., überarb. u. erw. Aufl. München: Beck.

Ágel, Vilmos (2000): Valenztheorie. Tübingen: Narr.

i Alley, Michael (2010): The craft of scientific writing. 3. Aufl., New York: Springer.

r Alred, Gerald J.; Brusaw, Charles T.; Oliu, Walter E. (2006): Handbook of technical writing. 8. Aufl., New York: St. Martin's Press.

Apple (2009): Apple Publications Style Guide. Cupertino: Apple. http://developer.apple.com/library/mac/documentation/UserExperience/Conceptual/APStyleGuide/APSG_2009.pdf [21. April 2011]

ASD AeroSpace and Defence Industry Association of Europe (2013): ASD-STE 100: Simplified Technical English. International Specification for the Preparation of Maintenance Documentation in a Controlled Language. Issue 6, January 2013. Brüssel: ASD.

Ausubel, David P. (1960): The use of advance organizers in the learning and retention of meaningful verbal material. In: Journal of Educational Psychology 51 (5), S. 267–272.

Autorengruppe Bildungsberichterstattung; Deutsches Institut für Internationale Pädagogische Forschung (2010): Bildung in Deutschland 2010. Online verfügbar unter http://www.bildungsbericht.de.

Ballstaedt, Steffen-Peter (1997): Wissensvermittlung. Die Gestaltung von Lernmaterial. Weinheim: Beltz Psychologie-Verl.-Union.

a Bambach-Horst, Eva (Hg.) (2010): Duden, Briefe und E-Mails gut und richtig schreiben. Geschäfts- Behörden- und Privatkorrespondenz Formen und DIN-Normen über 500 Mustertexte und Textbausteine die wichtigsten Formulierungen auch in Englisch Französisch und Spanisch. Mannheim, Leipzig, Wien, Zürich: Dudenverl.

r Barker, Thomas T. (1998): Writing software documentation. A task oriented approach. Boston: Allyn and Bacon.

Bartlett, Frederic Charles (1964): Remembering. A study in experimental and social psychology ; Reprint. Cambridge: University Press.

Baudot, Daniel (2011): Aspekt und Aspektualität: kleiner Beitrag zur Klärung von Begriffen. In: Laurent Gautier und Didier Haberkorn (Hg.): Aspekt und Aktionsarten im heutigen Deutsch. 2. Aufl. Tübingen: Stauffenburg, S. 31–42.

r Baumert, Andreas (1998): Gestaltungsrichtlinien. Style Guides planen, erstellen und pflegen. Reutlingen: Doculine-Verl.-GmbH. Online verfügbar unter http://nbn-resolving.de/urn:nbn:de:bsz:960-opus-3196

Baumert, Andreas (2008): Das Deutsch der Technischen Redaktion. In: Gesellschaft für Technische Kommunikation e. V. – tekom (Hg.): Jahrestagung 2008 in Wiesbaden. Stuttgart, S. 229–235.

r Baumert, Andreas (2009): Grammatik in der Redaktion. In: Technische Kommunikation (5), S. 36–41. http://www.tekom.de/index_neu.jsp?url=/servlet/ControllerGUI?action=voll&id=2871

Baumert, Andreas (2015): Leichte Sprache – Einfache Sprache. Literaturrecherche, Interpretation, Entwicklung. Erscheint 12/2015.

a Baumert, Andreas (2011): Professionell texten. Grundlagen, Tipps und Techniken. 3., vollst. üb. Aufl. München: Beck/DTV.

r Baumert, Andreas; Reich, Sabine (2011): Interviews in der Recherche. Redaktionelle Gespräche zur Informationsbeschaffung. 2. Aufl., Wiesbaden: VS Verlag für Sozialwissenschaften.

r Baumert, Andreas; Verhein, Annette (2013): Sprachregeln in der Redaktion. In: Technische Kommunikation (5), S. 42–45. Auch: http://www.recherche-und-text.de/wwwpubls/tk5_2013-Sprachregeln.pdf

Becher, Margit (2009): XML. DTD XML-Schema XPath XQuery XSLT XSL-FO SAX DOM. Herdecke, Witten: W3L.

Bechler, Klaus J.; Lange, Dietmar (2005): DIN Normen im Projektmanagement. Bonn: BDU Servicegesellschaft für Unternehmensberater mbH.

i Beer, David F.; McMurrey, David (2009): A guide to writing as an engineer. 3. Aufl., Hoboken, N.J.: Wiley.

Best, Karl-Heinz (2006): Sind Wort- und Satzlänge brauchbare Kriterien der Lesbarkeit von Texten? In: Sigurd Wichter und Albert Busch (Hg.): Wissenstransfer - Erfolgskontrolle und Rückmeldungen aus der Praxis: Frankfurt: Lang, S. 21–31.

i Blicq, Ron S.; Moretto, Lisa A. (2001): Writing Reports to Get Results. Quick, Effective Results Using the Pyramid Method. 3. Aufl. New York: IEEE Press and Wiley Interscience.

a Böhringer, Joachim; Bühler, Peter; Schlaich, Patrick (2008): Kompendium der Mediengestaltung für Digital- und Printmedien. Berlin: Springer (X.media.press).

Brezmann, Susanne (2004): Beschreiben, Erklären, Definieren und andere Erkenntnistätigkeiten. Empfehlungen und Materialien zur Nutzung von Erkenntnistätigkeiten im naturwissenschaftlichen Unterricht. Frankfurt am Main: Haag und Herchen.

Briese-Neumann, Gisa (2001): Erfolgreiche Geschäftskorrespondenz. Perfektion in Form und Stil. Orig.-Ausg., 2., völlig überarb. Aufl. München: Dt. Taschenbuch-Verl.; Beck.

Brodde-Lange, Kirsten; Verhein-Jarren, Annette (2001): News im Netz. Sprache in Online-Medien am Beispiel von Nachrichtentexten. In: Dieter Möhn, Dieter Ross und Marita Tjarks-Sobhani (Hg.): Mediensprache und Medienlinguistik. Festschrift für Jörg Hennig. Frankfurt am Main: Peter Lang, S. 339–352.

Brugmann, Karl (1917): Der Ursprung des Scheinsubjekts 'es' in den germanischen und den romanischen Sprachen. Leipzig: Teubner.

Brun, Georg; Hirsch Hadorn, Gertrude (2009): Textanalyse in den Wissenschaften. Inhalte und Argumente analysieren und verstehen. Zürich: vdf Hochschulverlag an der ETH.

Bühler, Karl (1978): Sprachtheorie. Die Darstellungsfunktion der Sprache. Frankfurt am Main, Berlin, Wien: Ullstein.

a Bulitta, Erich; Bulitta, Hildegard (2007): Das große Lexikon der Synonyme. Über 28.000 Stichwörter; über 300.000 sinn- und sachverwandte Begriffe. Frankfurt am Main: Fischer.

r Burnett, Rebecca E. (2005): Technical communication. 6. Aufl., Boston, Mass.: Thomson/Wadsworth.

Carnap, Rudolf (1973): Einführung in die symbolische Logik. Mit besonderer Berücksichtigung ihrer Anwendungen. 3., unveränd. Aufl., Wien, New York: Springer.

Carnap, Rudolf (1975): Überwindung der Metaphysik durch logische Analyse der Sprache. In: Hubert Schleichert (Hg.): Logischer Empirismus. Der Wiener Kreis ; ausgewählte Texte mit einer Einleitung. München: Fink, S. 149–172.

r Closs, Sissi (2007): Single-Source-Publishing. Topicorientierte Strukturierung und DITA. Frankfurt am Main: entwickler.press.

r Cooper, Alan: The Origin of Personas. Online verfügbar unter http://www.cooper.com/journal/2003/08/the_origin_of_personas.html, zuletzt geprüft am 31.01.2011.

Cooper, Alan (2006): The inmates are running the asylum. Why high-tech products drive us crazy and how to restore the sanity. 6. Aufl., Indianapolis, Ind: Sams.

Davidow, William H (1988): High-tech-Marketing. Der Kampf um den Kunden - Erfahrungen und Rezepte eines Insiders. 2. Aufl. Frankfurt am Main: Campus.

Deininger, Marcus (2005): Studien-Arbeiten. Ein Leitfaden zur Vorbereitung, Durchführung und Betreuung von Studien-, Diplom- und Doktorarbeit am Beispiel Informatik. 5., üb. Aufl. Zürich: Vdf.

Deutscher Terminologie-Tag e. V. (Hg.) (2010): Terminologiearbeit. Best Practices. Köln.

DIN **1421**, Januar 1983: Gliederung und Benummerung in Texten. Abschnitte, Absätze, Aufzählungen.

DIN **1422** Teil 1, Februar 1983: Veröffentlichungen aus Wissenschaft, Technik, Wirtschaft und Verwaltung. Gestaltung von Manuskripten und Typoskripten.

DIN **1422** Teil 4, August 1986: Veröffentlichungen aus Wissenschaft, Technik, Wirtschaft und Verwaltung. Gestaltung von Forschungsberichten.

DIN **1426**, Oktober 1988: Inhaltsangabe von Dokumenten. Kurzreferate, Literaturberichte.

DIN EN ISO **11442**, Juni 2006: Technische Produktdokumentation - Dokumentenmanagement

DIN EN **15038**, August 2006: Übersetzungs-Dienstleistungen - Dienstleistungsanforderungen.

DIN **16511**, Januar 1966: Korrekturzeichen.

DIN **2330**, Dezember 1993: Begriffe und Benennungen. Allgemeine Grundsätze.

DIN **2331**, April 1980: Begriffssysteme und ihre Darstellung.

DIN **2335**, Oktober 1986: Sprachenzeichen.

DIN **2336**, Juni 2004: Darstellung von Einträgen in Fachwörterbüchern und Terminologiedatenbanken.

DIN **2340**, April 2009: Kurzformen für Benennungen und Namen.

DIN **2342**, September 2004: Begriffe der Terminologielehre.

DIN **31638**, August 1994: Bibliographische Ordnungsregeln.

DIN EN ISO **3166-1**, Oktober 2014: Codes für die Namen von Ländern und deren Untereinheiten Teil 1: Codes für Ländernamen.

DIN ISO **3864** (alle Teile): Graphische Symbole – Sicherheitsfarben und Sicherheitszeichen
Im Einzelnen (und vollständig mit Titel der Gesamtnorm):

DIN ISO **3864** Teil 1, Juni 2012: Gestaltungsgrundlagen für Sicherheitszeichen und Sicherheitsmarkierungen.

DIN ISO **3864** Teil 2, Juli 2008: Gestaltungsgrundlagen für Sicherheitsschilder zur Anwendung auf Produkten.

DIN ISO **3864** Teil 2, Berichtigung 1, September 2011: Gestaltungsgrundlagen für Sicherheitsschilder zur Anwendung auf Produkten.

DIN ISO **3864** Teil 3, November 2012: Gestaltungsgrundlagen für graphische Symbole zur Anwendung in Sicherheitszeichen.

DIN **4844** Teil 1, Juni 2012: Graphische Symbole - Sicherheitsfarben und Sicherheitszeichen - Teil 1: Erkennungsweiten und farb- und photometrische Anforderungen.

DIN **4844** Teil 2, Dezember 2012: Graphische Symbole - Sicherheitsfarben und Sicherheitszeichen - Teil 2: Registrierte Sicherheitszeichen.

DIN **4844** Teil 2/A1, September 2015: Graphische Symbole - Sicherheitsfarben und Sicherheitszeichen - Teil 2: Registrierte Sicherheitszeichen; Änderung A1

DIN SPEC **4844** Teil 4, April 2014: Graphische Symbole - Sicherheitsfarben und Sicherheitszeichen - Teil 4: Leitfaden zur Anwendung von Sicherheitskennzeichnung.

DIN ISO 690, Oktober 2013: Information und Dokumentation – Richtlinien für Titelangaben und Zitierung von Informationsressourcen.

DIN 69901 Teil 5, Januar 2009: Projektmanagement - Projektmanagementsysteme - Teil 5: Begriffe.

DIN EN 82079 Teil 1; VDE 0039-1: 2013-06, Juni 2013: Erstellen von Gebrauchsanleitungen – Gliederung, Inhalt und Darstellung - Teil 1: Allgemeine Grundsätze und ausführliche Anforderungen.

Dittmann, Jürgen; Thieroff, Rolf; Adolphs, Ulrich; Krome, Sabine (2003): Fehlerfreies und gutes Deutsch. Das zuverlässige Nachschlagewerk zur Klärung sprachlicher Zweifelsfälle. Gütersloh: Wissen-Media-Verlag.

Döbert, Marion; Hubertus, Peter (2000): Ihr Kreuz ist die Schrift. Analphabetismus und Alphabetisierung in Deutschland. Münster: Bundesverband Alphabetisierung [u.a.]. Auch: http://www.alphabetisierung.de/fileadmin/files/Dateien/Downloads_Texte/IhrKreuz-gesamt.pdf.

Drewer, Petra; Ziegler, Wolfgang (2014): Technische Dokumentation. Eine Einführung in die übersetzungsgerechte Texterstellung und in das Content-Management. 2. Aufl., Würzburg: Vogel.

Drosdowski, Günther; Augst, Gerhard (1984): Duden Grammatik der deutschen Gegenwartssprache. 4., völlig neu bearb. und erw. Aufl. Mannheim: Dudenverlag.

Duden (2003): Duden - Deutsches Universalwörterbuch. 5., überarb. Aufl., Mannheim: Dudenverlag.

Dürscheid, Christa (2006): Einführung in die Schriftlinguistik. 3., üb. und erg. Aufl. Göttingen: Vandenhoeck & Ruprecht.

i Ebel, Hans F.; Bliefert, Claus; Greulich, Walter (2006): Schreiben und Publizieren in den Naturwissenschaften. 5., Aufl. Weinheim: Wiley-VCH.

Eco, Umberto (1977): Zeichen. Einführung in einen Begriff und seine Geschichte. Frankfurt am Main: Suhrkamp.

Ehlich, Konrad (1979): Verwendungen der Deixis beim sprachlichen Handeln. Linguistisch - philologische Untersuchungen zum hebräischen deiktischen System. 2 Bände. Frankfurt am Main: Lang.

Ehlich, Konrad (1983): Text und sprachliches Handeln. Die Entstehung von Texten aus dem Bedürfnis nach Überlieferung. In: Assmann, Aleida; Assmann, Jan; Hardmeier, Christof (Hg.): Schrift und Gedächtnis. Beiträge zur Archäologie der literarischen Kommunikation. München: Fink, S. 24–43.

Ehlich, Konrad (2009): Zur Geschichte der Wortarten. In: Ludger Hoffmann (Hg.): Handbuch der deutschen Wortarten. Berlin: de Gruyter (de Gruyter Studienbuch), S. 51–94.

Eickhoff, Birgit; Wermke, Matthias (2005): Richtiges und gutes Deutsch. Wörterbuch der sprachlichen Zweifelsfälle. Überarb. Neudr. der 5. Aufl. Mannheim: Dudenverlag.

Eisenberg, Peter (2006): Grundriss der deutschen Grammatik. 2 Bde., 3., durchges. Aufl. Stuttgart, Weimar: Metzler.

Elspaß, Stephan; Möller, Robert: Atlas zur deutschen Alltagssprache (AdA). Online verfügbar unter www.uni-augsburg.de/alltagssprache, zuletzt geprüft am 25.06.2011.

Engel, Eduard (1918): Deutsche Stilkunst. 22.-24 Aufl. Wien & Leipzig: Tempsky & Freytag.

Engel, Ulrich (2004): Deutsche Grammatik. Neubearbeitung. München: Iudicium.

Erlenkötter, Helmut (2003): XML. Extensible markup language von Anfang an. Reinbek bei Hamburg: Rowohlt.

European Commission, Directorate-General for Translation (2010): English Style Guide. A handbook for authors and translators in the European Commission. 6. Aufl. http://ec.europa.eu/translation/english/guidelines/documents/styleguide_english_dgt_en.pdf [21. April 2011]

a Esselborn-Krumbiegel, Helga (2008): Von der Idee zum Text. Eine Anleitung zum wissenschaftlichen Schreiben. 3., überarb. Aufl. Paderborn: Schöningh.

i Finkelstein, Leo (2008): Pocket book of technical writing for engineers and scientists. 3. Aufl., Boston: McGraw-Hill.

Flesch, Rudolf (1974): The art of readable writing. 25th anniversary edition, revised and enlarged. New York: Harper & Row.

Förster, Hans-Peter (1994): Corporate wording. Konzepte für eine unternehmerische Schreibkultur. Frankfurt am Main: Campus.

Frei, Viktor (2007): Die Standardisierung der englischen Sprache anhand von Style Guides. Ein praktischer Leitfaden für Unternehmen der Software-Branche. Diplomarbeit. Fachhochschule, Hannover.

Gassdorf, Dagmar (1999): Das Zeug zum Schreiben. Eine Sprachschule für Praktiker. 2. Aufl. Frankfurt am Main: IMK.

Geier, Manfred (2003): Orientierung Linguistik. Was sie kann, was sie will. 2. Aufl. Reinbek bei Hamburg: Rowohlt.

r Gesellschaft für Technische Kommunikation e. V. – Tekom (2014): Leitfaden Sicherheits- und Warnhinweise. Unter Mitarbeit von Jens-Uwe Heuer-James, Roland Schmeling, Matthias Schulz, Elisabeth Gräfe und Jörg Michael. Stuttgart: Tekom.

r Gesellschaft für Technische Kommunikation e. V. – Tekom (2014): Leitfaden Betriebsanleitungen. Ursprüngliche Fassung von der SAQ-/TECOM-Arbeitsgruppe „Betriebsanleitungen" unter Leitung von Max Brändle. 4., aktualisierte Aufl. Stuttgart: Tekom.

Gesellschaft für Technische Kommunikation e. V. – Tekom (2008): 101 Kennzahlen für die Technische Kommunikation. Praktische Grundlagen, Vorgehensmodell, tekom-Kennzahlensystem mit Kennzahlenbeschreibung und Scorecard, Stuttgart: Tekom.

Gesellschaft für Technische Kommunikation e. V. – Tekom (2010): Jahrestagung 2010 in Wiesbaden. Zusammenfassung der Referate. Stuttgart: Tekom.

r Gesellschaft für technische Kommunikation e.V. - Tekom (2013): Regelbasiertes Schreiben. Deutsch für die Technische Kommunikation. Leitlinie. 2. erw. Aufl., Stuttgart: Tekom.

Glück, Helmut (2010): Metzler Lexikon Sprache. 4. akt. überarb. Aufl. Stuttgart: Metzler.

a Glück, Helmut; Sauer, Wolfgang Werner (1997): Gegenwartsdeutsch. 2., üb. und erw. Aufl. Stuttgart: Metzler.

Göpferich, Susanne (1998): Interkulturelles Technical Writing. Fachliches adressatengerecht vermitteln; ein Lehr- und Arbeitsbuch. Tübingen: Narr.

Göpferich, Susanne (2002): Textproduktion im Zeitalter der Globalisierung. Entwicklung einer Didaktik des Wissenstransfers. Zugl.: Leipzig, Univ., Habil.-Schr., 2002. Tübingen: Stauffenburg.

Götze, Lutz; Hess-Lüttich, Ernest W. B. (2002): Grammatik der deutschen Sprache. Sprachsystem und Sprachgebrauch. Gütersloh: Wissen-Media-Verlag.

Grießhaber, Wilhelm (2009): Präposition. In: Ludger Hoffmann (Hg.): Handbuch der deutschen Wortarten. Berlin: de Gruyter, S. 629–655.

Grotlüschen, Anke; Riekmann, Wibke (2011): Literalität von Erwachsenen auf den unteren Kompetenzniveaus. leo. – Level-One Studie. Hamburg.

Grotlüschen, Anke; Riekmann, Wibke (Hg.) (2012): Funktionaler Analphabetismus in Deutschland. Ergebnisse der ersten leo, Level-One Studie. Münster: Waxmann (Alphabetisierung und Grundbildung, 10).

Grotlüschen, Anke; Riekmann, Wibke; Buddeberg, Klaus (2012): Hauptergebnisse der leo. – Level-One Studie. In: Anke Grotlüschen und Wibke Riekmann (Hg.): Funktionaler Analphabetismus in Deutschland. Ergebnisse der ersten leo, Level-One Studie. Münster: Waxmann (Alphabetisierung und Grundbildung, 10), S. 13–53.

a Habermann, Mechthild; Diewald, Gabriele; Thurmair, Maria (2009): Duden - Fit für das Bachelorstudium, Grundwissen Grammatik. Mannheim: Dudenverlag.

r Hackos, JoAnn T. (2007): Information Development. Managing your documentation projects, portfolio, and people. Indianapolis, Ind.: Wiley.

Hajnal, Ivo; Item, Franco (2009): Schreiben und redigieren – auf den Punkt gebracht! Das Schreibtraining für Kommunikationsprofis. 3. erw. und akt. Aufl. Frauenfeld, Stuttgart, Wien: Huber.

Hall, Edward T.; Hall, Mildred Reed (1990): Understanding cultural differences. [Germans, French and Americans]. [Nachdr.]. Boston, Mass.: Intercultural Press.

r Hamilton, Richard L. (2009): Managing writers. A real world guide to managing technical documentation. Fort Collins Colo.: XML Press.

Heidegger, Martin (1975): Was ist Metaphysik? 11., durchg. Aufl., Frankfurt am Main: Klostermann.

Heidolph, Karl Erich; Flämig, Walter; Motsch, Wolfgang; Heidolph, Karl E. (1981): Grundzüge einer deutschen Grammatik. Berlin (DDR): Akademie-Verlag.

Helbig, Gerhard (1971): Theoretische und praktische Aspekte eines Valenzmodells. In: Gerhard Helbig (Hg.): Beiträge zur Valenztheorie. The Hague: Mouton and Co., S. 31–49.

Helbig, Gerhard; Buscha, Joachim (2007): Deutsche Grammatik. Ein Handbuch für den Ausländerunterricht. [Neubearb.], [Nachdr., Dr. 6]. Berlin: Langenscheidt.

Helbig, Gerhard; Schenkel, Wolfgang (1980): Wörterbuch zur Valenz und Distribution deutscher Verben. 5. Aufl. Leipzig: VEB Bibliographisches Institut.

r Hennig, Jörg; Tjarks-Sobhani, Marita (Hg.) (2007): Usability und technische Dokumentation. Lübeck: Schmidt-Römhild.

i Hering, Lutz; Hering, Heike; Heyne, Klaus-Geert (2009): Technische Berichte. Verständlich gliedern, gut gestalten, überzeugend vortragen. 6., akt. und erw. Aufl. Wiesbaden: Vieweg+Teubner.

a Herweg, Marlies (Hg.) (2008): Duden, Briefe schreiben - leicht gemacht. Privat- und Geschäftsbriefe Anleitungen und Muster E-Mails.
2., üb.. und akt. Aufl. Mannheim, Leipzig, Wien, Zürich: Dudenverlag.

Heuer, Walter (2010): Richtiges Deutsch. Vollständige Grammatik und Rechtschreiblehre unter Berücksichtigung der aktuellen Rechtschreibreform. Unter Mitarbeit von Max Flückiger und Peter Gallmann. 29., üb. Aufl., Zürich: Verlag Neue Zürcher Zeitung.

a Hoberg, Ursula; Hoberg, Rudolf (2009): Deutsche Grammatik. [eine Sprachlehre für Beruf, Studium, Fortbildung und Alltag]. 4., vollst. üb. Aufl. Mannheim: Dudenverlag.

r Hofstede, Geert; Hofstede, Gert Jan; Mayer, Petra (2001): Lokales Denken, globales Handeln. Interkulturelle Zusammenarbeit und globales Management.
2. Aufl., Orig.-Ausg. München: Beck/DTV.

Hofstede, Geert (2009]): Culture's consequences. Comparing values, behaviors, institutions, and organizations across nations. 2. Aufl, [Nachdr.]. Thousand Oaks: Sage Publ.

Horatschek, Susanne; Schubert, Thomas (1998): Richtlinie für die Verfasser geowissenschaftlicher Veröffentlichungen. Empfehlungen zur Manuskripterstellung von Text, Abbildungen, Tabellen, Tafeln, Karten. Stuttgart: Schweizerbart.

Horn, Robert E. (1990): Mapping Hypertext. The Analysis, Organization, and Display of Knowledge for the Next Generation On-line Text and Graphics: Lexington Institute.

Hudetz, Walter; Friedewald, Michael; Harnischfeger, Monika (2002): Innovation durch Multimedia im Maschinenbau. Technische Dokumentation im Umbruch. Ein Leitfaden für Maschinen- und Anlagenhersteller; mumasy multimediales Maschineninformationssystem.
Frankfurt am Main: VDMA-Verlag.

Huntington, Samuel P (2004): Who are we? Die Krise der amerikanischen Identität. Hamburg, Wien: Europa-Verlag.

Institut für Deutsche Sprache (2006): Regeln und Wörterverzeichnis. http://www.ids-mannheim.de/service/reform/ [25. Juni 2011]

Jäger, Siegfried (1971): Der Konjunktiv in der deutschen Sprache der Gegenwart. Untersuchungen an ausgewählten Texten. München: Hueber.

Jenny, Bruno (2005): Projektmanagement. Das Wissen für eine erfolgreiche Karriere. Zürich: vdf Hochschulverlag AG an der ETH Zürich.

i Johnson-Sheehan, Richard (2010): Technical communication today.
3. Aufl. New York, NY: Longman.

Jude, Wilhelm Karl; Schönhaar, Rainer F. (1980): Deutsche Grammatik. 17. Aufl. Braunschweig: Westermann.

r Juhl, Dietrich (2005): Technische Dokumentation. Praktische Anleitungen und Beispiele. 2. bearb. Aufl., Berlin: Springer.

Jung, Martin (2002): Mehrdeutigkeits-Triggern auf der Spur. Missverständliche Formulierungen vermeiden. Technische Kommunikation 2 (2002), S. 40.

Jung, Walter (1982): Grammatik der deutschen Sprache. Neuausg. / bearb. von Günter Starke, 7., unveränd. Aufl. Leipzig: Bibliographisches Institut.

Kaiser, Herbert (2010): Kreativ schreiben trotz Standardisierung? Professionelles Arbeiten mit Simplified Technical English. In: Gesellschaft für Technische Kommunikation e. V. – tekom (Hg.): Jahrestagung 2010 in Wiesbaden. Zusammenfassung der Referate. Stuttgart, S. 273–277.

i Kennedy, George E.; Montgomery, Tracy (2002): Technical and Professional Writing. Solving Problems at Work. Upper Saddle River, NJ: Pearson Prentice Hall.

Kessel, Katja; Reimann, Sandra (2010): Basiswissen deutsche Gegenwartssprache. 3., überarb. Aufl. Tübingen: Francke.

König, Werner; Paul, Hans-Joachim (2011): dtv-Atlas deutsche Sprache. 17., durchges. und korrigierte Aufl. München: DTV.

Kolb, Herbert (1966): Das verkleidete Passiv. Über Passivumschreibungen im modernen Deutsch. In: Sprache im technischen Zeitalter 19, S. 173–198.

Kotler, Philip; Bliemel, Friedhelm (2001): Marketing-Management. Analyse Planung und Verwirklichung. 10., überarb. und aktualisierte Aufl. Stuttgart: Schäffer-Poeschel.

Krämer, Walter (1991): So lügt man mit Statistik. Frankfurt am Main, New York: Campus.

a Kunkel-Razum, Kathrin; Wermke, Matthias (2006): Die Grammatik. Nach den Regeln der neuen deutschen Rechtschreibung 2006. (Duden-Grammatik)
Überarb. Neudr. der 7., völlig neu erarb. und erw. Aufl., Mannheim: Dudenverlag.

Kuster, Jürg; Huber, Eugen; Lippmann, Robert; Schmid, Alphons; Schneider, Emil; Witschi, Urs; Wüst, Roger (Hg.) (2008): Handbuch Projektmanagement. 2., überarb. Berlin, Heidelberg: Springer.

a Langer, Inghard; Schulz von Thun, Friedemann; Tausch, Reinhard (2011): Sich verständlich ausdrücken. 9., vollst. neu gestaltete Aufl. München: Reinhardt.

Lanze, Werner (1983): Das technische Manuskript. Ein Handbuch mit ausführlichen Anleitungen für Autoren und Bearbeiter. 3. Aufl. Essen: Vulkan-Verlag Classen.

Lefrançois, Guy R (2006): Psychologie des Lernens. 4., üb. und erw. Aufl., Berlin [u. a.]: Springer.

Ley, Martin (2005): Kontrollierte Textstrukturen. Ein (linguistisches) Informationsmodell für die Technische Kommunikation. Dissertation. Justus-Liebig-Universität, Gießen.

Ludwig, Otto (1972): Thesen zu den Tempora im Deutschen. In: Zeitschrift für deutsche Philologie 91, S. 58–81.

i Markel, Mike (1994): Writing in the technical fields. A step-by-step guide for engineers, scientists, and technicians. Piscataway, NJ: IEEE Press.

Märtin, Doris (2005): Erfolgreich texten. Für Beruf und Studium. Strukturiert, wortstark, ideenreich. Über 200 Beispiele und Übungen. Paderborn: Voltmedia.

Märtin, Doris (2010): Erfolgreich texten. Im Unternehmen - in der Werbung - im Studium - in der Wissenschaft - im Internet. 4., neu bearb. Frankfurt am Main: Bramann.

Martinez Hernandez, Natalie (2006): Sorry, Schatz, aber ich verstehe nur Spanisch! Beratung von bikulturellen Paaren am Beispiel Deutschland-Mexiko. In: Dagmar Kumbier (Hg.): Interkulturelle Kommunikation. Methoden Modelle Beispiele. Reinbek: Rowohlt, S. 131–150.

Maschinenrichtlinie: Richtlinie 2006/42/EG des Europäischen Parlaments und des Rates vom 17. Mai 2006.

r Microsoft Corporation (2004): Microsoft manual of style for technical publications. [your everyday guide to usage, terminology, and style for professional technical communications]. 3rd. Redmond, Wash: Microsoft Press.

Minto, Barbara (1993): Das Pyramiden-Prinzip. Logisches Denken und Formulieren. Düsseldorf: Econ.

Musan, Renate (2010): Informationsstruktur. Heidelberg: Universitätsverlag Winter.

r Muthig, Jürgen (Hg.) (2014): Standardisierungsmethoden für die Technische Dokumentation. 2. Aufl., Lübeck: Schmidt-Römhild.

r Muthig, Jürgen; Schäflein-Armbruster, Robert (2008): Funktionsdesign® – methodische Entwicklung von Standards. In: Jürgen Muthig (Hg.): Standardisierungsmethoden für die Technische Dokumentation, S. 41–73.

Notter, Philipp (Hg.) (2006): Lesen und Rechnen im Alltag. Grundkompetenzen von Erwachsenen in der Schweiz; nationaler Bericht zu der Erhebung Adult literacy & lifeskills survey. Neuchâtel: OFS.

Ogden, Charles K. (1932): Basic English. 3. Aufl., London: Kegan, Trench, Trubner & Co.

Ogden, Charles Kay (1932): The Basic Dictionary. Being the 7,500 most useful words with their equivalents in Basic English. For the Use of Translators Teachers and Students. 2. Aufl. London: Kegan Paul (General series).

Ogden, Charles K.; Richards, Ivor A. (1974): Die Bedeutung der Bedeutung. Eine Untersuchung über d. Einfluss d. Sprache auf d. Denken u. über d. Wiss. d. Symbolismus. Frankfurt (am Main): Suhrkamp.

Ohnhold, André: Werkstattliteratur der Volkswagen-Gruppe: Entwicklung eines Redaktionsleitfadens. Diplomarbeit, Hannover: FH-Hannover, 2006.

Ortner, Hanspeter (2000): Schreiben und Denken. Tübingen: Niemeyer.

Ortner, Hanspeter (2002): Schreiben und Wissen. Einfälle fördern und Aufmerksamkeit staffeln. In: Daniel Perrin, Ingrid Böttcher, Otto Kruse und Arne Wrobel (Hg.): Schreiben. Von intuitiven zu professionellen Schreibstrategien. 1. Aufl. Wiesbaden: Westdteutscher Verlag, S. 63-81.

Ortner, Hanspeter (2006): Schreiben und Denken. In: Johannes Berning, Nicola Keßler und Helmut H. Koch (Hg.): Schreiben im Kontext von Schule, Universität, Beruf und Lebensalltag. Berlin, Münster: Lit (Schreiben interdisziplinär, 1), S. 29–64.

Pafel, Jürgen (2011): Einführung in die Syntax. Grundlagen - Strukturen - Theorien. Stuttgart, Weimar: Metzler.

Pich, Hans (2008): Einführung von Terminologiemanagement in Unternehmen: Ein Praxisbericht. In: Jörg Hennig (Hg.): Terminologiearbeit für Technische Dokumentation. Lübeck: Schmidt-Römhild S. 70-79.

Pittner, Karin; Berman, Judith (2008): Deutsche Syntax. Ein Arbeitsbuch. 3., akt. Aufl. Tübingen: Narr.

Polenz, Peter von (1963): Funktionsverben im heutigen Deutsch. Sprache in der rationalisierten Welt. Düsseldorf: Schwann (Wirkendes Wort: Beiheft).

Polenz, Peter von (1985): Deutsche Satzsemantik. Grundbegriffe des Zwischen-den-Zeilen-Lesens. Berlin: de Gruyter.

Polenz, Peter von (1987): Funktionsverben, Funktionsverbgefüge und Verwandtes. Vorschläge zur satzsemantischen Lexikographie. In: ZGL Zeitschrift für germanistische Linguistik 15, S. 169–189.

i Rechenberg, Peter (2006): Technisches Schreiben. (nicht nur) für Informatiker. 3., erw. und akt. Aufl. München: Hanser.

i Rice, Walter W. (2007): How to prepare Defense-Related Scientific and Technical Reports. Guidance for Government, Academia, and Industry. Hoboken, New Jersey: John Wiley & Sons.

Rieger, Wolfgang (1995): SGML für die Praxis. Ansatz und Einsatz von ISO 8879; mit einer Einführung in HTML. Berlin, Heidelberg, New York: Springer.

i Rosenberg, Barry J. (2005): Technical writing for engineers and scientists. [proposals, manuals, lab reports]. Upper Saddle River, NJ: Addison-Wesley.

Rothkegel, Annely (2010): Technikkommunikation. Produkte, Texte, Bilder. Konstanz: UVK.

Rupp, Chris: Requirements Engineering - der Einsatz einer natürlichsprachlichen Methode bei der Ermittlung und Qualitätsprüfung von Anforderungen. Online verfügbar unter http://www.softwarequalitaet.at/pages/texte/16.%20Fachtagung/PaperRuppArtikel.PDF, zuletzt geprüft am 27.06.2011.

Rupp, Chris (Hg.) (2009): Requirements-Engineering und -Management. Professionelle iterative Anforderungsanalyse für die Praxis. 5., akt. u. erw. Aufl., München: Hanser.

Sanders, Willy (1996): Gutes Deutsch - besseres Deutsch. Praktische Stillehre der deutschen Gegenwartssprache. 3., akt. und üb. Neuaufl. Darmstadt: Wissenschaftliche Buchgesellschaft.

r Sarodnick, Florian; Brau, Henning (2006): Methoden der Usability Evaluation. Wissenschaftliche Grundlagen und praktische Anwendung. Bern: Huber.

Sauer, Wolfgang Werner (2007): Basiswissen Grammatik. Braunschweig: Schroedel.

Schank, Roger C. (1982): Dynamic memory. A theory of reminding and learning in computers and people / Roger C. Schank. Cambridge: Cambridge University Press.

Schmidt, Wilhelm (1977): Grundfragen der deutschen Grammatik. Eine Einführung in die funktionale Sprachlehre. 5. Aufl. Ausg. 1964. Berlin (DDR): Volk und Wissen.

Schneider, Wolf (1986): Deutsch für Profis. Wege zu gutem Stil. Hamburg: Goldmann

a Schneider, Wolf (2008): Deutsch! Das Handbuch für attraktive Texte. 3. Aufl. Reinbek: Rowohlt.

Schneider, Wolf; Esslinger, Detlef (2002): Die Überschrift. Sachzwänge, Fallstricke, Versuchungen, Rezepte. 3. Aufl. München: List.

Scholze-Stubenrecht, Werner [u. a.] (1999): Duden. Das große Wörterbuch der deutschen Sprache in zehn Bänden. 3., völlig neu bearb. und erw. Aufl. Mannheim: Dudenverlag.

Schreiber, Herbert; Sommerfeldt, Karl-Ernst (1977): Wörterbuch zur Valenz und Distribution der Substantive. Leipzig: VEB Bibliographisches Institut.

Schreiber, Herbert; Sommerfeldt, Karl-Ernst (1977): Wörterbuch zur Valenz und Distribution deutscher Adjektive. 2. Aufl. Leipzig: VEB Bibliographisches Institut.

a Schulz von Thun, Friedemann (2003): Miteinander reden. Drei Bände. Reinbek : Rowohlt.

Siegal, Allan M.; Connolly, William G. (1999): The New York Times manual of style and usage. [the official style guide used by the writers and editors of the world's most authoritative newspaper]. Erw. Aufl., New York NY: Tree Rivers Press.

SIA 260, August 2013: Grundlagen zur Projektierung von Tragwerken.

Sieber, Peter (2006): Modelle des Schreibprozesses. In: Ursula Bredel, Hartmut Günther, Peter Klotz, Jakob Ossner und Gesa Siebert-Ott (Hg.): Didaktik der deutschen Sprache. Ein Handbuch. Band 1 und 2. Ein Handbuch, Bd. 1. 1. Aufl. Stuttgart: UTB, S. 208–223.

Siemoneit, Manfred ([circa 1997]): Von Overhead bis Internet. Präsentationen planen gestalten durchführen. Schwedeneck: asp infomedia.

Der Sprach-Brockhaus, deutsches Bildwörterbuch für jedermann.
Wiesbaden: EberhardBrockhaus, 1949.

r Sun Technical Publications (2009): Read me first! A style guide for the computer industry. 3. Aufl., Upper Saddle River, NJ: Prentice Hall.

The Chicago manual of style (2010). 16. Aufl. Chicago: The University of Chicago Press.

The Economist style guide (2010). 10. Aufl., London: Profile Books.

Timm, Jendrik: Herausforderungen an ein Kontrolliertes Deutsch für Reparaturleitfäden der Automobilindustrie. Diplomarbeit, Hannover: FH-Hannover, 2006.

Twain, Mark (1925): A Connecticut Yankee in King Arthur's Court. New York, London: Harper & Brothers. http://ia600504.us.archive.org/18/items/connecticutyanke00twai/connecticutyanke00twai.pdf [4. Juli 2011]

Twain, Mark (1995 ?): Die schreckliche deutsche Sprache.
Löhrbach: Pieper's Medienexperimente (ReEducation, 170).

Ulmi, Marianne; Bürki, Gisela; Verhein-Jarren, Annette; Marti, Madeleine (2013): Textdiagnose und Schreibberatung. Fach- und Qualifizierungsarbeiten begleiten. Opladen: Budrich.

Unbegaun, Boris Ottokar (1969): Russische Grammatik. Göttingen: Vandenhoek & Ruprecht.

VDI-Richtlinie 2519, Dezember 2001: Vorgehensweise bei der Erstellung von Lasten-/ Pflichtenheften.

VDI-Richtlinie 4500, Blatt 1, Juni 2006: Technische Dokumentation - Begriffsdefinitionen und rechtliche Grundlagen.

VDI-Richtlinie 4500, Blatt 2, Novemder 2006: Technische Dokumentation - Organisieren und Verwalten.

VDI-Richtlinie 4500, Blatt 4, Dezember 2011: Technische Dokumentation - Dokumentationsprozess: Planen - Gestalten - Erstellen.

Verhein-Jarren, Annette (2006): Schreibende Experten. Wie Ingenieurinnen und Ingenieure Schreibkompetenz für Studium und Beruf entwickeln. In: Otto Kruse, Katja Berger und Marianne Ulmi (Hg.): Prozessorientierte Schreibdidaktik. Schreibtraining für Schule, Studium und Beruf. Bern: Haupt, S. 237–256.

Verhein-Jarren, Annette (2008): Schreibtraining für Ingenieure. In: Eva-Maria Jakobs und Katrin Lehnen (Hg.): Berufliches Schreiben. Ausbildung, Training, Coaching. Frankfurt am Main: Lang, S. 35–51.

Vonhoegen, Helmut (2009): Einstieg in XML. Grundlagen Praxis Referenz ; für Entwickler und XML-Einsteiger _; Formatierung Transformation Schnittstellen ; XML Schema DTD XSLT 1.12.0 XPath 1.020. DOM WSAX SOAP Open XML. 5., aktualisierte Aufl. Bonn: Galileo Press.

Wachtel, Stefan (2009): Schreiben fürs Hören. Trainingstexte, Regeln und Methoden. 4., überarb. Aufl. Konstanz: UVK.

Wagner, Rainer (2005): BIK & einfache Sprache. Online verfügbar unter http://www.barrierekompass.de/weblog/index.php?itemid=303.

Weinrich, Harald (2005): Textgrammatik der deutschen Sprache. 3., rev. Aufl. Hildesheim: Olms.

Weiß, Cornelia (2000): Professionell dokumentieren. Weinheim und Basel: Beltz.

Weissgerber, Monika (2010): Schreiben in technischen Berufen. Der Ratgeber für Ingenieure und Techniker: Berichte, Dokumentationen, Präsentationen, Fachartikel, Schulungsunterlagen. Erlangen: Publicis.

Widdel, Anna Lina (2006): Planung und Entwicklung eines Redaktionsleitfadens. Diplomarbeit. Fachhochschule, Hannover.

Wolff, Christian (2009): Wie kommt ein Industrieunternehmen zu sprachlichen Regeln? Überlegungen zur Entwicklung eine kontrollierten Sprache für die Bosch Rexroth AG. Bachelorarbeit. Fachhochschule, Hannover.

Wüster, Eugen (1991): Einführung in die allgemeine Terminologielehre und terminologische Lexikographie. 3. Aufl., mit einem Vorw. von Richard Baum. Bonn: Romanistischer Verlag.

Wustmann, Gustav (1891): Allerhand Sprachdummheiten. Kleine deutsche Grammatik des Zweifelhaften, des Falschen und des Hässlichen ; ein Hilfsbuch für alle, die sich öffentlich der deutschen Sprache bedienen. 3. Zehntsd. Leipzig: Grunow.

Zifonun, Gisela; Hoffmann, Ludger; Strecker, Bruno (1997): Grammatik der deutschen Sprache. 3 Bde. Berlin: de Gruyter.

Beispieltexte

Benjamin, Walter (1978): Abhandlungen. Gesammelte Schriften Band I.2. Herausgegeben von Rolf Tiedemann und Hermann Schweppenhäuser. 2. Aufl. Frankfurt am Main: Suhrkamp.
Brüning, Michael (2011): Standard der Zukunft. Neues Zahnkranzmaterial macht Klauenkupplungen zu Allroundern. In: Antriebstechnik (4).
Ehrig, Frank; Gschwend, Florian (2009): Kleben on demand. Machbarkeitsstudie über die Herstellung von Bauteilen mit integrierter Klebefunktion. In: SwissPlastics (6), S. 2–4.
Espert, Manfred; Krug, Maximilian (2009): Schleuse Bamberg. Instandsetzung der östlichen Kammerwand. Höchste Anforderungen an Planung und Ausführung. In: Bauingenieur 84, S. 119–131.
Nanosonde misst den Schlag von Herzzellen: Frankfurter Allgemeine Zeitung, 18. August 2010, Nr. 190, S. N2.
Glatz, Eduard (2010): Betriebssysteme. Grundlagen, Konzepte, Systemprogrammierung.
2., akt. u. üb. Aufl. Heidelberg: dpunkt.
IBU-Institut für Bau und Umwelt (2004): Flibach in Weesen. Hydraulische Modelluntersuchung.
Rapperswil: Hochschule für Technik.
Jenni, René; Stoffel, Remigius; Nyfeler, Melanie (200): Eisenbahnland Schweiz. In: ABB technik (2), S. 31–34.
Juhl, Dietrich (2011): Die Anleitung kommt aufs Tablet. In: Technische Kommunikation 33. (2), S. 19-25.
Scheufler, Bernd Dr.-Ing. 49205 Hasbergen u.a de (2000): Düngerstreuer. Angemeldet durch Amazonen-Werke H.
Volkswagen AG, Reparaturleitfaden, 4-Zyl. Einspritzmotor, 2004.
Vrettos, Christos; Kolias, Basil; Panagiotakos, Telemachos; Richter, Thomas: Seismische Deformationsmethode zur Bemessung eines Absenktunnels. Bauingenieur, Band 85, Seite 361 - 367, September 2010.
Wirth, Niklaus (1983): Algorithmen und Datenstrukturen. 3., üb. Aufl., Stuttgart: Teubner.
Wolf, Tobias; Rimpel, Andreas; Wöber, Michael (2008): Sicherheits- und Überlastkupplungen. Spielfreie Drehmomentbegrenzung für die Automatisierungstechnik. Landsberg, Lech: Moderne Industrie.

Beispieltexte Im Internet

Heidenhain: Benutzer-Handbuch TNC 124. Online verfügbar unter
http://content.heidenhain.de/doku/tnc_guide/pdf_files/TNC124/bhb/284_679-13.pdf
[9. September 2015].

Dreyer GmbH & Co KG, 49205 Hasbergen DE am 15.12.2000. Veröffentlichungsnr: DE10062678A1 11.07.2002. Online verfügbar unter
http://www.patent-de.com/20020711/DE10062678A1.html [9. September 2015]..

Hesch Gwüsst? http://www.coopzeitung.ch/7559265 [9. September 2015].

Lwiw: https://de.wikipedia.org/wiki/Flugtagunglück_von_Lwiw [9. September 2015].

Thermoplast-Schaumgießen: https://de.wikipedia.org/wiki/Thermoplast-Schaumgießen
[9. September 2015].

Zugunglück von Brühl: https://de.wikipedia.org/wiki/Zugunglück_von_Brühl [9. September 2015].

Interessenten finden ausgezeichnete Anleitungen auf der Website der Tekom:

- Dokupreis 2010
  http://www.tekom.de/index_neu.jsp?url=/servlet/ControllerGUI?action=voll&id=3133
  Zitiert aus: MAN, Betriebsanleitung Reisebus Fahrgestelle A67, R33, R37,
- Dokupreis 2009
  http://www.tekom.de/index_neu.jsp?url=/servlet/ControllerGUI?action=voll&id=3167
  Zitiert aus: Vaillant, Bedienungsanleitung für den Betreiber, renerVIT, 0020072929_00.
- Dokupreis 2008
  http://www.tekom.de/index_neu.jsp?url=/servlet/ControllerGUI?action=voll&id=3168
  Zitiert aus: Bosch, Cerapur Solar, Gas-Brennwertgerät,.

12 Glossar

Affix
Silbe, die einem Wort vorangestellt (*ungeheuer*), eingefügt (*tiefgestapelt*) oder angehängt (*problemlos*) wird.

Ambiguität
Doppeldeutigkeit, Mehrdeutigkeit.

Attribut
Wort, das ein anderes Wort näher erläutert. In *eine stabile Konstruktion* wird das Wort *Konstruktion* durch *stabil* näher erläutert. Attribute müssen nicht immer nur aus einem Wort bestehen, sie können auch aus einer Wortgruppe bestehen.

BWL
Betriebswirtschaftslehre.

CE (CE-Konformitätserklärung)
Mit dieser Kennzeichnung gibt ein Hersteller an, dass sein Produkt die Normen und Richtlinien der Europäischen Union befolgt.

Corporate Design
Interne Regelung, wie ein Unternehmen nach außen erscheinen will. Farben, Schriften, Dokumente, Autos, die Kleidung der Mitarbeiter: Alles kann im CD geregelt sein.

Demonstrativpronomen
Hinweisend: *dieser, diese, dieses.*

Dienstleister
In der Technischen Redaktion bieten D Lösungen für Produkthersteller an: Betriebsanleitungen, Schulungsmaterial, Einrichtung und Pflege von Redaktionssystemen. D sind Einzelunternehmer – Freiberufler – oder Unternehmen bürgerlichen Rechts, GmbH, AG ...

Flektieren, flektierbare Wortarten, Flexion, Flexionsform
Wörter, die sich ihrem Umfeld anpassen. *Ich gehe, du gehst, ...* Flektierbare Wortarten sind im Deutschen Substantive, Adjektive, Artikel und Verben. Die Verben werden konjugiert, die anderen Wörter dekliniert: *das Haus, des Hauses, ...* Die Veränderung der Wörter nennt man Flexion, das Wort selbst steht dann in einer Flexionsform.

Gedankenstrich
Länger als ein Bindestrich. Man unterscheidet Geviertstriche und Halbgeviertstriche: — und –. Im Englischen auch *m-dash* und *n-dash.* Der Strich zwischen *m* und *dash* ist ein Bindestrich, englisch Hyphen.

Geviert
Eine nicht ganz korrekte Erklärung, die aber in der Nach-Bleisatzzeit fast stimmt: Schriftgröße plus Zeilenabstand.

Immigration
Einwanderung.

Kognitionswissenschaft
Will herausbekommen, wie das menschliche Lernen und Verstehen funktionieren. Biologie, Neurologie, Psychologie, Philosophie, Linguistik und Informatik (besonders: Künstliche Intelligenz) wird oft so bezeichnet.

Konjunktion
Verknüpfendes Wort, hier auch Signalwort. *Und, weil, ...* sind Konjunktionen. Sie verknüpfen Sät-

ze. K können nebenordnend sein, *und*, ... oder unterordnend, *weil*, ...

KTI

Kommission für Technik und Innovation beim Eidgenössischen Departement für Volkswirtschaft.

Layout

Anordnung der Elemente einer Seite.

Linguistik

Sprachwissenschaft.

Logik, logische Zeichen

∀ Allquantor
∃ Existenzquantor
& Konjunktion
v Disjunktion
→ Implikation
~ Negation
≡ Äquivalenzzeichen
p Aussage

Einführende Literatur in die Logik: http://www.recherche-und-text.de/seminare/lit_kom.html

Migration

Wanderungsbewegung.

Monolithisch

Steht wie ein Fels.

Nomen

Substantiv.

Nominalgruppe

Wortgruppe um das Substantiv: *das kleine Auto.*

Parameter

Oft der Oberbegriff für Variablen. *Für die Konfiguration dieser Software müssen folgende Parameter eingestellt werden ...*

Personalpronomen

Bestimmt: *ich, du,* ... Unbestimmt: *Unsereiner, man,* ...

Portal

Im Internet der Zugang zu vielen Websites über ein Thema, Beispiel: Linguistikportal.

Possessivpronomen

Besitzanzeigend: *mein, dein, sein, unser,* ...

PR

Public Relations oder – weniger vornehm – Öffentlichkeitsarbeit. Eine Einführung ist das Buch von Aberle, Baumert, das kostenlos aus dem Internet heruntergeladen werden kann (Literaturverzeichnis).

Präfix

Vorsilbe, die einem Wort vorangestellt wird: *abreisen.* Man spricht dann von einem zusammengesetzten Verb. Mit Hilfe von Präfixen wird die Bedeutung eines Verbs variiert: *reisen, abreisen, anreisen, zureisen, umherreisen.*

Präpositionalgruppe

Auch: präpositionaler Ausdruck Wortgruppe mit einer Präposition: *auf deinem Balkon, Regeln für Chats.*

Pronomen

Wort, das für ein anderes stehen kann: Fürwort. Das Wort *Batterie* kann ersetzt werden durch das Fürwort *sie.*

Referentielle Ambiguität

Doppeldeutige Satzverbindungen. Beispiel im Text: „Gestern wurde ein gesuchter Ganove von einem Polizisten geschnappt. Er wird bestimmt verurteilt werden." Das Pronomen *er* kann sich sowohl auf den Ganoven als auch auf den Polizisten beziehen.

Reflexivpronomen

Rückbezügliches Pronomen oder Fürwort: *Der Bär kratzt sich.*

Regieren

In der Sprachwissenschaft: Ein Wort oder ein Ausdruck verlangt, dass ein anderer Ausdruck eine bestimmte Form annimmt. *Wegen seines Hustens bleibt er heute zuhause. Wegen* regiert im Hochdeutschen den Genitiv.

Relativpronomen

der, die, das, welcher, welche, welches, manchmal auch *was*. Das RP *was* wird umgangssprachlich oft falsch genutzt: *Das Haus, was schief ist.* Hier muss *das* stehen. *was* geht aber in: *Er macht, was er will.*

Relativsatz

Satz, der sich auf ein vorangegangenes Wort bezieht und dieses Bezugswort näher beschreibt: „Viele Hoffnungen richten sich auf die Windkraft, die zu den erneuerbaren Energien gehört." Das Pronomen *die* nimmt das vorangegangene Wort *Windkraft* wieder auf.

Release

Auflage oder Ausgabe. Release 5 der Software ist die fünfte Version.

Restriktion

Beschränkung, Einschränkung.

Rezipient

Empfänger, Erhaltender, Wahrnehmer, Hörer, Leser (empfängt Text).

Satzgefüge

Kombination aus mehreren Sätzen.

Satzspiegel

Bedruckte oder bedruckbare Fläche auf einem Blatt. Kopf- und Fußzeile werden meist nicht als Bestandteil des Satzspiegels verstanden.

SIA

Schweizerischer Ingenieur- und Architektenverein.

Suffix

Nachsilbe, die an einen Wortstamm angefügt wird: *drehbar*. Mit Hilfe von Suffixen kann aus einem Verbstamm ein Adjektiv gebildet werden: *austauschbar, empfindlich*, ...

Syntaktische Ambiguität

Bezüge innerhalb eines Satzes sind doppeldeutig, lassen zwei Lesarten zu: *Regeln für Chats im Internet* kann bedeuten, dass im Internet Regeln für Chats veröffentlicht sind. Es kann aber auch bedeuten, dass es Regeln gibt, die für Chats im Internet gelten. Siehe auch oben „Referentielle Ambiguität".

Syntax

Satzbau.

Teilgevierte

Beispiel: Sechstelgeviert. Ein Sechstel der Schriftgröße plus Zeilenabstand. Siehe auch *Geviert*.

Terminus

Fachwort.

Unterordnende Konjunktion

Konjunktion oder Signalwort, mit dem eine Aussage einer anderen untergeordnet wird: „Er kam zu spät, weil er den Zug verpasst hatte." Das Signalwort weil ordnet der Aussage *er kam zu spät* eine Begründung unter.

Usability-Labor

Raum, in dem die Gebrauchstauglichkeit eines Geräts, einer Software oder eines Dokuments praktisch getestet werden kann. Dazu gehören Kameras, Aufzeichnungsgeräte, Beobachtungseinrichtungen, beispielsweise der Pupillenbewegungen.

Verschlagwortung

Ein Dokument (Text, Film, Foto, Audiodokument) wird mit Schlagwörtern versehen, damit man es finden kann, ohne seinen Namen und dergleichen zu kennen.

Weißraum

Das Nicht-Bedruckte auf einer Seite.

Wortgruppe

Um eine Wortart gruppierte Wörter, beispielsweise Artikel und Adjektiv sind um das Nomen (Substantiv) gruppiert und bilden die Nominalgruppe.

13 Index

A
Abkürzungen 86
Abstract 194–195
Abstrakt 85, 86
ACI 122
Adjektiv 81, 82
  Komparation 81
Advance Organizer 193–194
Adverbiale Bestimmung 119
Agens 68
Akkusativ 78
Akkusativobjekt 122
Aktionsart 75
Aktionsform 67
Aktiv 67
Ambiguität 215
  referentielle 125, 216
  syntaktische 111, 217
Analphabeten 28
Analytische Sprache 175
Anapher 59–60, 123, 125
Anforderungen 108, 109, 110
Anglizismus 88
Anleiten 38–40
Anordnung
  räumlich 44–45
Argumentieren 48–53
Artikel 78
ASD-STE 100 149–151
Aspekt 75
Attribut 114, 215
Attributiv 81
Aufforderung 70
Aufzählung 103
Aussage 98
Autorenregister
    Siehe Index

B
Basic English 149
Bedingungen 119
Begriff 92, 170
Benennung 92, 170
Beschreiben 40–45
  Elemente / Prozesse 41
  Kennzeichen 40
  räumlich 44
  Teil / Ganzes 41
Beschreibung 38
Bestimmungsgemäßer
  Gebrauch 22, 54
Bildung 28
Bindestrich 80, 81, 130, 132,
Blähwort 89, 176
Brauchen 73
Breadcrumb
    Siehe Brotkrümel
Brotkrümel 201
BWL 215

C
CE 215
Checker
    Siehe Prüfsoftware
Content-Management-System
    155
    Siehe Redaktionssystem
Controlled Language 149
Corporate Design 215
Cross-Media-Publishing 155

D
Darstellungsmuster 37
Dass-Sätze 98
Datenbank 154–155
Dativ 78, 79
Definieren 56–57
Deixis 57–58
  temporal 43
Demonstrativpronomen 215
Detailrecherche 21
Dialekt 80

Diathese 67
Dienstleister 215
DIN 69 900 12
DIN 82079 54, 138
Document Type Definition 155
Dokument
 elektronisches 197–202
 extern 137
 intern 137
Dokumentationsprojekt 11–20
 Recherche 22–25
Dokumentkennung 13, 19, 161
Dokumentstruktur
 Siehe Struktur
Dokumenttyp 136–145
 Technische Redaktion 138, 151
Doku-Tendenzrechnung 17
Doppeldeutigkeit 92
 Siehe auch Ambiguität
Durativ 76, 77, 107
Dürfen 73

E

Egressiv 76
Eigenschaften 108
Eigenschaftswort
 Siehe Adjektiv
Elektronisches Dokument 197–202
Element 41
Ellipse 117
Empfehlung 53
Erklären 45–48
 Ursache / Wirkung 46
Es-Subjekt 123
Executive Summary 197

F

Fachsprache 104
 Siehe auch Terminologie
Fachwissen 29
Fachwort 88
Fehler
 Siehe Korrektur
Flektieren 215
Flesch Reading Ease 100
Flexion 215
Freigabe 11, 19, 163
Fremdwort 88
Füllwort 89, 176
Funktion
 anleiten 38–40
 argumentieren 48–53
 beschreiben 40–45
 definieren 56–57
 erklären 45–48
 warnen 53–55
 zeigen 57–62
Funktionsdesign® 162
Funktionsverben 105
Funktionsverbgefüge 106-108, 157
Futur 65, 64, 96

G

Ganzes / Teil 41–42
Gedankenstrich 130, 215
Gegenwart 64
Genitiv 79, 78, 176
Genitivattribut 112
Genitivus objectivus 79
Genitivus subjectivus 79
Genus verbi 67
Gestaltgesetze 198–199
Gestaltungsrichtlinie
 Siehe Redaktionsleitfaden
Geviert 215
Gliederung
 Siehe Struktur
Gliederungsebene 184
Glossar 165, 190–191
Grundlagenrecherche 21

H

Haftung
 Siehe Produkthaftung
Handlung
 sprachlich 35
 Voraussetzung 39

Handlungsfolge 38
Hauptsatz 95, 99
Hypertext 142
Hypotaxe 100

I

Ich-Form 65
Igel 177
Immigration 215
Imperativ 70
Imperfektiv 76
IMRaD 143
Inchoativ 76, 107
Index 165, 184–186
Indikativ 72
Individualität 181
Indizierung 19
Infinitiv 130
Informant 24
Information Mapping® 162
Ingressiv 76
Inhaltsverzeichnis 183–184, 186
Interesse 29
Internet
Siehe Elektronisches Dokument

J

Juristischer Aspekt 2, 158–159
Siehe auch Produkthaftung

K

Kasus 78
Katapher 60, 123
Kausativ 76, 107
Kennzeichen 40–41
Klammer 96–103, 131
Kognition 147
Kognitionswissenschaft 85, 215
Kollaboratives Schreiben
Siehe Team
Kolumnentitel 192–193
Komparation 81
Komparativ 81
Kompositum 80, 81
Konjunktion 215
unterordnende 217
Konjunktiv 72
Konkret 85, 86
Können 73
Kontrollierte Sprache 149
Siehe auch Sprachbegrenzungen
Kopfzeile
Siehe Kolumnentitel
Korrektur 34, 163–168
Korrigieren 165
KTI 216
Kultur 178–182
Kurzfassung 193–197
Kurzreferat
Siehe Abstract

L

Lastenheft 12
Layout 164, 184, 192, 216
Legitimer Leser 89
Lehrmaterial 138, 194
Lektorieren 165
Lemma 190
Lernen 147
Leseranalyse 23, 28–32
Linguistik 216
Links 199
Literaturverzeichnis 165
Logik 126, 216
Lokalisierung 177–182

M

Machbarkeitsstudie 140
Machtdistanz 180
Man 66
Marginalie 191–192
Maschinenrichtlinie 138
Maskulinitätsindex 181
Mehrdeutigkeit 175, 176
Meilenstein 12

Meilenstein-Trendanalyse 16
Menü 199
Metadaten 4
Migration 216
Modalverben 73
Modul 155
Modus 72
Monochrone Kultur 179–180
Montage-Methode 10
Mündlich 94
Müssen 74
Mutativ 76

N
Nachkaufwerbung 138
Nebensatz 95, 99, 100, 102, 111, 115
Negation 128
Nomen 110, 216
Nominalgruppe 110, 113, 216
Nominalisierung 104
Nominalphrase
 Siehe Nominalgruppe
Nominativ 78

O
Öffentlichkeitsarbeit 216
Ohrwurm 90
Onlinehilfe
 Siehe Elektronisches Dokument
Origo 58

P
Parameter 216
Parataxe 101
Partizip
 adverbial 114
 attributiv 114
Partizip1 114
Partizip2 114
Partizipialgruppe 113
Passiv 67
Passiv-Paraphrase 70
Patiens 68
Perfekt 65, 64, 96
Perfektiv 76, 77
Person 65
Personalpronomen 216
Persona-Methode 30–31
Pflichtenheft 12
Plan 2–5
Plusquamperfekt 64, 96
Politisch korrekt 91
Polychrone Kultur 180
Portal 216
Positiv 81
Possessivpronomen 216
Postposition 83
PR 216
Prädikative 81
Präfix 216
Präposition 83, 84, 110
Präpositionalgruppe 84, 110, 112, 216
Präsens 64, 65
Präteritum 64
Probelesen 34
Produktbeobachtung 22
Produkthaftung 3
Produktlebenszyklus 22
Progressiv-Form 77
Projekt
 Siehe auch Dokumentationsprojekt
Projektantrag 143
Projektbericht 143
Projektumfeld-Analyse 12, 16
Pronomen 216
Protokoll 3–5, 12
Prozess 41, 108
Prüfsoftware 152, 167–168
Public Relations 216

Q
Querverweis 185

R

Recherche 21–26
Rechtschreibprüfung 164
Recycling-Methode 11
Redaktionsleitfaden 6, 153–161
Redaktionssystem 6, 19, 24, 154–156
Redigieren 165
Referentielle Ambiguität 216
Reflexivpronomen 216
Regieren 216
Regionalismus 79
Registerhaltig 192
Relativpronomen 217
Relativsatz 125, 217
Release 217
Religion 178
Restriktion 217
Restrisiko 24, 54
Rezipient 217
Rezipientenpassiv 69
Rhema 147
Risikobeurteilung 24, 138

S

SAFE 55
Satz
  Aussage 98
  Wortstellung 120
Satzbau 100, 176
Satzgefüge 217
Satzglied 121
Satzklammer 96–103
Satzlänge 100
Satzspiegel 217
Satzverbindungen 125
Satzzeichen 129
Schachtelsatz 102
Scheinsubjekt 123
Schlagzeile 187
Schlussfolgerung 52
Schrägstrich 132
Schreibstrategie 7
Schreibtyp 7
Schriftlich 94
Schulungsmaterial
  Siehe Lehrmaterial
Seitenverweise 165
Semiotisches Dreieck 170–171
SIA 260 138
Sicherheitshinweis 53–55
Signalwort 41, 42, 43, 44, 47, 51
Single-Source-Publishing 155
Sitemap 202
Smartphone 200
Sollen 74
Spezifizierung
  Siehe Anforderungen
Sprachbegrenzungen 156–161, 167
Sprachkompetenz 29
Sprachwandel 79
Sprechakt 35
Sprechakttheorie 162
Sprechhandlungstheorie 162
Steigerung 81
Stichwortregister
  Siehe Index
Störungen 23
Struktur 139–145, 183
Style Guide
  Siehe Redaktionsleitfaden
Substantiv 78, 104, 112
  Kasus 78
  Kompositum 80
Suffix 217
Superlativ 81
Synonyme 159
Syntaktische Ambiguität 217
Synthetische Sprache 175

T

Tarzan-Methode 10
Teamproduktion 5
Teaser 200–201
Teil / Ganzes 41–42
Teilgevierte 217
  Siehe auch Geviert

Tekom 152
Tempus 64
Terminologie 170–174
Terminologiedatenbank 91, 158, 171
Terminologiemanagement 172–174
Terminus 217
Thema 147
Themensatz 145
Topic 10, 61, 142, 155
Translation Memory System 177

U
Überschrift 187–189
Übersetzung 24, 174–177
Unsicherheit 181
Unterordnende Konjunktion 217
Ursache / Wirkung 46
Usability-Labor 217
Usability test 34

V
Variablen 5, 193
VDI 4500 55
Verb 64, 65
  Aktionsart 75
  Genus verbi 67
  Imperativ 70
  intransitiv 122
  Konjunktiv 72
  Modalverben 73
  Person 65
  Tempus 64
  transitiv 122
  Verbstellung 95
Verlaufsform 77
Verneinung 128
Verschlagwortung 217
Versionierung
    Siehe Dokumentkennung
Verstehen 147
Verwendung
  bestimmungsgemäß
    Siehe Bestimmungsgemäßer Gebrauch
Verwendungskette 133
Vorgangspassiv 69
Vorzugsbenennung 171

W
Warnen 53–55
Warnsymbol 54
Was-macht-wer-Matrix 33
Website
  Gestaltung 197–202
  Seitenübersicht 202
Weißraum 218
Werbung 138
Wir-Form 65
Wortart 63
Wortgruppe 218
Wortstellung 120, 175
Wortwahl 156–161, 175–176
    Siehe auch Terminologie

X
XML 154–156

Z
Zahlwort 92
Zeichensetzung 129–132
Zeigen 57–62
  im Text 59–62
Zeit 179
    Siehe auch Tempus
Zerdehnt 58
Zielgruppe 140
Zusammenfassung 195–196
    Siehe auch Kurzfassung
Zustandspassiv 69

Printed in the United States
By Bookmasters